3ds Max 2014

效果图完美制作

全程范例培训手册

张传记 陈松焕 杨立颂 编著

U0229721

清华大学出版社

北 京

内 容 简 介

　　本书针对 3ds Max 2014 的基础应用，以案例讲解为主线，通过各案例的实际操作，快速掌握软件的功能应用和效果图的设计思路。本书分为 3 篇，共 15 章。基础入门篇和技能提高篇全面涵盖 3ds Max 2014 快速入门、视口操作、创建基本三维对象、复合三维对象、使用编辑修改器修改三维对象、材质、贴图、灯光与摄影机设置以及渲染等内容；案例篇通过 4 个案例详细讲解了不同风格的室内效果图的表现和别墅效果图的表现。为了便于读者自学，本书突出对实例的讲解，使读者能理解软件的精髓，并能解决实际工作中的问题，真正做到知其然，更知其所以然。

　　随书光盘中赠送与本书内容同步的视频教学录像、全部案例的素材文件、模型文件、操作题文件和后期处理文件。

　　本书适合 3ds Max 2014 初、中级用户和相关专业技术人员学习参考，同时也适合各类院校相关专业的学生和相关培训班的学员学习使用。

图书在版编目（CIP）数据

3ds Max 2014 效果图完美制作全程范例培训手册 /张传记，陈松焕，杨立颂编著.—北京:清华大学出版社，2015
（2017.8 重印）
ISBN 978-7-302-39124-1

Ⅰ.①3… Ⅱ.①张… ②陈… ③杨… Ⅲ.①三维动画软件－手册 Ⅳ.①TP391.41-62

中国版本图书馆 CIP 数据核字(2015)第 012790 号

责任编辑：夏非彼
封面设计：王　翔
责任校对：闫秀华
责任印制：杨　艳

出版发行：清华大学出版社
　　网　　址：http://www.tup.com.cn，http://www.wqbook.com
　　地　　址：北京清华大学学研大厦 A 座　　　　邮　　编：100084
　　社 总 机：010-62770175　　　　　　　　　　邮　　购：010-62786544
　　投稿与读者服务：010-62776969，c-service@tup.tsinghua.edu.cn
　　质 量 反 馈：010-62772015，zhiliang@tup.tsinghua.edu.cn
印 装 者：北京中献拓方科技发展有限公司
经　　销：全国新华书店
开　　本：203mm×260mm　　印　　张：26.25　字　　数：673 千字
　　　　　（附光盘 1 张）
版　　次：2015 年 5 月第 1 版　　　　　　印　　次：2017 年 8 月第 2 次印刷
印　　数：3001～3300
定　　价：59.00 元

产品编号：059245-01

前　言

3ds Max 是功能强大的三维设计软件，它在影视动画及广告制作、计算机游戏开发、建筑装潢与设计、机械设计与制造、军事科技、多媒体教学以及动态仿真等领域都有着非常广泛的应用。3ds Max 作为当今著名的三维建模和动画制作软件，它功能强大、扩展性好，并能与其他相关软件流畅配合使用，随着现代科技的发展，越来越多的人们对电脑三维知识渴求，却苦于不知从何入手，鉴于此，笔者立足于软件基础和实际应用，编写了此书。本书结合图文注释及语音视频，使读者在短时间内能将软件操作水平与设计技能同步提升。

本书内容

全书共分为 15 章，依次介绍了软件的基础功能、三维建模基础和修改、二维建模基础和修改、高级建模、材质类型的应用、贴图类型的应用、摄影机与灯光的设置、渲染输出及后期处理等；第 12～15 章，根据软件的综合功能和应用制作了完整的经典案例。使读者通过本书的阅读、学习，快速掌握效果图制作的流程和技巧。

本书特点

本书内容的讲解以课堂案例为主线，通过讲解各案例的实际操作，快速熟悉软件的功能和效果图的设计思路，具有结构清晰、内容详实、图文并茂、实例精美实用、针对性较强的特点。具体表现为以下几点：

- **知识点的讲解：**全书始终以通俗、易操作的小实例进行讲解命令工具的使用方法和操作技巧，以提高学生的操作能力、接受能力和学习兴趣。
- **知识点的应用：**讲解完相关知识点后，适时配合"综合范例"栏目，对知识点进行综合练习和应用。
- **知识点的巩固：**通过"上机操作题"栏目，能使学生在巩固所学知识的前提下，尝试、了解和掌握各种绘图的技巧以及命令的组合搭配技巧，以对所学知识做到举一反三。
- **软件的行业应用：**通过综合实例引导学生，如何将所学知识应用到实际的行业当中去，真正将书中的知识学会、学活、学精。

读者对象

- 3ds Max 入门与提高的初、中级读者：从本书的入门讲解学起，也可以让中级水平的读者学习较为深入的知识、综合技巧及相关设计知识。
- 各类计算机培训中心和大中专院校相关专业：理论与实践相结合，符合技能型教学大纲需要，既可作为各学校的授课教材，也可作为相关专业的辅导用书。

写作团队

本书是由张传记、陈松焕、杨立颂编写，吴海霞、黄晓光、赵建军、高勇、丁仁武、朱晓平、陈松焕、徐丽、沈虹廷、宿晓辉、唐美灵、张志新、白春英、杜婕、郭晨、郭敏、徐娟、杨立颂、孙冬蕾等人也参与了本书的编写工作，在此表示感谢。本书后期服务周到，提供在线技术支持和交流，做到有问必答。

编　者

2014 年 12 月

目　录

第 1 部分　基础入门篇

第 1 章　3ds Max 基础知识 3

1.1　安装 3ds Max 3

1.2　启动与退出 3ds Max 2014 7

1.3　3ds Max 界面的基本操作 8

   1.3.1　详解主界面布局 8

   1.3.2　设置个性化界面 13

   1.3.3　自定义视图布局 13

1.4　文件的基本操作 14

   1.4.1　重置场景 14

   1.4.2　保存对象 14

   1.4.3　打开与保存文件 15

   1.4.4　合并文件 16

   1.4.5　归档文件 17

   1.4.6　设置快捷键 18

   1.4.7　设置单位 18

1.5　对象的操作 19

   1.5.1　选择对象 20

   1.5.2　变换对象 23

1.6　精确绘图及路径适配 26

   1.6.1　设置系统单位 26

   1.6.2　导入 CAD 图形文件 27

   1.6.3　捕捉 27

   1.6.4　路径适配 29

1.7　压缩打包 Max 文件 30

1.8　效果图制作流程 31

   1.8.1　建立模型阶段 31

   1.8.2　调制材质阶段 32

   1.8.3　灯光设置阶段 32

   1.8.4　渲染输出阶段 33

   1.8.5　后期合成阶段 33

1.9　综合范例 34

1.10　思考与总结 35

　　1.10.1　知识点思考 35

　　1.10.2　知识点总结 36

1.11　上机操作题 36

　　1.11.1　操作题一 36

　　1.11.2　操作题二 36

第 2 章　三维建模基础与修改 37

2.1　标准基本体 37

　　2.1.1　一步创建完成 37

　　2.1.2　二步创建完成 42

　　2.1.3　三步创建完成 44

2.2　修改命令面板 45

　　2.2.1　名称和颜色 45

　　2.2.2　修改器列表 46

　　2.2.3　修改器堆栈 46

　　2.2.4　通用修改器 46

2.3　三维模型修改 47

　　2.3.1　【弯曲】修改命令 48

　　2.3.2　【锥化】修改命令 49

　　2.3.3　【晶格】修改命令 50

　　2.3.4　【FFD】修改命令 53

　　2.3.5　【置换】修改命令 55

2.4　综合范例——制作廊架 57

2.5　综合范例——制作山丘 62

2.6　思考与总结 63

　　2.6.1　知识点思考 63

　　2.6.2　知识点总结 63

2.7　上机操作题 64

　　2.7.1　操作题一 64

　　2.7.2　操作题二 64

第 3 章　扩展基本体建模 65

3.1　扩展基本体 65

　　3.1.1　一步创建完成 66

　　3.1.2　二步创建完成 67

　　3.1.3　三步创建完成 71

3.2　综合范例——制作时尚沙发 79

3.3　思考与总结 81

　　3.3.1　知识点思考 81

	3.3.2	知识点总结	82
3.4	上机操作题		82
	3.4.1	操作题一	82
	3.4.2	操作题二	82
第 4 章	**二维建模基础**		**83**
4.1	二维线形在 3ds Max 中的用途		83
	4.1.1	作为平面和线条物体	83
	4.1.2	作为拉伸、旋转等加工成型的截面图形	84
	4.1.3	作为放样物体使用的曲线	84
	4.1.4	作为物体运动的路径	84
4.2	创建二维线形		85
	4.2.1	交互式绘制线形的方法	85
	4.2.2	键盘输入创建方法	86
4.3	创建常用的图形		86
	4.3.1	矩形	86
	4.3.2	圆	87
	4.3.3	椭圆	88
	4.3.4	文本	88
	4.3.5	弧	89
	4.3.6	多边形	91
	4.3.7	星形	91
	4.3.8	螺旋线	92
4.4	编辑二维线形		93
	4.4.1	二维线形公共参数	93
	4.4.2	合并开放的二维线形	94
	4.4.3	合并多条二维线形	95
	4.4.4	编辑顶点	96
	4.4.5	编辑线段	99
	4.4.6	编辑样条线	101
4.5	综合范例——制作装饰品		104
4.6	思考与总结		107
	4.6.1	知识点思考	107
	4.6.2	知识点总结	107
4.7	上机操作题		108
第 5 章	**二维建模的修改**		**109**
5.1	二维线形转换三维模型		109
	5.1.1	【车削】命令	109
	5.1.2	【挤出】命令	111
	5.1.3	【倒角】命令	112

5.1.4 【倒角剖面】命令 115
5.2 综合范例——制作门把手 117
5.3 思考与总结 118
5.3.1 知识点思考 118
5.3.2 知识点总结 118
5.4 上机操作题 118
第 6 章 建筑基本体建模 119
6.1 门 119
6.2 窗 122
6.3 楼梯 124
6.4 栏杆 127
6.5 植物 129
6.6 综合范例——制作旋转楼梯 130
6.7 思考与总结 133
6.7.1 知识点思考 133
6.7.2 知识点总结 133
6.8 上机操作题 133
6.8.1 操作题一 133
6.8.2 操作题二 134

第 2 部分 技能提高篇

第 7 章 高级建模 137
7.1 放样 137
7.1.1 【放样】的原理与基础 137
7.1.2 放样的一般操作 138
7.1.3 放样的变形与子对象修改 141
7.1.4 多截面放样 148
7.2 综合范例一——制作餐桌 150
7.3 布尔运算 153
7.4 综合范例二——制作机械零件 154
7.5 编辑多边形 158
7.5.1 编辑顶点 158
7.5.2 编辑边 159
7.5.3 编辑多边形 161
7.6 综合范例三——制作广告牌 163
7.7 思考与总结 165
7.7.1 知识点思考 165

　　　　7.7.2　知识点总结 165

　7.8　上机操作题 165

　　　　7.8.1　操作题一 165

　　　　7.8.2　操作题二 166

第8章　材质类型的应用 167

　8.1　什么是材质 167

　8.2　材质编辑器 168

　　　　8.2.1　菜单栏 169

　　　　8.2.2　示例球 169

　　　　8.2.3　工具列 170

　　　　8.2.4　工具行 171

　　　　8.2.5　活动面板 171

　8.3　材质类型 172

　　　　8.3.1　标准材质 172

　　　　8.3.2　VRay材质 179

　　　　8.3.3　混合材质 182

　　　　8.3.4　合成材质 183

　　　　8.3.5　双面材质 185

　　　　8.3.6　多维/子对象材质 186

　　　　8.3.7　光线跟踪材质 188

　　　　8.3.8　顶/底材质 189

　8.4　综合范例——铁艺栏杆材质的设置 190

　8.5　思考与总结 192

　　　　8.5.1　知识点思考 192

　　　　8.5.2　知识点总结 193

　8.6　上机操作题 193

　　　　8.6.1　操作题一 193

　　　　8.6.2　操作题二 193

第9章　贴图类型的应用 194

　9.1　什么是贴图 194

　9.2　贴图通道 195

　　　　9.2.1　漫反射颜色贴图通道 195

　　　　9.2.2　【高光颜色】贴图通道 195

　　　　9.2.3　自发光 196

　　　　9.2.4　不透明度 197

　　　　9.2.5　凹凸 197

　　　　9.2.6　反射 198

　9.3　常用贴图类型 198

　　　　9.3.1　位图 198

9.3.2　棋盘格贴图 200

9.3.3　渐变贴图 201

9.3.4　平铺贴图 203

9.3.5　噪波贴图 206

9.3.6　薄壁折射贴图 207

9.4　综合范例——给场景环境添加背景 210

9.5　贴图坐标 211

9.5.1　贴图缩放器 211

9.5.2　UVW 贴图坐标 212

9.6　思考与总结 215

9.6.1　知识点思考 215

9.6.2　知识点总结 215

9.7　上机操作题 215

9.7.1　操作题一 215

9.7.2　操作题二 216

第 10 章　摄影机与灯光设置 217

10.1　创建摄影机 217

10.2　标准灯光 218

10.2.1　标准灯光共同参数设置 219

10.2.2　目标聚光灯的应用 224

10.2.3　泛光灯的应用 226

10.2.4　天光的应用 228

10.3　综合范例一——落地灯发光效果 230

10.4　光度学灯光及其常用参数设置 231

10.4.1　灯光的强度和颜色 231

10.4.2　光度学灯光分布方式 232

10.4.3　光域网的使用 233

10.5　VRay 灯光 235

10.6　综合范例二——直线形灯槽 238

10.7　综合范例三——圆形灯槽 239

10.8　思考与总结 241

10.8.1　知识点思考 241

10.8.2　知识点总结 241

10.9　上机操作题 242

10.9.1　操作题一 242

10.9.2　操作题二 242

第 11 章　效果图渲染输出 243

11.1　默认渲染器 243

11.1.1　渲染设置对话框 243

11.1.2 静态图像文件输出 244

11.1.3 动态图像文件输出 245

11.2 VRay 渲染器 246

11.2.1 VRay 渲染器的优势 246

11.2.2 V-Ray：帧缓冲区与渲染窗口 247

11.2.3 图像采样器（抗锯齿）.. 247

11.2.4 间接照明（全局光照）.. 249

11.2.5 发光贴图 251

11.2.6 环境 253

11.2.7 颜色贴图 255

11.2.8 系统 256

11.3 综合范例——电梯间渲染输出 257

11.4 思考与总结 259

11.4.1 知识点思考 259

11.4.2 知识点总结 260

11.5 上机操作题 260

第 3 部分 案例篇

第 12 章 标准间效果图表现 263

12.1 制作标准间场景模型 263

12.1.1 制作框架模型 263

12.1.2 制作吊顶 269

12.2 主体框架材质的设置 274

12.3 合并家具 277

12.4 设置灯光 278

12.5 渲染设置 281

12.6 后期处理 283

12.7 本章小结 287

12.8 上机操作题 287

第 13 章 现代客厅效果的表现 288

13.1 制作客厅场景模型 288

13.1.1 制作框架模型 289

13.1.2 制作吊顶 294

13.1.3 制作背景墙及电视墙 298

13.2 制作材质 304

13.3 设置客厅灯光 307

13.4 后期处理 313

13.5 本章小结 316

13.6 上机操作题 316

第 14 章 日景别墅效果图的表现 318

14.1 设计分析 318

14.2 别墅制作思路 319

14.3 整理图纸及导入图纸 319

    14.3.1 分析、导出图纸 319

    14.3.2 将 CAD 图纸导入 3ds Max 场景中 321

14.4 制作别墅模型 323

14.5 调整材质 341

14.6 摄影机及灯光的创建 347

14.7 VRay 渲染 348

14.8 后期处理 349

14.9 本章小结 358

14.10 上机操作题 359

第 15 章 简欧客厅效果图的表现 360

15.1 客厅装修设计 360

    15.1.1 客厅规划设计 361

    15.1.2 客厅设计原则 362

    15.1.3 客厅效果图制作思路 363

15.2 制作客厅模型 364

    15.2.1 整理图纸 364

    15.2.2 制作墙体、地面及门窗 365

    15.2.3 制作吊顶 370

    15.2.4 制作电视背景墙 372

    15.2.5 合并家具 376

15.3 客厅测试渲染设置 377

15.4 设置场景材质 379

    15.4.1 设置主体材质 379

    15.4.2 设置场景家具材质 384

    15.4.3 其他材质设置 387

15.5 场景灯光及渲染设置 389

15.6 Photoshop 后期处理 394

15.7 本章小结 397

15.8 上机操作题 397

附录 A 思考题参考答案 398

附录 B 3ds Max 2014 常用快捷键 404

第 **1** 部分 基础入门篇

- 第1章　3ds Max基础知识
- 第2章　三维建模基础与修改
- 第3章　扩展基本体建模
- 第4章　二维建模基础
- 第5章　二维建模的修改
- 第6章　建筑基本体建模

第1章 3ds Max 基础知识

3ds Max 2014 全称 3D Studio Max，是 Autodesk 公司开发的三维动画渲染和制作软件，3ds Max 广泛应用于广告、影视、工业设计、建筑设计、多媒体制作、游戏、辅助教学以及工程可视化等领域，其当前最新版本为 3ds Max 2014 版。

本章作为全书的开篇之作，依照从易到难的原则，首先从最基本的操作学起，为以后深入学习 3ds Max 奠定良好的基础。

本章内容如下：

- 安装 3ds Max
- 启动与退出 3ds Max
- 熟悉 3ds Max 界面
- 界面的基本操作
- 文件的基本操作
- 对象的操作
- 精确绘图及路径适配
- 压缩打包 Max 文件
- 3ds Max 效果图工作流程
- 综合范例
- 思考与总结
- 上机操作题

1.1 安装 3ds Max

下面我们先来学习 3ds Max 2014 的安装和使用方法。

操作步骤：

步骤 01 将 3ds Max 的安装光盘放入光驱中，系统将自动运行安装程序。

步骤 02 如果没有自动运行，可打开【我的电脑】窗口，在【我的电脑】窗口中的光驱盘符上单击鼠标右键，在弹出的快捷菜单中选择【打开】命令即可打开光盘。

步骤 03 双击 3ds Max 的解压文件，出现 3ds Max 的解压界面，如图 1-1 所示。解压过程如图 1-2 所示。

图 1-1　3ds Max 的解压界面

图 1-2　解压过程

步骤 **04**　解压完成后弹出如图 1-3 所示的对话框，单击右下角的 ▢ 按钮，弹出【许可协议】对话框，选择【我接受】选项，如图 1-4 所示。

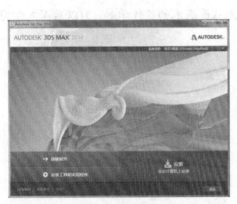

图 1-3　【安装】对话框

图 1-4　【许可协议】对话框

步骤 **05**　然后单击 ▢ 按钮，弹出如图 1-5 所示的产品信息对话框，输入产品信息。

步骤 **06**　单击 ▢ 按钮后弹出【配置安装】对话框，提示用户安装路径如图 1-6 所示。

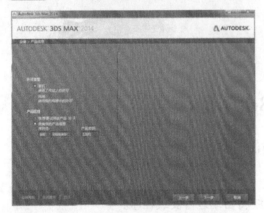

图 1-5　【产品信息】对话框

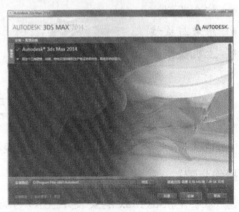

图 1-6　【配置安装】对话框

步骤 **07**　确定安装路径后，单击 ▢ 按钮，弹出【安装进度】对话框，如图 1-7 所示。

步骤 **08**　安装完成后弹出如图 1-8 所示对话框，单击 ▢ 按钮，完成操作。

图 1-7　【安装进度】对话框

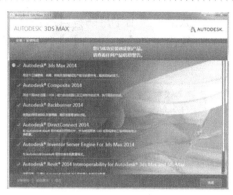
图 1-8　【完成安装】对话框

3ds Max 安装完成后，接下来完成注册工作。

步骤09　当安装完成 3ds Max 后桌面上会增加 按钮，然后双击该按钮，弹出【激活产品】对话框，如图 1-9 所示。

步骤10　单击【Activate（激活）】按钮，激活后弹出如图 1-10 所示的【许可】对话框。

图 1-9　【激活产品】对话框

图 1-10　【许可】对话框

步骤11　单击【I agree】按钮，打开如图 1-11 所示的对话框。若激活后弹出如图 1-12 所示的【错误】对话框，这时关闭该对话框，重新激活即可。

图 1-11　产品许可激活过程

图 1-12　【错话】对话框

步骤 ⑫ 激活后弹出【产品许可激活选项】对话框，如图 1-13 所示，提示用户输出激活码。

步骤 ⑬ 双击光盘【Keygen】文件夹中的 ▣ 按钮，打开对话框，将计算出的授权号拷贝至输入框内，如图 1-14 所示。

图 1-13　【产品许可激活选项】对话框

图 1-14　计算授权号

步骤 ⑭ 单击 补丁 按钮，弹出补丁文件成功对话框。再单击 确定 按钮，产生授权号，如图 1-15 所示。

图 1-15　产生授权号

步骤 ⑮ 将产生的授权号拷贝至激活码窗口内，如图 1-16 所示。

步骤 ⑯ 单击 Finish 按钮，完成激活授权，如图 1-17 所示。

图 1-16　输入授权号

图 1-17　【安装完成】对话框

步骤 ⑰ 双击桌面上的 ▣ 按钮，启动软件，这时便可打开 3ds Max 2014 软件，如图 1-18 所示。

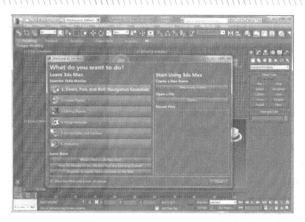

图 1-18　3ds Max 2014 界面

 启动 Max 程序后，在弹出的学习影片对话框中单击相应的标题，可以打开相关的教学文件。

步骤18　安装完成后，我们会发现启动的 3ds Max 2014 是英文版的，用户要选择【开始】|【所有程序】|【Autodesk| Autodesk 3ds Max 2014】|【3ds Max 2014-Simplified Chinese】，如图 1-19 所示。

步骤19　这时，再重新启动 3ds Max 2014 文件，界面就是中文版的了，并且用户可以设置自己喜爱的界面，如图 1-20 所示。

图 1-19　选择程序

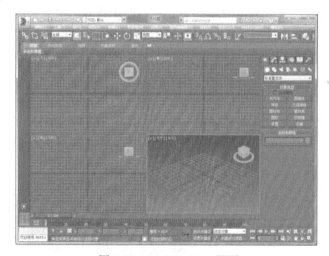

图 1-20　3ds Max 2014 界面

1.2　启动与退出 3ds Max 2014

启动和退出 3ds Max 软件是最基本也是最简单的操作，用户必须熟练掌握。

【例题 1】启动 3ds Max 2014 系统

3ds Max 2014 的启动非常简单，用户可以通过以下三种方法启动该软件。

- 方法一：确定安装了 3ds Max 2014 软件，将鼠标移动到桌面的图标按钮上，快速双击鼠标左键，就可以启动 3ds Max 2014 软件，进入系统界面。
- 方法二：单击桌面左下角的 开始 按钮，在弹出的菜单中选择【所有程序】|【Autodesk】|【Autodesk 3ds Max 2014】|【3ds Max 2014】选项，即可启动 3ds Max 2014 软件，进入系统界面。
- 方法三：在电脑中寻找带有【.Max】格式的文件（无论它在什么路径下都可以），快速双击该文件图标进入 3ds Max 2014 系统界面。

技巧提示　【.Max】是 3ds Max 的专用文件格式。有时双击文件图标也进入不了系统，说明此文件可能已损坏（或是一个非法的 3ds Max 文件）。

【例题 2】退出 3ds Max 2014 系统

退出 3ds Max 2014 系统非常简单。

- 方法一：单击窗口左上角的 ■（应用程序）图标按钮，在弹出的下拉菜单中单击右下角的 退出 3ds Max 按钮。
- 方法二：单击程序窗口右上角的 ✕（关闭）按钮。

1.3 3ds Max 界面的基本操作

要使 3ds Max 中的某些对话框能在工作界面中完全显示，屏幕显示分辨率必须在 1024×768 像素以上。在本节中将介绍 3ds Max 2014 的操作界面和主要工具，至于更为详细的内容，将在后面章节中结合实例说明。

1.3.1 详解主界面布局

使用 3ds Max 最重要的方面之一就是它的多功能性。许多程序功能可以通过多个用户界面元素来使用。启动 3ds Max 2014 软件，进入 3ds Max 2014 系统后，即可看到如图 1-21 所示的界面。

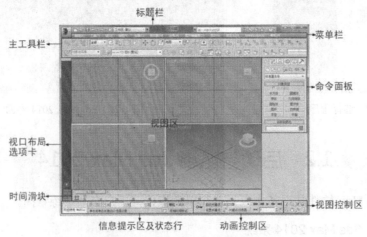

图 1-21　3ds Max 2014 界面

可以看到，3ds Max 2014 的界面按照其功能大体可以分为以下几个区：标题栏、菜单栏、主工具栏、石墨工具、视图区、命令面板、时间滑块、视图控制区、动画控制区、信息提示区及状态行。

1. 标题栏

3ds Max 窗口的标题栏用于管理文件和查找信息，如图 1-22 所示。

图 1-22　3ds Max 2014 标题栏

- ▣【应用程序】按钮：单击【应用程序】按钮可显示文件处理命令的应用程序菜单。
- ▣▣▣▣▣▣▣▣▣▣【快速访问工具栏】：主要提供用于管理场景文件的常用命令。
- ▣▣▣▣▣▣▣▣▣▣【信息中心】：可用于访问有关 3ds Max 和其他 Autodesk 产品的信息。
- ▣▣▣【最小化】：最小化窗口。
- ▣▣/▣【还原】/【最大化】：最大化窗口，或将其还原为以前的尺寸。
- ▣▣▣【关闭】：关闭应用程序。

2. 菜单栏

菜单栏位于屏幕界面的最上方，如图 1-23 所示。菜单中的命令项目如果带有省略号，表示会弹出相应的对话框，带有小箭头的项目表示还有次一级的菜单，有快捷键的命令右侧标有快捷键组合。大多数命令在主工具栏中都可以直接执行，不必进入菜单进行选择，熟悉 3ds Max 2014 中文版的用户会倾向于使用工具栏中的命令。

| 编辑(E) | 工具(T) | 组(G) | 视图(V) | 创建(C) | 修改器(M) | 动画(A) | 图形编辑器(D) | 渲染(R) | 自定义(U) | MAXScript(X) | 帮助(H) |

图 1-23　菜单栏

3. 主工具栏

在 3ds Max 2014 中文版菜单栏下，有一行工具按钮，称为主工具栏，为操作时大部分常用任务提供了快捷而直观的图标和对话框，其中一些操作在菜单栏中也有相应的命令，但是我们习惯上使用工具栏来进行操作。下面列出了部分常用命令按钮，可以展开的按钮也都打开了，如图 1-24 所示。

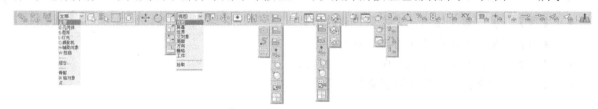

图 1-24　主工具栏

在主工具栏中，有部分按钮的右下角有一个小三角形标记，这表示此按钮下还隐藏有多重按钮选择。如在主工具栏的▣按钮上按住鼠标左键不放，会弹出一列按钮，拖曳鼠标至相应的按钮图标上，就可以将▣按钮转换为需要选择的按钮。

命令按钮的图示制作得非常形象，用过几次后就会记住它，当鼠标箭头放置在按钮上停留几秒钟时，会出现这个按钮的中文命令提示，帮助了解这个按钮的功能。

另外，还有一些隐藏的工具可以在工具栏的空白处单击鼠标右键，在弹出的右键菜单中选择相应的工具，如图 1-25 所示。

4．石墨工具

PolyBoost 是由 Carl-Mikael Lagnecrantz 开发的 3ds Max 工具集，能快速有效地完成一系列 Poly 建模工作。PolyBoost 提供复杂灵活的 Poly 子对象选择，同时也有强大的模型辅助编辑工具、变换工具、UV 编辑工具、视口绘图工具等。PolyBoost 主要针对【可编辑多边形】开发，大部分功能在【编辑多边形修改器】中也可使用。

图 1-25　隐藏的工具

5．视图区

视图区是进行操作的主要场所，几乎所有的操作，包括建模、赋材质、设置灯光等工作都要在此完成。

当首次打开 3ds Max 2014 中文版时，系统缺省状态是以四个视图的划分方式显示的，它们是【顶】视图、【前】视图、【左】视图和【透视】视图，这是标准的划分方式，也是比较通用的划分方式，我们习惯在【顶】视图、【前】视图、【左】视图中调节获得数据的准确性，而在【透视】视图中观察立体效果，如图 1-26 所示。

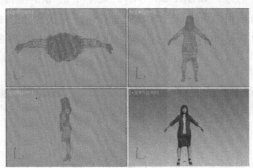

图 1-26　视图区形态

对四个视图含义说明如下：

- 【顶】视图：显示物体从上往下看到的形态；
- 【前】视图：显示物体从前向后看到的形态；
- 【左】视图：显示物体从左向右看到的形态；
- 【透视】视图：一般用于观察物体的形态。

6．命令面板

在 3ds Max 2014 中，位于视图最右侧的是命令面板。命令面板集成了 3ds Max 2014 中大多数的功能与参数控制项目，是核心工作区，也是结构最为复杂、使用最为频繁的部分。创建任何物体或场景主要通过命令面板进行操作。因此，熟练掌握命令面板的使用技巧是学习 3ds Max 2014 时最重要的一个环节。在 3ds Max 2014 中，一切操作都是由命令面板中的某一个命令进行控制的，它是 3ds Max 2014 中统领全局的指挥官。命令面板中包括 6 个面板，如图 1-27 所示。

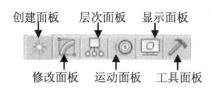

图 1-27　命令面板

（1）创建命令面板

单击命令面板上的 按钮，显示创建命令面板，创建命令面板中创建的物体种类有 7 种，包括 几何体、 图形、 灯光、 摄像机、 辅助体、 空间扭曲物体和 系统。

系统默认命令面板的当前显示状态为创建命令面板，创建命令面板中的命令主要用于在场景中进行创建。如图 1-28 所示。

（2）修改命令面板

单击命令面板上的 按钮，显示修改命令面板，其显示状态如图 1-29 所示。在修改命令面板上可以对造型的名称、颜色、参数设置等进行修改，还可以通过修改命令面板上的修改命令对造型的形态、表面特性、贴图坐标等进行修改调整。各类修改命令集成并隐藏在【修改器列表】下拉的窗口中。

图 1-28　创建命令面板

图 1-29　修改命令面板

（3）层级命令面板

单击 按钮，显示层级命令面板，如图 1-30 所示。层级命令面板中的命令多用于动画制作，可调节轴、反向动力学和链接信息等。

（4）运动命令面板

单击 按钮，显示运动命令面板，如图 1-31 所示。运动命令面板中的命令主要用于动画的制作，可调节其参数、轨迹和指定动画的各种控制器等。

（5）显示命令面板

单击 按钮，进入显示命令面板，如图 1-32 所示。显示命令面板中的命令主要用于显示或隐藏物体、冻结或解冻物体等。

（6）工具命令面板

单击 按钮，显示工具命令面板，如图 1-33 所示。工具命令面板中命令的主要作用是通过 MAX

的外挂程序来完成一些特殊的操作。

图 1-30　层级命令面板　　图 1-31　运动命令面板　　图 1-32　显示命令面板　　图 1-33　工具命令面板

命令面板的功能强大，其具体功能、应用方法，以及与效果图制作有关的内容。我们将在后面的内容中逐步进行详细讲述。

命令面板的缺省位置位于用户界面的右侧，为了方便用户的操作，它也可以被设置为浮动的面板放置在视窗中的任何位置。将鼠标移动到命令面板左上角的空白处，出现一个符号时，单击鼠标右键，在弹出的快捷菜单中单击【浮动】选项，如图 1-34 所示。

此时，命令面板由【定位】变为【浮动】，你可以拖动它到界面中的任意位置。运用相同的方法，从弹出的快捷菜单中单击【停靠】|【右】选项即可还原命令面板到界面的右侧，如图 1-35 所示。

图 1-34　选择【浮动】选项　　　　　　图 1-35　还原浮动命令面板

7.视图控制区

视图控制区位于工作界面的右下角，主要用于调整视图中物体的显示状态，通过缩放、平移、旋转等操作，来达到方便观察的目的。

8.动画控制区

动画控制区的工具主要用来控制动画的设置和播放。动画控制区位于屏幕的下方，时间滑块位于视图区的下方。

9.信息提示区及状态行

3ds Max 窗口底部包含一个区域，提供有关场景、活动命令的提示和状态信息。这是一个坐标显示区域，可以在此输入变换值。

1.3.2　设置个性化界面

单击菜单栏中的【自定义】|【自定义用户界面】命令，在弹出的【自定义用户界面】对话框中选择【颜色】选项卡，再选择【视口背景】选项，单击颜色右侧的色块，根据自己的喜好设置颜色，然后单击　立即应用颜色　按钮，如图 1-36 所示。

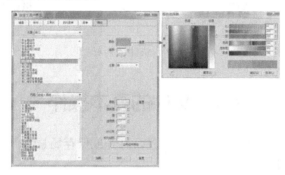

图 1-36　自定义用户界面

1.3.3　自定义视图布局

单击或右键单击【常标】视口标签，或在视图控制区的任意按钮上单击鼠标右键，在弹出的常规视口标签的快捷菜单中选择【配置视口】命令，都会弹出【视口配置】对话框，在【布局】选项卡中发现其他 14 种视图划分方式，如图 1-37 所示。

【布局】选项卡的顶部表示可选视图划分方式，下面表示当前所选布局的屏幕。单击图标以选择划分方法，然后单击　确定　按钮，视图区就转换为所选择的类型。

在 3ds Max 2014 中，经常要用到视图之间的切换，以便从不同的角度来观察场景，从而寻找到场景的最佳观察点，以便渲染该视图中的场景。

在 3ds Max 2014 中，将鼠标移动到某一视图的名称处，如前视图，然后单击鼠标右键，在弹出的快捷菜单中，将光标移动到【视图】选项上，系统将弹出如图 1-38 所示的菜单，以列出该场景中所有的视图名称。

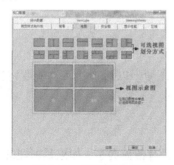

图 1-37　视图划分方式

图 1-38　视图变换控制菜单

如果选择某一视图名称，系统就将所激活的原视图修改为所选择的视图，如选择【前】视图，则原来的【顶】视图则改变为【前】视图。同样也可以用另一种方法进行操作，如：将【前】视图改变为【顶】视图，则可以在激活【前】视图之后，通过快捷键【T】键来修改。同理，其他视图的修改方法完全一样，只要通过按键盘中需要视图的第一个大写字母键来修改即可。视图快捷键列表如图1-39所示。

快 捷 键	视 图 类 型	快 捷 键	视 图 类 型
T	顶视图	U	正交视图
B	底视图	P	透视图
L	左视图	C	摄影机视图
F	前视图		

图 1-39　快捷键列表

1.4　文件的基本操作

3ds Max 文件的基本操作内容包括：重置场景、打开或保存场景文件、合并文件、场景文件的归档、快捷键的设置及单位的设置等。

1.4.1　重置场景

重置是指清除视图中的全部数据，使其恢复到初始状态，这包括视图划分的设置、捕捉设置、材质编辑器的设置、背景设置等。重置场景的操作非常简单，执行菜单栏中的【文件】|【重置】命令，系统弹出【重置】对话框，如图 1-40 所示。

图 1-40　【重置】对话框

在【重置】对话框中，单击【保存】按钮，将弹出【保存文件】对话框，允许对场景进行保存；单击【不保存】按钮，再次弹出【重置】对话框，单击【保存】按钮，重置场景；单击【不保存】按钮，取消重置操作。

1.4.2　保存对象

当我们完成一幅作品后，就需要把它放置在一个空间位置中，便于以后查找。这就要将当前场景进行快速保存。下面我们学习几种方法。

1. 保存

将当前场景进行快速保存，覆盖旧的同名文件，这种保存方法没有覆盖提示。如果是新建的场景，第一次使用【保存】命令会和【另存为】命令效果相同，给出文件选择框进行命名。其快捷键为 Ctrl+S 键。

当使用保存命令进行保存时，全部场景信息也将一并保存，例如视图划分设置、捕捉和栅格设置等。

当打开的文件是早期 3ds Max 版本文件时，选择【保存】命令后，会弹出一个警示窗口，选择【是】后，会以新版本的格式保存当前文件,这也意味着该文件已经无法用原始的 Max 低版本打开;选择【否】时，取消保存，这时可以使用【另存为】命令以一个新的文件名保存这个场景文件。

2．另存为

顾名思义，就是保存备份，将改名存为另一个文件。以便不改动旧的场景文件。可以保存的格式有.Max 或.chr 两种。

3．保存副本为

与【另存为】含义相同。

4．保存选定对象

只能保存你在当前视窗内所选择的物体，没有选择的将不进行保存。

在视图中选择物体，单击菜单栏中的【文件】|【保存选定对象】命令，弹出【文件保存】对话框，与【另存为】的操作方法相同，需要注意的是以下几点：

- 对于使用了同一位图的物体，如果这些物体以不同的文件被保存，并且各自对位图属性的设置不相同，则这个位图文件会以不同的文件名被保存。
- 如果选择的物体有层级连接，那么其下的子物体尽管没被选择，也将一并保存。
- 与选择物体绑定的空间扭曲物体也将一并保存。
- 全部与选择物体有 IK 反向连接关系的物体也将一并保存。

1.4.3　打开与保存文件

使用【打开】命令可以从【打开文件】对话框中加载场景文件（MAX 文件）、角色文件（CHR 文件）或 VIZ 渲染文件（DRF 文件）到场景中。

【例题 3】打开方法一

单击快捷工具栏中的 📂（打开文件）按钮（或按 Ctrl+O 键），弹出【打开文件】对话框。从中寻找正确的路径和文件，双击该文件即可将它打开。

【例题 4】打开方法二

如果在【自定义】|【单位设置】|【系统单位设置】对话框中勾选了【考虑文件中的系统单位】选项，在打开文件时，加载的文件具有不同的场景单位比例，将显示【文件加载：单位不匹配】对话框，如图 1-41 所示。使用此对话框可以将加载的场景重新缩放为当前场景的单位比例，或者通过更改当前场景的单位比例来匹配加载文件中的单位比例。

图 1-41　【文件加载：单位不匹配】对话框

主要选项解析如下：

- 【按系统单位比例重缩放文件对象】：选择该选项时，打开文件的单位会自动转换为当前的系统单位。
- 【采用文件单位比例】：选择该选项，则转换当前的系统单位为打开文件的单位。

1.4.4　合并文件

合并文件是指将其他.Max 场景文件中的物体合并到当前文件中，这是制作效果图常用的方法。需要注意的是合并命令无法合并环境设置，例如【燃烧】、【雾效】等，需要在环境编辑器里单独进行【合并】。

【例题 5】合并文件

步骤 01　单击快捷工具栏中的 ◎（打开文件）按钮，随意打开一个场景文件。

步骤 02　单击 ▓（应用程序）按钮，在弹出的下拉菜单中选择【导入】|【合并】命令，打开【合并文件】对话框。选择本书配套光盘【第 1 章】目录下的【公共卫生间.max】文件，双击该文件即可打开一个【合并-公共卫生间.max】对话框，如图 1-42 所示。

图 1-42　【合并-公共卫生间.max】对话框

主要选项解析如下：

- 【全部/无/反转】：对选择文件类型进行过滤，全部进行选择或全部取消选择或者反选。
- 【显示子树】：对进行了层级连接的物体，以缩进格式显示层次结构。
- 【选择影响】：选择物体的同时，自动将其下级的层级物体一同选择。
- 【列出类型】：控制哪些物体类型显示在物体列表框中，常用于快速查找。

步骤 03　选择需要合并的对象，单击 确定 按钮进行合并。

步骤 04　进行物体选择后，如果新的物体与当前场景中的物体重名，会弹出如图 1-43 所示的对话框。

步骤 05　选择合适的设置，合并场景文件。

图 1-43　【重复名称】对话框

主要选项解析如下：

- 【合并】：按照右侧的文件名将物体合并入当前场景中。
- 【跳过】：不合并这个物体。

- 【删除原有】: 在合并之前删除当前场景中的同名物体，然后再合并入新的物体。
- 【自动重命名】: 将全部重名的新物体以副本名称进行合并，不再一一进行提示。
- 【应用于所有重复情况】: 将全部重名的物体以重名的形式进行合并，并不再一一进行提示。

1.4.5　归档文件

使用【工具】下的【资源管理器】命令，收集位图/光度学文件，可以将 Max 文件和所有贴图放置在同一个文件夹中，具体操作步骤如下:

【例题 6】归档文件方法 1

步骤 01　双击桌面中的 按钮，启动 Max 软件，打开一个文件。

步骤 02　单击命令面板中的 按钮，在【工具】卷展栏中单击 更多... 按钮，在弹出的对话框中选择【资源收集器】选项，然后单击 确定 按钮确定操作，如图 1-44 所示。

图 1-44　【工具】面板

步骤 03　确定操作后，在命令面板下面显示【参数】卷展栏，单击 浏览 按钮，指定输出路径，勾选【包括 MAX 文件】和【压缩文件】选项，然后单击 开始 按钮进行压缩，如图 1-45 所示。

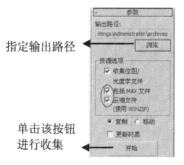

图 1-45　【参数】卷展栏及压缩过程

使用 Max 自带的【归档】命令，可以把当前 Max 文件中使用的所有贴图文件和 Max 文件自动打成一个压缩包。具体操作步骤如下:

【例题 7】归档文件方法 2

步骤 01　双击桌面中的 按钮，启动 Max 软件，打开一个文件。

步骤 02　单击 ▓ （应用程序）按钮，在弹出的下拉菜单栏中选择【另存为】|【归档】命令，弹出【文件归档】对话框，然后在对话框中将归档的文件保存在合适的路径中并将其命名，如图 1-46 所示。

步骤 03　单击 保存(S) 按钮，系统自动将当前 Max 文件中使用的所有贴图文件和 Max 文件自动打成一个压缩包，如图 1-47 所示。

图 1-46 【文件归档】对话框

图 1-47 压缩过程

1.4.6 设置快捷键

键盘快捷键是使用鼠标进行初始化操作（命令或工具）的键盘替换方法。例如：要打开【从场景选择】对话框，可以按下【H】键；要将前视图改为顶视图，可以按下【T】键等。使用键盘快捷键可以更有效率地工作。下面，学习快捷键的具体设置方法。

【例题 8】设置键盘快捷键

步骤 01　单击菜单栏中的【自定义】|【自定义用户界面】命令，弹出【自定义用户界面】对话框。

步骤 02　在【自定义用户界面】对话框中选择【键盘】选项卡，在操作框中选择常用的命令，然后，在热键右侧的输入框中设置快捷键，单击 指定 按钮，将其指定为快捷键，如图 1-48 所示。

图 1-48 【自定义用户界面】对话框

1.4.7 设置单位

系统单位的设置与输入到场景的距离信息相关联。特别是制作一些大型场景时，单位尤为重要。使用 CAD 绘制的建筑图纸一般都采用【毫米】为绘图单位，并在图纸上标明了具体尺寸，因此，用户在制作建筑效果图时，为了保证建筑效果图的精确度，通常选择【毫米】为制作单位。

【例题 9】设置单位

步骤 01　单击菜单栏中的【自定义】|【单位设置】命令，打开【单位设置】对话框。

步骤 02　单击【单位设置】对话框中的 | 系统单位设置 | 按钮，弹出【系统单位设置】对话框，将单位设置为【毫米】，如图 1-49 所示。

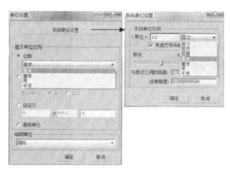

图 1-49　单位设置

主要选项解析如下：

- 【公制】：在该选项下，用户可以设置各种公制单位，包括【毫米】、【厘米】、【米】、【千米】。通常在效果图的设计制作中，都将单位设置为【毫米】。

- 【美国标准】：在此选项下，预定的单位都是英制，与我国所实行的公制单位不相符，因此此选项很少用到。

- 【自定义】：自己指定一种单位换算关系。在左侧框内输入自定义的单位名称，中间框和右侧框内输入相对应的数值换算单位，这样可以增加一些 3ds Max 2014 未提供的计量单位。

- 【通用单位】：在 3ds Max 2014 系统缺省状态下，【通用单位】是处于被选中的状态，在此状态下，系统创建的物体在 3ds Max 2014 的数据录入栏中将只显示其数字参数，而不显示数字的单位。

- 【系统单位比例】：控制 Max 内部单位相对于实际尺寸的比率。在 Max 系统内，在数值输入框中输入的确定物体尺寸的数值都是以 Max 内部的单位值表示的，如果要制作与实际图纸定义尺寸相同的物体，一定要在这里确定单位比率，原缺省值为英寸，按照我国的标准，应为米制。

1.5　对象的操作

【对象】这个概念在学习 3ds Max 中十分重要，在建立复杂的 3D 模型时，能否灵活地运用这些基本概念，决定了建模的质量和效率。

3ds Max 中【对象】有几种类型。我们可以对多个对象施加某种操作，使它们按照某种方式组合成一个新的对象，这种新的对象称为【组合对象】；也可以对某个对象的元素施加操作，例如只移动一个方体的一个顶点或一条边，这个顶点或边就称为【子对象】。为了区分对象和子对象，例如，每棵树都可以算是一个基本对象，因为它具有一些属性，如直径、高度等，因此一棵树就是一个基本对象，而树的某一部分，如树枝、树叶等，它们就是树的子对象。同样，若干树组成了树林，这个树林具有一些特有的属性，这样树林这个概念也是一个对象，这就是【组合对象】。由此可以看出【对象】的特点，以及【基本对象】、【子对象】、【组合对象】三者之间的关系。

1.5.1 选择对象

选择功能是 3ds Max 2014 中的重要环节，几乎做任何工作前都要先进行选择，以确定被操作的对象。在 3ds Max 2014 中，系统为我们提供了很多种选择方法。它们有不同的优缺点，所以用户要扎实掌握、灵活运用，这样才能提高绘图效率。

1. 使用工具选择对象

使用工具选择对象有两种方法：直接点取选择和区域框选。

【例题 10】直接点取选择对象

步骤 01 单击工具栏中的 ⯈ 按钮，使其呈黄色显示，表示进入使用状态。

步骤 02 在任意一个视图、任意一个对象上单击鼠标左键都可以实现对该对象的选择。被选择的物体以白色线框方式显示，如果是实体着色模式，则显示一个白色的八角边框。如图 1-50 所示。

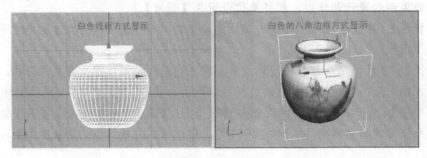

图 1-50　选择对象

 配合键盘中的 Ctrl 键单击可以加选一个物体；配合键盘中的 Ctrl 键框选可以加选多个物体。配合键盘中的 Alt 键单击可以减选一个物体；配合键盘中的 Alt 键框选可以减选多个物体。

【例题 11】区域框选对象

激活 ⯈ 按钮，在视图中拖动鼠标即可划出一个虚线框，通过这种方式可以将虚线中的对象选择，这种选择方法被称为【框选】。在 3ds Max 默认状态下，使用选择工具拖出的虚线框为矩形，虚线框的具体形态由工具栏中区域框选选择按钮的形态决定。当按下工具栏中的 ▢ 按钮时，会弹出 ▢、▢、▣、▢ 和 ▢ 5 个复选按钮。

- ▢ 按钮为矩形选择区域：以对角线方式创建，在视图中的适当位置单击鼠标左键，确定矩形选择区域的起始点，然后向矩形对角线方向拖动鼠标，这时矩形选择区域生成。继续拖动鼠标，当被选择的物体被框选后，松开鼠标左键便可完成矩形选择区域的选择操作。如图 1-51 所示。

图 1-51 选择对象

- 按钮为圆形选择区域：以中心点形式创建，当在视图中单击鼠标左键后，将确定圆形选择区域的中心点，然后拖动鼠标确定圆形选择区域的半径长度。当需要选择的物体被框选以后，松开鼠标便可以完成圆形选择区域的选择操作。如图 1-52 所示。

图 1-52 圆形区域选择

- 按钮为矩形选择区域：单击鼠标不断拉出直线，围成多边形区域，再最后单击进行区域闭合，或者在末端双击鼠标左键，完成区域选择，如果中途放弃选择，单击鼠标右键即可。如图 1-53 所示。

图 1-53 矩形区域选择

- 按钮为套索选择区域：自由手绘圈出选择区域，如图 1-54 所示。

图 1-54 套索区域选择

- 按钮为绘制选择区域：按住鼠标左键不放，鼠标自动成圆形区域，然后靠近要选择的物体即可。如图 1-55 所示。

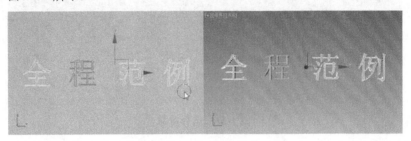

图 1-55　绘制选择区域

【例题 12】按名称选择

一个场景中往往有多个对象，对象在位置上往往也有重叠与遮挡的现象，在这种情况下使用上面学习的点选或框选的方法就有一定的难度了。因此，3ds Max 提供了通过对象的名称选择的方法，提高了选取对象的效率。

步骤 01 单击工具栏中的 █ 按钮（或按键盘中的 H 键），弹出【从场景选择】对话框，如图 1-56 所示。

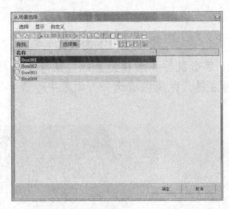

图 1-56　【从场景选择】对话框

步骤 02 在对话框的对象列表中陈列着场景中的所有对象（包括灯光、摄影机等所有对象）的名称。

● 若要选择一个对象并关闭此对话框，那么双击对象名称。
● 拖动或单击，按 Shift 键并单击选择连续范围的对象，然后按 Ctrl 键并单击选择非连续对象。
● 在列表上方的字段中，输入搜索词组。输入时，与当前词组匹配的所有词组都会高亮显示在列表中。若只高亮显示与搜索词组大小写完全匹配的对象，可以从【选择】菜单中启用【查找区分大小写】选项。

2．根据颜色选择对象

所谓根据颜色选择对象，就是将场景中相同颜色的物体进行选择。使用这个命令后，鼠标键头会显示出特殊符号，点取一个对象后，与它颜色相同的所有对象都会被选择。

3. 使用选择集选择对象

选择集分为两种类型：一种是物体级别的选择集合，如模型、灯光、摄影机等物体类型；另一种是次物体级别的选择集合，如一些点集、表面集合等。根据两种不同的种类，弹出的设置对话框也不同。

确定当前场景中已经进行了物体类型的选择集合命名，单击工具栏中的 按钮，打开【命名选择集】对话框，如图 1-57 所示。

图 1-57　【命名选择集】对话框

- （新集）：创建一个全新的集合，并且将当前场景中选择的所有物体加入这个集合。如果没有物体被选择，就会创建一个空的集合。
- （删除）：将当前选择的物体从它所在的集合中去除，或者将当前选择的整个集合去除。这只是删去集合设置，不会真的删除场景中的物体。
- （添加选定对象）：将当前选择的物体加入到当前选择的名称集合中。
- （减去选定对象）：将当前选择的物体从它的选择集合中去除。
- （选择集内的对象）：选择当前集合中的所有物体。
- （按名称选择对象）：打开名称选择对话框，进行更自由的多项选择。
- （高亮显示选定对象）：将当前场景中选择的物体以及其所在集合的名称高亮度显示，便于查找，加亮的物体名称是绿色，集合名称是棕色。

1.5.2　变换对象

在 3ds Max 操作中，经常要改变对象的位置、角度和尺寸，这三个方面的变化称为变换。在进行变换操作时，可以锁定轴向从而使整个操作只在锁定的轴向上起作用。只要单击选择 X、Y、Z、XY、XZ、YZ 这 6 个按钮中的某一个按钮，然后单击信息提示区中的 （选择锁定切换）按钮，使其变为激活状态时，就可以锁定选择的轴向。下面将详细讲解变换对象的使用方法。

1. 选择并移动对象

选择物体并进行移动操作，移动时根据定义的坐标系和坐标轴向来进行。其快捷键是 W，如图 1-58 所示。

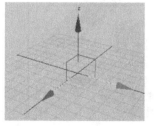

图 1-58　选择并移动对象示意和移动坐标轴图例

【例题 13】　选择并移动对象

步骤 01　在视图中创建模型，单击工具栏中的 （选择并移动）按钮，在前视图中单击选择造型，此时造型上出现操纵轴，将光标移到 X 轴上，光标变成 ✛ 移动形态，如图 1-59 所示。

步骤 02 按住鼠标并拖曳，移动物体到一定的位置，如图 1-60 所示。

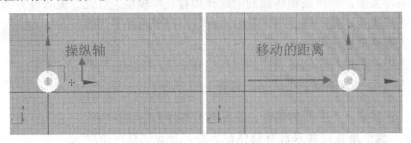

图 1-59　移动操纵轴　　　　图 1-60　移动一定距离后的形态

步骤 03 【操纵轴】为移动物体提供了极大的便利，直接将鼠标放在相应的轴向上，单轴会变成黄色，然后拖动其进行移动即可；如果放在中央的轴平面上，轴平面也会变成黄色，拖动可在双方向上进行移动，包括 XY、YZ、XZ。

按键盘上的【X】键可以对操纵轴进行隐藏和显示，如果不想使其显示可以将其关闭。按键盘上的【-】和【+】键，可以调节操纵轴的显示大小。如果在视图上使用操纵轴移动物体，操纵轴在移动的过程中会表现出体积的大小变化，例如向摄像机靠近时会变大，这样更利于位置感的形成。当 ✛（选择并移动）按钮开启时，在其按钮上按下鼠标右键，可以调出【移动变换输入】对话框，如图 1-61 所示。通过数值输入来改变物体的位置。

图 1-61　【移动变换输入】对话框

2. ↻ 选择并旋转对象

选择物体并进行旋转操作，旋转时根据定义的坐标系和坐标轴向来进行。其快捷键是 E。其操作轴为球形，使用时可以有三种调节方法，如图 1-62 所示。

 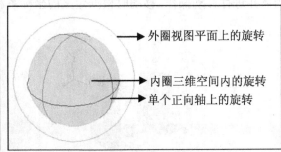

图 1-62　选择并旋转对象示意和旋转图例

- 拖动单个轴向，进行单方向上的旋转，红、绿、蓝三种颜色分别对应 X、Y、Z 三个轴向，当前操纵的轴向会显示为黄色。
- 内圈的灰色圆弧可以进行空间上的旋转，将物体在三个轴向上同时进行旋转，是非常自由的旋转方式；也可以在圈内的空白处拖动进行旋转，效果一样。

- 外圈的灰色圆弧可以在当前视图角度的平面上进行旋转。

旋转工具在使用时，会显示出扇形的角度，正向轴还可以看到切线和角度数据标识。如图 1-63 所示。

当其开启时，在其按钮上按下鼠标右键，可以调出【旋转变换输入】对话框，如图 1-64 所示。通过数值输入来改变物体的位置。

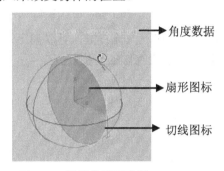

图 1-63　旋转角度示意图

图 1-64　【旋转变换输入】对话框

3. 选择并缩放对象

选择物体并进行缩放操作，其中含有三个按钮，各自的功能不同，如图 1-65 所示。快捷键是 R。

图 1-65　选择并缩放按钮

【例题 14】选择并缩放对象

步骤 01　单击工具栏中的 （选择并非均匀缩放）按钮，在视图中选择造型，此时造型上出现操纵轴，我们可以沿某一轴上进行缩放。

步骤 02　单击 （选择并均匀缩放）按钮，执行【均匀】缩放，在 Gizmo 中心处（内部中心的三角区域）拖动，如图 1-66 所示。

步骤 03　单击 （选择并非均匀缩放）按钮，执行【非均匀】缩放，在单个轴向上拖动或拖动平面控制柄，如图 1-67 所示。

步骤 04　单击 （选择并挤压）按钮，执行【挤压】缩放，在单个轴向上拖动或拖动平面控制柄，如图 1-68 所示。

图 1-66　均匀缩放图示　　　　图 1-67　非均匀缩放图示　　　　图 1-68　挤压缩放图示

步骤 05　当激活 🔳（选择并均匀缩放）按钮时，在其按钮上按下鼠标右键，可以调出【缩放变换输入】对话框，如图 1-69 所示。通过数值输入来改变物体的变换。

图 1-69　【缩放变换输入】对话框

1.6　精确绘图及路径适配

精确绘图是制作效果图的重要环节。系统单位设置、使用 CAD 图形文件导入及捕捉都是精确绘图的手段，下面分别讲解其使用方法。

1.6.1　设置系统单位

在实际工作中，使用统一的制作单位十分重要，特别是制作一些大型规划项目的鸟瞰图和动画场景时，单位尤为重要。MAX 系统默认的单位是英寸，也可以创建自定义的单位。而 CAD 绘制的建筑图纸一般都采用【毫米】为绘图单位，并在图纸上标明了具体尺寸，因此，用户在制作建筑效果图时，为了保证建筑效果图的精确度，通常选择【毫米】为制作单位。下面，学习设置 3ds Max 系统单位的方法。

【例题 15】系统单位设置

步骤 01　单击菜单栏【自定义】下拉菜单中的【单位设置】命令，弹出【单位设置】对话框，如图 1-70 所示。

步骤 02　单击【单位设置】对话框中的 ▢▢▢系统单位设置▢▢▢ 按钮，弹出【系统单位设置】对话框，也将单位设置为【毫米】，如图 1-71 所示。

图 1-70　【单位设置】对话框

图 1-71　【系统单位设置】对话框

1.6.2　导入 CAD 图形文件

在效果图制作中，经常会先导入 CAD 平面图，再根据导入的平面图的准确尺寸在 3ds Max 中建立模型，DWG 文件是标准的 AutoCAD 绘图格式。其导入过程如下：

【例题 16】　CAD 图形文件的导入

步骤01　单击菜单栏中的【文件】|【导入】命令，在弹出的【选择要导入的文件】对话框中选择相应目录下的文件。

步骤02　单击 打开(O) 按钮，弹出【AutoCAD DWG/DXF 导入选项】对话框，如图 1-72 所示，勾选【重缩放】，在【传入文件单位】右侧下拉选项菜单中选择【毫米】。

步骤03　单击 确定 按钮即可完成导入操作。

 为了便于后面的操作，我们一般将导入场景中的图形组群，并将其冻结，以免在复杂的场景中多选或少选。

图 1-72　文件导入对话框

1.6.3　捕捉

控制建模精度的通常方法是使用捕捉和栅格。使用【捕捉】可以将一个对象定位或捕捉到一个栅格或另一个对象的某一部分。

通过打开位于工具栏中的 （捕捉开关）按钮，或者按住键盘上的【S】键来使捕捉可用。下面通过实例学习【捕捉】的使用。

【例题 17】捕捉

步骤 **01** 单击工具栏中的 （捕捉开关）按钮，激活该按钮，并在该按钮上单击鼠标右键，弹出【栅格和捕捉设置】对话框，如图 1-73 所示。

图 1-73 【栅格和捕捉设置】对话框

该对话框中的捕捉选项上共有 12 种捕捉方式，用户可以在勾选了所需要的捕捉选项后关闭该对话框，并将工具栏中的 【捕捉开关】、 【角度捕捉切换】、 【百分比捕捉切换】按钮按下，即可在进行二维和三维建模时，使用所设置的捕捉工具，进行网格点或物体特征点的捕捉。例如捕捉顶点、端点、中点等，可同时使用一个或一个以上的捕捉模式。

主要选项解析如下：

- 【栅格点】：捕捉到栅格的交叉点，这也是默认的捕捉类型。
- 【轴心】：捕捉到物体的轴心点。
- 【垂足】：捕捉到相对于上一个点在线段上垂足的位置。
- 【顶点】：捕捉到网格物体或可转换为网格物体的顶点。
- 【边/线段】：捕捉到边的任何位置，包括不可见的边。
- 【面】：捕捉到面的任意位置，但不包括背面。
- 【栅格线】：捕捉到栅格线的任意位置。
- 【边界框】：捕捉到物体边界框八个角中的任意一个。
- 【切点】：相对于上一顶点捕捉到曲线的切线点。
- 【端点】：捕捉到网格物体边上的末端顶点或曲线顶点。
- 【中点】：捕捉到网格物体边的中央或曲线片段的中央。
- 【中心面】：捕捉到三角面的中心。

步骤 **02** 打开【选项】选项卡，如图 1-74 所示。在此选项卡中，可以进行捕捉标记大小的设置、旋转角度的设置等。

步骤 **03** 打开【主栅格】选项卡，如图 1-75 所示。在此选项卡中可以设置四个绘图区中栅网的大小等。

图 1-74　【选项】选项卡　　　　　　　　图 1-75　【主栅格】选项卡

3ds Max 默认的捕捉模式是【栅格点】，该模式是将光标捕捉到当前栅格对象中的交叉点上。大多数情况下，可能需要捕捉到几何体的某一部分，比如说顶点或端点，此时会发现栅格捕捉仍然起作用。

1.6.4　路径适配

在打开本书配套光盘中的源文件时，界面上会弹出一个缺少贴图的对话框，由于贴图所在位置发生变动，所以机器不能识别相应的路径，遇到这种情况读者往往不知如何处理。下面，通过一个简单的例子练习路径适配的方法。

【例题 18】路径适配

步骤 01　重新设置系统。

步骤 02　单击菜单栏中的【文件】|【打开】命令，打开其他电脑拷贝过来的一个 3D 文件，界面弹出如图 1-76 所示的对话框。

步骤 03　单击对话框下面的 浏览 按钮，弹出如图 1-77 所示的对话框。

图 1-76　【缺少外部文件】对话框　　　　　图 1-77　弹出的对话框

步骤 04　单击 添加(A)... 按钮，在弹出的【选择新位图路径】对话框中选择光盘相应路径，勾选【添加子路径】选项，然后单击 使用路径 按钮。

步骤 05　最后单击 继续 按钮，这样，贴图便会自动适配到路径上。

1.7 压缩打包 Max 文件

使用【工具】下的【资源收集器】命令，收集位图/光度学文件，可以将 Max 文件和所有贴图放置在同一个文件夹中，具体操作步骤如下：

【例题 19】 压缩打包 Max 文件

步骤 01 双击桌面中的 按钮，启动 Max 软件，打开一个文件。

步骤 02 单击命令面板中的 按钮，在【工具】卷展栏中单击 更多... 按钮，在弹出的窗口中选择
【资源收集器】选项，然后单击 确定 按钮确定操作，如图 1-78 所示。

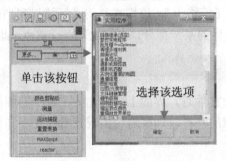

图 1-78 【工具】卷展栏

步骤 03 确定操作后，在命令面板下面显示【参数】卷展栏，单击 浏览 按钮，指定输出路径，
勾选【包括 MAX 文件】、【压缩文件】选项，然后单击 开始 按钮进行压缩，如图 1-79
所示。

图 1-79 【参数】卷展栏及压缩过程

使用 Max 自带的整合功能【归档】命令，可以把当前 Max 文件中使用的所有贴图文件和 Max 文件自动打成一个压缩包。具体操作步骤如下：

【例题 20】 使用【归档】命令压缩打包 Max 文件

步骤 01 双击桌面中的 按钮，启动 Max 软件，打开一个文件。

步骤 02 单击 （应用程序）按钮，在弹出的下拉菜单栏中选择【另存为】|【归档】命令，弹出
【文件归档】对话框，然后在对话框中将归档的文件保存在合适的路径中并将其命名，
如图 1-80 所示。

步骤 03　单击 保存(S) 按钮，系统自动将当前 Max 文件中使用的所有贴图文件和 Max 文件自动打成一个压缩包，如图 1-81 所示。

图 1-80　【文件归档】对话框

图 1-81　压缩过程

1.8　效果图制作流程

本节将介绍效果图的一般制作流程，让大家对效果图的制作过程有一个大体的了解，以方便后面章节的学习。

不同风格的建筑效果图虽然各具特色，但其制作方法和流程都是类似的，请看下面的相关内容。

1.8.1　建立模型阶段

建模是效果图制作过程中的第一步，也是后续工作的基础与载体。在建模阶段应当遵循以下几点原则。

（1）外形轮廓准确

在这个阶段要强调准确性，没有准确的外形轮廓就不可能有正确的建筑效果。在 3ds Max 中，有很多用来精确建模的辅助工具，包括【单位设置】、【捕捉】等。在实际制作过程中，应灵活运用这些工具，以求达到精确建模的目的。

（2）分清细节层次

在满足结构要求的前提下，应尽量减少模型的复杂程度，即尽量减少点、线、面的数量。因为过于复杂的模型将会使系统陷入瘫痪，以致于无法进行后续的工作，直接影响到整个工程的效率，这是在建模阶段需要着重考虑的问题。

（3）建模方法灵活

3ds Max 提供了多种建模方法，这些方法都有各自的优缺点及适用范围。用不同方法制作出来的模型虽然形状相同，但其点、线、面的复杂程度却千差万别。读者不仅要选择一种既准确又快捷的方法来完成建模过程，还要考虑到在后续编辑工作中是否利于修改。

（4）兼顾贴图坐标

由于所建立的大部分模型的表面都要赋予纹理贴图，因此在建模阶段就要考虑到贴图坐标问题。在 3ds Max 系统中，所创建的物体都有其默认的贴图坐标，但是经过一些优化或编辑修改后，其默认贴图坐标将会错位，则应该重新为此物体创建新的贴图坐标。

1.8.2 调制材质阶段

当模型建立完成后，就要为各造型赋予相应的材质。材质是某种材料本身所固有的颜色、纹理、反光度、粗糙度和透明度等属性的统称。想要制作出真实的材质，应仔细观察现实生活中真实材料的表现效果，注意我们的眼睛是如何分辨出不同事物的材料、质地所带来的不同感受。

在调制材质阶段应当遵循以下几点原则。

（1）正确的纹理

一种材料最直接的材质表现就是它的表面纹理，因此，在调制材质时首先要表现出正确的纹理，通常我们是通过为物体赋予一张纹理贴图来实现的，但是应当注意的是，要尽量选用边缘能无缝连接的无缝贴图。

（2）适当的明暗方式

不同的材质对光线的反射程度有很大区别，针对不同的材质应当选用适当的明暗方式。例如，塑料与金属的反光效果就有着很大的不同，塑料的高光较强但范围很小，常用【塑性】这种明暗方式来调制；金属的高光很强，而且高光区与阴影之间的对比很强烈，常用【金属】这种明暗方式来调制。

（3）活用各种属性

一个好的材质不是仅靠一种纹理来实现的，还需要其他属性的配合，这些属性包括【不透明度】、【自发光】、【高光强度】、【光泽度】等，我们应当灵活运用这些属性来完成真实材质的再现。

（4）降低复杂程度

复杂的材质会加重计算机的负担，也会增大渲染工作量、延长出图时间，因此，在制作过程中应尽量避免设置不必要的材质属性。一般来说，靠近镜头的材质可以制作得细腻一些，而远离镜头的地方则可以选用一些简单的材质，尤其是慎用反射、折射，它们将会使渲染时间成倍地增长。在调制其他材质时，可先取消勾选这两个选项，待最后渲染成图时再将其勾选。

1.8.3 灯光设置阶段

在建模与赋材质阶段为了观看方便，可以设置一些临时的相机与灯光，以便照亮整个场景或观看某些细部，而在完成建模与赋材质之后，则需要设置准确的相机与灯光。

灯光在效果图中起着至关重要的作用。质感通过照明得以体现，物体的形状及层次是靠灯光与阴影表现出来的。效果图的真实感在很大程度上取决于细节的刻画，由此可见灯光效果的重要性。3ds Max提供了各种灯光照明效果，我们就用 3ds Max 提供的各种灯光去模拟现实生活中的灯光效果，当在场景中设置灯光后，物体的形状、颜色不仅取决于灯光，材质也同样在起作用，因此在调整灯光时往往需要不断调整材质的颜色以及其他参数，使两者相互协调。

室外照明要比室内简单一些，因为室外建筑效果图基本上是在模拟日光，室内就大不相同了，它的光源非常复杂，而且照明和灯具布置对创造空间艺术效果有密切影响，光线的强弱，光的颜色以及光的投射方式都可以明显地影响空间感染力。但无论室内还是室外，照明的设计要和整个空间的性质相协调，要符合空间设计的总体艺术要求，形成一定的环境气氛。

1.8.4　渲染输出阶段

在 3ds Max 系统中制作效果图，无论是在制作过程中还是制作完成后，我们都要对制作的结果进行渲染，以便观看其效果并进行修改。渲染所占用的时间非常多，所以一定要有目的性地进行渲染。在最终渲染成图之前，我们还要确定所需的成图大小，输出文件应当选择可存储 Alpha 通道的格式为宜。

1.8.5　后期合成阶段

当一幅建筑效果图在 3ds Max 系统中渲染完成后，通常还要使用 Photoshop 等图像处理软件来进行效果图的后期处理。建筑效果图如果没有配景做衬托，就会显得很单调，但它毕竟不是风景画，因此在任何情况下都应突出建筑物，不应出现喧宾夺主的现象。

（1）处理色调及明暗度

在合成背景之前与之后都需要对作品的细节色彩进行调整，主要是调整图像的色调、明暗度和对比度等，使整幅作品层次分明，增强艺术感染力，这里着重指通过 Photoshop 的编辑功能进行调节。

在 3ds Max 中有些光效制作起来很费时间，尤其是夜景灯光以及灯具上的光晕，而在 Photoshop 中可以很方便地制作这些光效。

（2）环境后期处理

应当尽量模拟真实的环境和气氛，使建筑物与配景环境能够和谐统一，给人以身临其境的感觉。配景环境固然重要，但决不是效果图的主角，只能作为陪衬，主要突出的还是建筑主体。

制作效果图的一般流程，如图 1-82 所示。

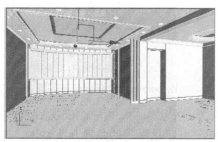

图 1-82　效果图制作流程

1.9　综合范例

下面通过前面所学的知识来练习如何控制视图。

步骤 01　单击菜单栏中的【文件】|【打开】命令（或按下键盘中的 Ctrl+O 快捷键），弹出【打开文件】对话框，从中寻找正确的路径，选择本书配套光盘【第 1 章】文件中的【控制视图.Max】文件，双击该文件即可将它打开。

步骤 02　单击视图区的 🔍 按钮，在任意视图中向上拖曳鼠标（我们以左视图为例），视图中的物体就会逐渐放大，如图 1-83（左）所示；向下拖曳则缩小，如图 1-83（右）所示。

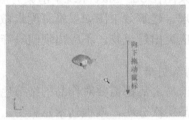

图 1-83　放大造型和缩小造型

步骤 03　当我们想要细致观察某一部位时，单击视图区的 按钮，在前视图中要观察的位置拖曳鼠标，如图 1-84 所示。此时视图中划出虚线框将放大观察的区域包围住，松开鼠标，缩放后的形态如图 1-85 所示。

图 1-84　框选局部区域　　　　　　图 1-85　放大观察局部区域

步骤 04　单击视图控制区中的 按钮，在任意视图中拖曳鼠标，可以改变视图中物体的显示部位。

步骤 05　在透视图中使用视图控制区中的 按钮，可以从不同的角度观察物体，如图 1-86 所示。如果在前视图（或左视图）使用此工具，当前视图则会转换为正交视图，如图 1-87 所示。

图 1-86　从不同的角度观察　　　　　图 1-87　从其他视图使用该工具

步骤 06　单击视图控制区中的 按钮，透视图满屏显示，如图 1-88 所示。再次单击可恢复到原来的状态。

图 1-88　满屏显示效果

对于视图的显示，一般会用键盘快捷键来操作，可以使制作速度更快。这里提供一些视图操作比较常用的快捷键，希望大家牢牢记住。

Q、W、E、R 键：分别对应 （选择）、 （移动）、 （旋转）、 （缩放）四个变换操作。

1、2、3、4、5：分别对应五个次物体级别，如编辑多边形中的 （顶点）、 （边）、 （边界）、 （多边形）、 （元素）。

F3 键：切换线框和实体两种显示方式。

F4 键：在实体显示时切换线面显示的开关。

F5、F6、F7 键：分别锁定到 X、Y、Z 轴向上，对应 X 、 Y 、 Z 三个按钮。

F8 键：在 XY、YZ、XZ 三种坐标平面内切换，对应 XY 、 YZ 、 ZX 三个按钮。

F9 键：快速渲染当前视图。

Z 键：将当前选择的物体最大化地显示在当前激活的视图上，用来快速放大显示物体。

G 键：视图 Grid 栅格显示的开关。

S 键：捕捉设置模式的开关。

1.10　思考与总结

1.10.1　知识点思考

思考题一

如果【导入】（或/合并）文件与当前场景的单位比例不同时如何处理？

思考题二

操纵轴 Gizmo 丢失怎么办？

1.10.2　知识点总结

本章主要讲解了 3ds Max 的基础知识，包括系统文件的基础操作、对象的选择与变换、精确绘图等内容，这些内容都是学习 3ds Max 的基础知识，也是学习制作效果图必不可少的知识点，希望读者能认真学习本章内容，为后面的学习打下良好的基础。

1.11　上机操作题

1.11.1　操作题一

综合运用所学知识，打开一个文件，并运用不同的选择方法选择对象。

1.11.2　操作题二

综合运用所学知识，练习归档文件的方法。

第2章 三维建模基础与修改

三维的建模操作就是创建真三维的虚拟三维实体，这个网格形体在电脑的虚拟空间中三维真实存在，就是说各个侧面都是真实的表面，这个主要区别一些二维和2.5的假三维模型。

随着3ds Max版本的升级，其功能也越来越强大了。建模方法也日趋增强。本章将重点讲述三维建模的基本知识，以及三维模型修改的基本原则与技巧。

本章内容如下：

- 标准基本体
- 修改命令面板
- 三维模型修改
- 综合范例一——制作廊架
- 综合范例二——制作山丘
- 思考与总结
- 上机操作题

2.1 标准基本体

标准基本体可以作为单独的建筑空间模型，也可以组合成复杂的造型，这主要取决于建筑的类型和复杂程度，合理使用标准基本体建模可以有效地加快建模速度和降低模型面片数目。

在创建命令面板上有10种创建类型,这10种造型的创建方法按其操作步骤的多少分为以下三类。

2.1.1 一步创建完成

一步创建完成的命令包括【球体】、【几何球体】、【茶壶】和【平面】。在创建命令面板中将相应的按钮激活后，将鼠标移动到视图中的合适位置，拖曳至合适的大小，松手即可（一步完成），然后调整这类造型的参数完成造型。

1.球体

使用【球体】命令，可以创建完整的球体、半球体或球体的其他部分，用户通过设置参数可以创建不同类型的球体，在线框模式下，球体以经纬网格形式显示。

球体的创建非常简单，用户不仅可以创建球面物体，也可以创建表面光滑圆润的球体，还可以制作局部球体【半球体】，满足建模的多方面要求。

【例题1】 创建球体

单击【创建】命令面板上的 ○【几何体】按钮，在【对象类型】卷展栏下单击 球体 按钮，将其激活。

步骤 01 将鼠标移动到任意视图的合适位置单击并拖曳一定距离后释放鼠标，即可创建球体，如图 2-1 所示。

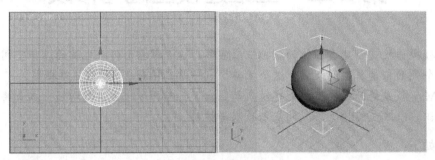

图 2-1　创建球体

步骤 02 创建球体后，用户可以在修改命令面板的【参数】卷展栏设置其【半径】、【分段】、【半球】等参数，其【参数】卷展栏如图 2-2 所示。

步骤 03 创建不同形体的球体，如图 2-3 所示。

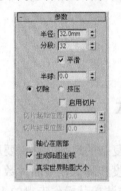

图 2-2　【参数】卷展栏

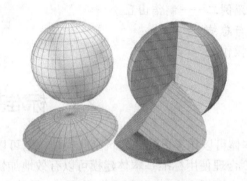

图 2-3　创建不同形体的球体

主要参数解析如下：

- 【半径】：设置球体半径。
- 【分段】：设置球体表面划分的分段数，值越高，表面越光滑，造型也越复杂，反之，球体表面越粗糙，如图 2-4 所示。

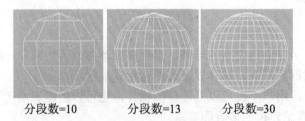

分段数=10　　　　分段数=13　　　　分段数=30

图 2-4　不同分段数创建的球体

- 【平滑】：是否对球体表面进行自动光滑处理（默认为开启），如图 2-5 所示。

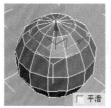

图 2-5　使用【平滑】选项后的效果比较

【分段】和【平滑】都是用来对三维对象进行平滑处理的，这两者间的区别在于，【分段】是通过增加对象结构的段数来使对象点面数增加，点面数越多，对象轮廓和表面就越细腻，做出的曲面也就越平滑，【平滑】对表面进行光滑并不是依赖于对结构上的处理，而是对最终视觉效果上的虚拟。当段数很小时，对象的边缘显现【棱面】，【光滑】仍然会光滑平面。

- 【半球】：该值范围为 0~1，默认为 0.0，表示创建完整的球体。增加数值，球体被逐渐减去；值为 0.5，制作出半球体；值为 1.0 时，什么都没有。设置不同半球系数时的球体形态，如图 2-6 所示。

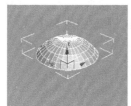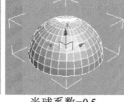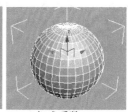

半球系数=0.7　　　　　半球系数=0.5　　　　　半球系数=0

图 2-6　设置不同半球系数的不同球体

- 【切片起始位置/切片结束位置】：分别设置切片两端切除的幅度。输入正值，切片按逆时针方向进行切除；输入负值，切片按顺时针方向进行切除，如图 2-7 所示。

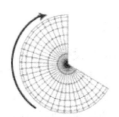

切片值为正值　　　　　　　切片值为负值

图 2-7　选项应用效果

2．几何球体

建立以三角面相拼接成的球体或半球体，它不像球体那样可以控制切片局部的大小，如果仅仅是要产生圆球或半球，它与球体工具基本没什么区别，它的长处在于它是由三角面拼接组成的，在进行面的分离特技时（如爆炸），可以分解成三角面或标准四面体、八面体等，无秩序而易混乱。

【例题2】 创建几何球体

步骤01 单击 ☀ （命令）面板上的 ○ 按钮，在【物体类型】展卷栏中单击 几何球体 按钮，将其激活。

步骤02 将鼠标移动到任意视图合适的位置拖曳鼠标，拉出几何球体，松开鼠标即可生成。

主要参数解析如下：

几何球体的【参数】面板如图 2-8 所示。

图 2-8 【参数】面板

- 【半径】：确定几何球体的半径大小。
- 【分段】：设置几何球体表面的划分复杂度，值越大，三角面越多，几何球体也越光滑。
- 【基点面类型】：确定由哪种规则的多面体组合成球体。【四面体】、【八面体】、【二十面体】，如图 2-9 所示。

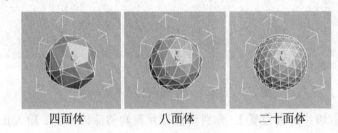

四面体　　　　　　　八面体　　　　　　二十面体

图 2-9 基点面类型

- 【半球】：是否制作半球体。

从外观上看，球体与几何球体没有什么区别，其形状都是圆球形，但在其构成的内在结构上，二者有本质的区别。球体的每一个面都按经纬网格线分布，呈四边形，其【分段数】表明了球体的四边形的多少；而几何球体的每一个面都呈三角形，是按三角形面均匀分布，其分段数表明其中三角形面的多少。这不仅会影响到自身的形状，而且还将会影响到其最终生成的物体的结构，如图 2-10 所示。

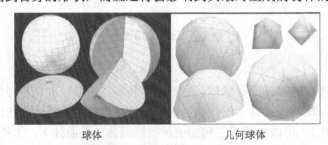

球体　　　　　　　　　几何球体

图 2-10 球体与几何球体的区别

3．茶壶

【例题 3】　创建茶壶

步骤 01　单击 ✳（命令面板）上的 ○ 按钮，在【物体类型】展卷栏中单击 茶壶 按钮，将其激活。

步骤 02　在透视图中拖曳鼠标拉出茶壶的大小，松开鼠标完成创建，如图 2-11 所示。

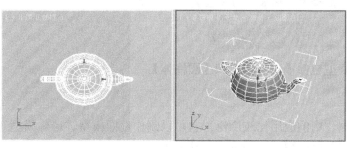

图 2-11　创建茶壶

4．平面

平面物体是一类特殊的多边形网格物体，可以通过【渲染倍增器】在渲染时扩大尺寸和片段数量。对平面物体可以指定任何类型的修改器进行变形操作。

【例题 4】　创建平面

步骤 01　单击 ✳ 上的 ○ 按钮，在【物体类型】展卷栏中单击 平面 （平面）按钮，将其激活。

步骤 02　在视图中单击鼠标左键并拖曳鼠标拉出平面大小，松开鼠标即可生成。如图 2-12 所示。

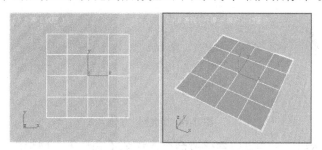

图 2-12　创建平面

平面的【参数】面板如图 2-13 所示。

图 2-13　【参数】面板

主要参数解析如下：

- 【长度】、【宽度】：分别决定平面的长度和宽度。
- 【长度分段】、【宽度分段】：确定长、宽方向上片段的划分。
- 【缩放】：指定渲染时平面面积倍增的值（渲染时从中间开始放大）。
- 【密度】：指定渲染时平面长宽方向上片段的倍增值。

2.1.2 二步创建完成

二步创建完成的模型包括【长方体】和【圆柱体】。

1. 长方体

长方体在效果图制作中的应用比较广泛，它可以制作地面模型、墙体模型等。如果对原始造型稍加修改，还可以制作出其他模型，例如桌面、柱子等。

【例题 5】 创建长方体

步骤 01 单击 ★（创建）命令面板上的 ○（几何体）按钮，在【对象类型】展卷栏中单击 长方体 按钮，将其激活。

步骤 02 在顶视图中拖曳鼠标，拉出长方体底面，然后释放鼠标向上或向下移动鼠标确定长方体高度，再单击鼠标左键，即可生成一个长方体，如图 2-14 所示。

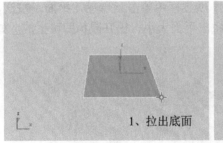
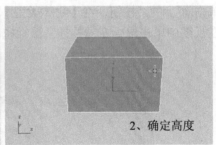

1、拉出底面　　　　　　　　2、确定高度

图 2-14 创建长方体

步骤 03 创建长方体后，用户可以在修改命令面板的【参数】卷展栏中设置其【长度】、【宽度】、【高度】以及各分段数等，如图 2-15 所示。创建不同的长方体如图 2-16 所示。

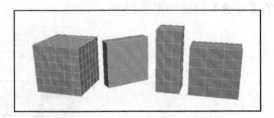

图 2-15 【参数】卷展栏　　　　　　　　图 2-16 不同类型的长方体

主要参数解析如下：

- 【长度、宽度、高度】：确定三边的长度，默认值为 0。

- 　　【长度分段】、【宽度分段】、【高度分段】：控制长、宽、高三边上的片段划分数，默认值为 1。

 　配合键盘中的 Ctrl 键可以创建正方形底面的长方体。分段一般是为了修改方便，否则就
不要分段，因为分段的段数越多面越多，占用系统的资源越大。

2．圆柱体

制作棱柱体、圆柱体、局部圆柱或棱柱体，当高度为 0 时产生圆形态或扇平面。

【例题 6】　创建圆柱体

步骤 01　单击 ✚（创建）命令面板上的 ◯（几何体）按钮，在【对象类型】展卷栏中单击 圆柱体
按钮，将其激活。

步骤 02　在视图中的合适位置按住鼠标左键不松手，拖曳鼠标拉出圆柱底面，再向上移动鼠标至
合适位置拉出高度，单击鼠标左键生成圆柱，如图 2-17 所示。

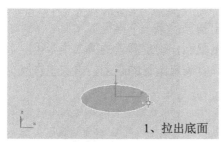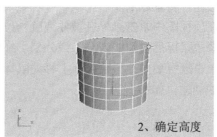

图 2-17　圆柱体创建过程

步骤 03　创建圆柱体后，用户可以在修改命令面板的【参数】卷展栏设置其【半径】、【高度】以
及各分段数等，如图 2-18 所示。

步骤 04　创建不同形体的圆柱体，如图 2-19 所示。

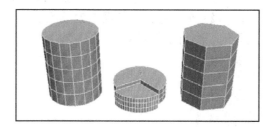

图 2-18　圆柱体【参数】卷展栏　　　　　　　　图 2-19　不同类型的圆柱体

主要参数解析如下：

- 　　【半径】：底面和顶面的半径。
- 　　【高度】：确定圆柱的高度。
- 　　【高度分段】：确定圆柱在高度上的分段数。
- 　　【端面分段】：确定两端面上沿半径的分段数。
- 　　【边数】：确定圆周上的分段数。

- 【启用切片】：设置是否开启切片设置，打开它，可以在下面的设置中调节圆柱局部切片的大小；关闭它，则重新恢复为完整的圆柱。
- 【切片起始位置】、【切片结束位置】：控制沿圆柱自身 Z 轴切片的度数。输入正值，切片按逆时针方向进行；输入负值，切片按顺时针方向进行。

2.1.3 三步创建完成

三步创建完成的模型包括【管状体】和【圆锥体】。本小节以【管状体】为例，它可以建立各种空心圆管物体，包括圆管、棱管以及局部圆管。

创建各种空心圆管物体，包括圆管、棱管以及局部圆管。

【例题 7】 创建管状体

步骤 01 单击 ❋（创建）命令面板上的 ○（几何体）按钮，在【对象类型】展卷栏中单击 管状体 按钮，将其激活。

步骤 02 在顶视图中单击鼠标左键并拖曳，拉出圆管的第一个半径。

步骤 03 释放鼠标后向圆的内部（或外部）拖曳鼠标，确定圆管的第二个半径。

步骤 04 单击鼠标后向上（或向下）移动鼠标，以确定圆管的高度，再次单击鼠标，完成管状体的创建，如图 2-20 所示。

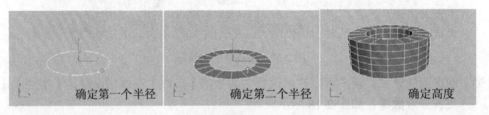

图 2-20 管状体创建过程

步骤 05 创建完成后，可以在修改命令面板的【参数】卷展栏设置其【半径 1】、【半径 2】、【高度】以及各分段数等，如图 2-21 所示。

步骤 06 创建不同形体的管状体，如图 2-22 所示。

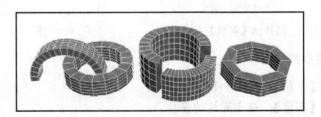

图 2-21 【参数】卷展栏　　　　图 2-22 创建管状体的不同形态

主要参数解析如下：

- 【半径 1】、【半径 2】：分别确定底面圆管的内径和外径大小。

- 【高度】：确定圆管的高度。
- 【高度分段】：设置沿着管状体主轴的分段数量。
- 【端面分段】：设置围绕管状体顶部和底部中心的同心分段数量。
- 【边数】：设置圆周上边数的多少。值越大，圆管越光滑。
- 【平滑】：对圆管的表面进行光滑处理。
- 【启用切片】：激活此项会产生切片。
- 【切片起始位置】、【切片结束位置】限制切片局部的幅度，如图 2-23 所示创建造型的形态。

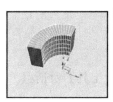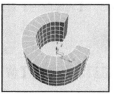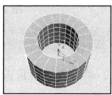

图 2-23　切片造型

2.2　修改命令面板

修改器堆栈显示在【修改器列表】的下面。修改器堆栈（简称【堆栈】）包含项目的累积历史记录，其中包括所应用的创建参数和修改器。堆栈的底部是原始项目。对象的上面就是修改器，按照从下到上的顺序排列。这便是修改器应用于对象几何体的顺序。因此，应该从下往上【读取】堆栈，沿着该 3ds Max 使用的序列，来显示或渲染最终对象。修改命令面板如图 2-24 所示。

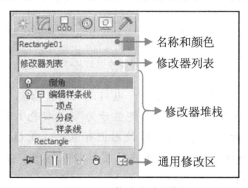

图 2-24　修改命令面板

2.2.1　名称和颜色

显示修改物体的名称和线框颜色，在名称框中可以更改物体名称，在 3ds Max 中允许同一场景中有重名的物体存在，点取颜色按钮，可以弹出【对象颜色】对话框，用于颜色的选择，如图 2-25 所示。

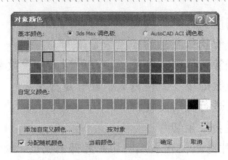

图 2-25 　【对象颜色】对话框

2.2.2 修改器列表

显示修改工具按钮。单击右边三角按钮后，会弹出【修改工具】对话框。

2.2.3 修改器堆栈

记录所有修改命令信息的集合，并以分配缓存的方式保留各项命令的影响效果，方便用户对其进行再次修改。修改命令按使用的先后顺序依次排列在堆栈中，最新使用的修改命令总是放置在堆栈的最上面。物体的属性不同，它的修改显示也会不同，如图 2-26 所示。

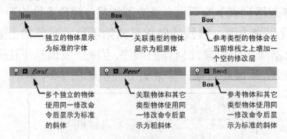

图 2-26 　修改器堆栈

在堆栈中，每个修改器的左侧都是一个电灯泡图标。当电灯泡显示为 💡（白色）时，修改器将应用于其下面的堆栈；当电灯泡显示为 💡（灰色）时，将禁用修改器；单击即可切换修改器的启用/禁用状态。如果修改器拥有像中心或 Gizmo 这样的子对象，那么堆栈还显示一个 ⊞加号/⊟减号小图标，单击此图标即可打开或关闭层次。

2.2.4 通用修改器

这里提供了通用的修改操作命令，对所有修改工具有效，起着辅助修改的作用。

修改命令下拉菜单中列出了所有使用过的修改命令，你可以选择一个，以进入相应的修改命令层，它也显示出了相应的修改命令名称。

在默认状态下，对物体应用修改后（如【弯曲】），再次返回到可编辑网格堆栈层时，扭曲的效果是不会显示出来的，但如果打开显示最终结果按钮，原始的物体会以橙色显示，修改的最终结果会以白色网格显示。如图 2-27 所示。

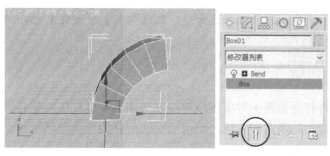

图 2-27　堆栈编辑器

主要选项解析如下：

- （锁定堆栈）：将修改堆栈锁定到当前的物体上，即使在场景中选择了其他物体，命令面板仍会显示锁定的物体修改命令，可以任意调节它的参数。
- （显示最终结果开/关切换）：如果当前处在修改堆栈的中间或底层，视图中只会显示出当前所在层之前的修改结果，按下此钮可以观察到最后的修改结果。这在返回前面的层中进行修改时非常有用，可以随时看到前面的修改对最终结果的影响。
- （使唯一）：当对一组选择物体加入修改命令时，这个修改命令会同时影响所有物体，以后在调节这个修改命令的参数时，都会对所有的物体同时进行影响，因为它们已经属于关联属性的修改命令了。按下此按钮，可以将这种关联的修改各自独立，将共同的修改命令独立分配给每个物体，使它们失去彼此的关联关系。如果单独只对这组物体中的一个进行独立，可以使这个物体从这组物体中独立出来，获得所有独立的修改命令。
- （从堆栈中移除修改器）：将当前修改命令从修改堆栈中删除。
- （配置修改器集）：可以重新对列出的修改工具进行设置。如果要显示修改器按钮，单击 （配置修改器集）按钮，然后选择【显示按钮】命令即可，如果要自定义按钮集，单击 （配置修改器集）按钮，选择【配置修改器集】命令，弹出【配置修改器集】对话框，选择常用的修改命令并拖至修改器按钮上即可。如图 2-28 所示。

图 2-28　【配置修改器集】对话框

2.3　三维模型修改

在 3ds Max 中，提供了标准基本体与扩展基本体两大类三维建模工具，使用它们可以完成一些简单建筑造型的创建。另外，也可以通过修改命令，如【弯曲】、【锥化】等，对造型进行复杂化处理，从而得到结构复杂的造型。

2.3.1　【弯曲】修改命令

【弯曲】修改器允许将当前选中对象围绕单独轴弯曲 360 度，在对象几何体中产生均匀弯曲。可以在任意三个轴上控制弯曲的角度和方向，也可以对几何体的一段限制弯曲。

【例题 8】　【弯曲】修改命令

步骤 01　单击快捷工具中的 ☞（打开文件）按钮，打开本书光盘【第 2 章】目录下的【盆景.max】文件，如图 2-29 所示。

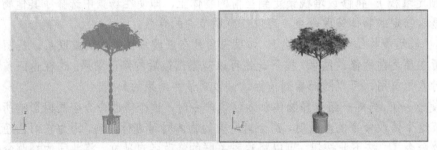

图 2-29　打开的文件

步骤 02　单击 ⬚ 按钮，在【修改器列表】下拉菜单中选择【弯曲】命令，在【参数】卷展栏设置参数，如图 2-30 所示。

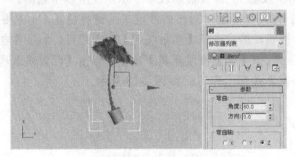

图 2-30　弯曲效果

主要选项解析如下：

- 【角度】：设置弯曲的角度大小，范围为 -999999.0 ~ 999999.0。
- 【方向】：设置弯曲相对于水平面的方向，范围为 -999999.0 ~ 999999.0。
- 【弯曲轴】：设置物体弯曲时所依据的坐标轴向，有 X/Y/Z 三个选项。
- 【限制效果】：对物体指定限制影响，影响区域将由下面的上限值和下限值来确定。

步骤 03　在【上限】数值框输入弯曲的上限值，在【下限】数值框输入弯曲的下限值，例如设置【上限】值为 12，弯曲后的形态如图 2-31 所示。

步骤 04　在堆栈编辑器中进入【Gizmo】子对象层级，此时，出现黄色控制线框，用移动工具沿【Y】轴向下调整坐标位置，模型发生变化，如图 2-32 所示。

图 2-31　限制效果

步骤 05　同样，进入【中心】子对象层级，用此移动工具沿【Y】轴向下调整坐标位置，模型同样发生变化，如图 2-33 所示。

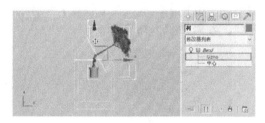

图 2-32　调整 Gizmo 子对象效果

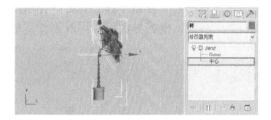

图 2-33　调整【中心】子对象效果

在为创建的造型使用【弯曲】或【扭曲】修改命令时，必须将创建的三维造型设置合适的分段数，否则不能达到理想的效果。

2.3.2　【锥化】修改命令

【锥化】命令通过修改物体的两端使物体产生锥形轮廓，同时还可以加入光滑的曲线轮廓，并且允许用户控制锥形轮廓的倾斜度和曲度。该命令在效果图制作中的使用也比较多，如各种造型的柱几乎都可以用到该命令。还可以限制局部的锥化效果。

使用【锥化】命令制作装饰品模型，其效果如图 2-34 所示。

图 2-34　装饰品效果

【例题 9】　【锥化】修改命令

步骤 01　启动 3ds Max 软件，单击菜单栏中的【自定义】|【单位设置】命令，在弹出的【单位设置】对话框中单击 _____系统单位设置_____ 按钮，设置系统单位为【毫米】。

步骤 02　单击 圆柱体 按钮，在顶视图中创建【半径】为 80、【高度】为 340、【边数】为 26 的圆柱体，如图 2-35 所示。

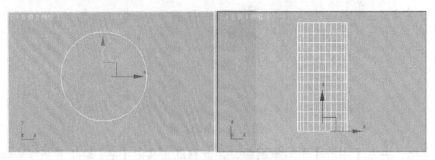

图 2-35　创建圆柱体

步骤 03 单击 ⟋ （修改）按钮，选择修改命令面板中的【锥化】命令，在【参数】卷展栏中设置参数，根据参数用户可以制作其他不同造型，效果如图 2-36 所示。

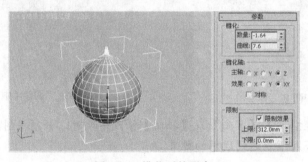

图 2-36　锥化后的形态

主要参数解析如下：

- 【数量】：设置数值越大，锥化的效果越明显。
- 【曲线】：设置锥化曲线的弯曲程度，为 0 时，锥化曲线为直线；大于 0 时，锥化曲线向外凸出，值越大，凸出得越剧烈；小于 0 时，锥化曲线向内凹陷，值越小，凹陷得越厉害。
- 【主轴】：X、Y、Z 设定一个三维模型锥化的依据轴向，默认为 Z 轴。
- 【效果】：X、Y、XY 设定影响锥化效果的垂直方向的轴向，默认为 XY 轴。
- 【对称】：以锥化中心为对称轴产生对称锥化。
- 【限制】：通过控制【上限】和【下限】来约束锥化范围。锥化仅发生在上、下限之间区域的效果。

2.3.3　【晶格】修改命令

将网格物体进行线框化，这种线框化比【线框】材质更先进，它是在造型上完成真正的线框转化，交叉点转化为节点造型（可以是任意正多边形，包括球体），也可以结合【离散】命令定义任意的物体作为节点造型。线框转化为连接支柱造型（可以是棱柱或圆柱体）。

【例题 10】：【晶格】修改命令

步骤 01 单击 球体 按钮，在顶视图中创建【半径】为 100 的球体，如图 2-37 所示。

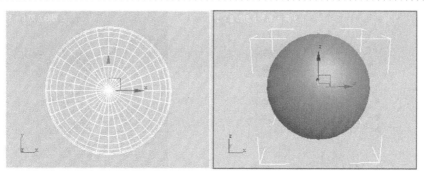

图 2-37　创建球体

步骤 02　选择修改命令面板中的【编辑多边形】命令，按快捷键 4，进入【多边形】子对象层级，选择如图 2-38 所示的多边形。

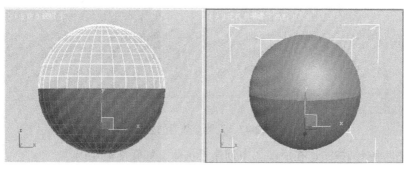

图 2-38　选择多边形

步骤 03　按键盘中的 Delete 键，删除后的形态如图 2-39 所示。

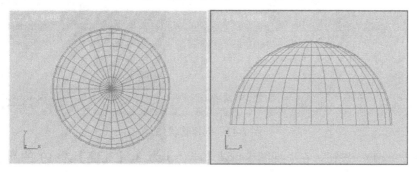

图 2-39　删除多边形的形态

步骤 04　选择创建的球体，按键盘中的 Ctrl+V 键，弹出【克隆选项】对话框，如图 2-40 所示。选中【复制】单选按钮复制一个球体。

步骤 05　单击 ☑ 按钮，选择修改命令面板中的【晶格】命令，在【参数】卷展栏中设置参数，如图 2-41 所示。

步骤 06　设置参数后的效果如图 2-42 所示。

图 2-40　【克隆选项】对话框　　　　　　　图 2-41　【参数】卷展栏

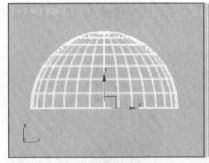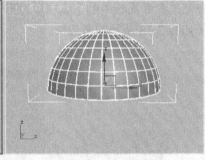

图 2-42　设置参数后的效果

步骤 07　单击 管状体 按钮，在顶视图中创建管状体，如图 2-43 所示。

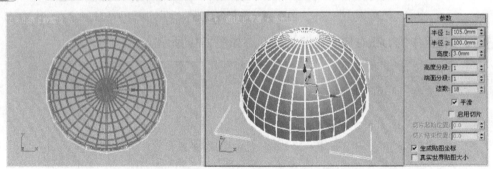

图 2-43　创建管状体

步骤 08　单击 圆柱体 按钮，在顶视图中创建【半径】为 3、【高度】为 10 的圆柱体，如图 2-44 所示。

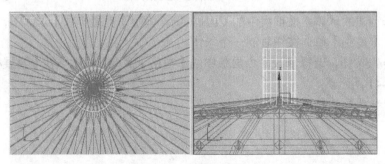

图 2-44　创建圆柱体

步骤 09　单击 线 按钮，在前视图中绘制二维线形，单击 按钮，在【渲染】卷展栏中勾选【在渲染中启用】、【在视口中启用】选项，设置【厚度】为 3.0mm，如图 2-45 所示。

步骤 10　单击 按钮，渲染视图效果如图 2-46 所示。

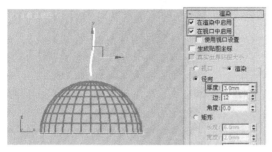

图 2-45　绘制线形

图 2-46　渲染效果

2.3.4　【FFD】修改命令

自由形式变形 FFD 提供了一种通过调整晶格的控制点使对象发生变形的方法。控制点相对原始晶格源体积的偏移位置会引起受影响对象的扭曲。【FFD（长方体）】空间扭曲是一种类似于原始 FFD 修改器的长方体形状的晶格 FFD 对象。该 FFD 既可以作为一种对象修改器也可以作为一种空间扭曲。如图 2-47 所示。

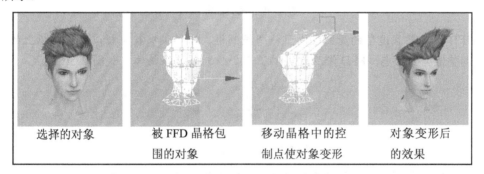

| 选择的对象 | 被 FFD 晶格包围的对象 | 移动晶格中的控制点使对象变形 | 对象变形后的效果 |

图 2-47　FFD 变形

【例题 11】：【FFD】修改命令

步骤 01　重新设置系统。单击菜单栏中的【自定义】|【单位设置】命令，在弹出的【单位设置】对话框中设置系统单位为【毫米】。

步骤 02　单击 圆柱体 按钮，在顶视图中创建【半径】为 100、【高度】为 230、【高度分段】为 32、【边数】为 20 的圆柱体，如图 2-48 所示。

步骤 03　选择修改命令面板中的【FFD 4×4×4】命令，进入【控制点】子对象层级，选择控制点并调整装饰品的形态，如图 2-49 所示。

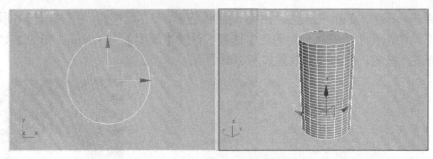

图 2-48　创建圆柱体

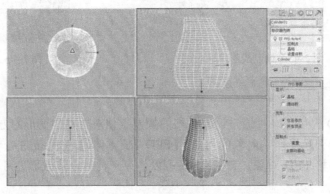

图 2-49　调整控制点

 FFD 修改器在造型的周围包围了一个控制框，通过调整控制框以及控制框上的控制点来调整造型的形态。FFD 修改器提供了 3 个级别的次级物体，如图 2-50 所示。

图 2-50　FFD 修改器堆栈

- 【控制点】：在此子对象层级，可以选择并操纵晶格的控制点，可以一次处理一个或以组为单位处理（使用标准方法选择多个对象）。操纵控制点将影响基本对象的形状。可以给控制点使用标准变形方法。当修改控制点时如果启用了【自动关键点】按钮，此点将变为动画。

- 【晶格】：在此子对象层级，可从几何体中单独的摆放、旋转或缩放晶格框。如果启用了【自动关键点】按钮，此晶格将变为动画。当首先应用 FFD 时，默认晶格是一个包围几何体的边界框。移动或缩放晶格时，仅位于体积内的顶点子集合可应用局部变形。

- 【设置体积】：在此子对象层级，变形晶格控制点变为绿色，可以选择并操作控制点而不影响修改对象。这使晶格更精确的符合不规则图形对象，当变形时这将提供更好的控制。

步骤 04 　选择修改命令面板中的【编辑多边形】命令，进入【顶点】子对象层级，在【软选择】卷展栏中勾选【使用软件选择】选项，设置衰减值，然后单击 🔲 （选择并均匀缩放）按钮，在顶视图中选择顶点并调整形态，其效果如图 2-51 所示。

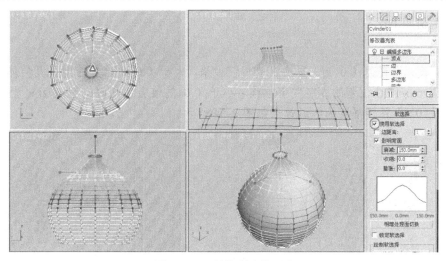

图 2-51　调整控制点的形态

步骤 05　调整完成后，为其赋予材质，效果如图 2-52 所示。

图 2-52　赋予材质后的效果

2.3.5　【置换】修改命令

【置换】修改器以力场的形式推动和重塑对象的几何外形。可以直接从修改器 Gizmo 应用它的变量力，或者从位图图像应用。参数面板如图 2-53 所示。

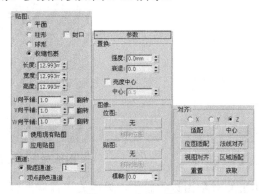

图 2-53　参数面板

主要选项解析如下：

- 【置换】
  - ◆ 强度：设置为 0.0 时，置换没有任何效果，大于 0.0 的值会使对象几何体或粒子按偏离 Gizmo 所在位置的方向发生位移，小于 0.0 的值会使几何体朝 Gizmo 置换。默认设置是 0.0。置换强度的不同效果如图 2-54 所示。

| 强度=0 | 强度=5 | 强度=-5 |

图 2-54 置换强度的不同效果

  - ◆ 衰退：根据距离变化置换强度。默认情况下，置换在整个世界空间中有同样的强度。增加【衰退】值会导致置换强度从置换 Gizmo 的所在位置开始随距离的增加而减弱。这具有集中 Gizmo 附近力场的效果，类似于磁体附近的场，磁体是异性相斥的。默认设置是 0.0。
  - ◆ 亮度中心：决定置换使用什么层级的灰度作为 0 置换值。
- 【图像】
  - ◆ 【位图】：从选择对话框中指定位图或贴图。做出有效选择后，这些按钮显示位图或者贴图的名称。
- 【贴图】：4 种贴图模式控制着对其进行置换投影的方式。置换 Gizmo 的类型和在场景中的位置决定最终效果。
  - ◆ 【平面】：从单独的平面对贴图进行投影。如图 2-55 所示。
  - ◆ 【柱形】：像将其环绕在圆柱体上那样对贴图进行投影。启用【封口】可以从圆柱体的末端投影贴图副本。如图 2-56 所示。

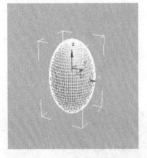
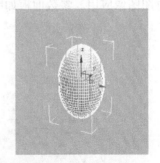

图 2-55 平面置换 Gizmo   图 2-56 柱形置换 Gizmo

  - ◆ 【球形】：从球体出发对贴图进行投影，球体的顶部和底部，即位图边缘在球体两极的交汇处均为奇点。如图 2-57 所示。

◆ 【收缩包裹】：从球体投影贴图，像【球形】所作的那样，但是它会截去贴图的各个角，然后在一个单独的极点将它们全部结合在一起，在底部创建一个奇点。如图 2-58 所示。

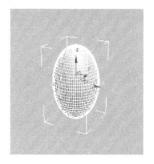

图 2-57 球形置换 Gizmo

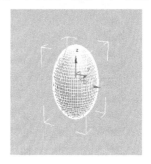

图 2-58 收缩包裹置换 Gizmo

◆ 【长度/宽度/高度】：指定置换 Gizmo 的边界框尺寸。高度对平面贴图没有任何影响。

◆ 【U/V/W 向平铺】：设置位图沿指定尺寸重复的次数。默认值 1.0 对位图只执行一次贴图操作，数值 2.0 对位图执行两次贴图操作，依次类推。分数值会在除了重复整个贴图之外对位图执行部分贴图操作。例如，数值 2.5 会对位图执行两次半贴图操作。

◆ 【翻转】：沿相应的 U、V 或 W 轴反转贴图的方向。

● 【通道】：指定是否将置换投影应用到贴图通道或者顶点颜色通道，并决定使用哪个通道。

● 【对齐】：包含用来调整贴图 Gizmo 尺寸、位置和方向的控制。

2.4 综合范例——制作廊架

廊架坚固耐用，与自然生态环境搭配非常和谐，给文化广场、公园、小区增添浓厚的艺术气息。本案通过弯曲命令制作室外廊架效果，如图 2-59 所示。

图 2-59 制作室外廊架效果

操作过程：

步骤 01 重新设置系统。

步骤 02 单击 矩形 按钮，在前视图中创建【长度】为 3400、【宽度】为 200 的矩形，选择修改命令面板中的【编辑样条线】命令，进入顶点子对象层级，调整顶点，如图 2-60 所示。

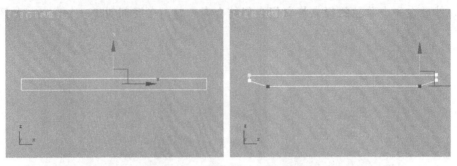

图 2-60　创建矩形及调整顶点

步骤 03　选择修改命令面板中的【挤出】命令，设置挤出数量为 60。

步骤 04　选择挤出的造型，单击菜单栏中的【工具】|【阵列】命令，在弹出的【阵列】对话框中设置参数，如图 2-61 所示。

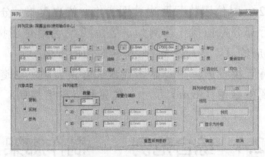

图 2-61　【阵列】对话框

步骤 05　阵列后的形态如图 2-62 所示。

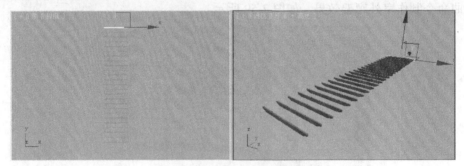

图 2-62　阵列后的形态

步骤 06　单击 长方体 按钮，在前视图中创建【长度】为 120、【宽度】为 60、【高度】为 16350 的长方体 1 和【长度】为 120、【宽度】为 120、【高度】为 16350 的长方体 2，调整其位置如图 2-63 所示。

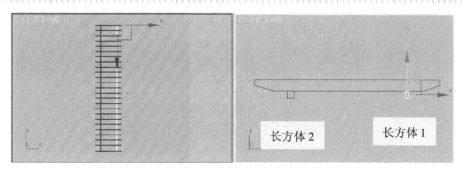

图 2-63　创建长方体

步骤 07　继续在前视图中创建【长度】为 4000、【宽度】为 250、【高度】为 250 的长方体，然后将其复制 5 个，调整位置如图 2-64 所示。

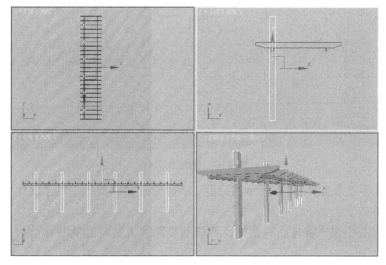

图 2-64　创建复制长方体

步骤 08　单击 　线　 按钮，在顶视图中绘制线形，进入【顶点】子对象层级，调整顶点。进入修改命令面板，在【渲染】卷展栏中设置参数，如图 2-65 所示。

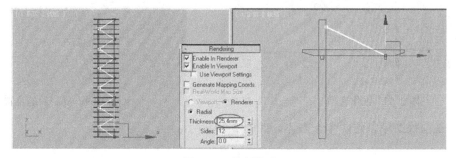

图 2-65　绘制线形

步骤 09　在前视图中创建两个长方体并调整其位置，如图 2-66 所示。

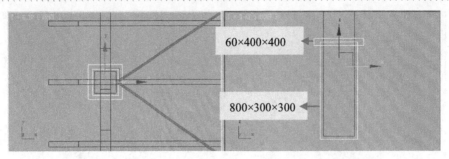

图 2-66　创建长方体

步骤 10 继续在前视图中创建【长度】为 800、【宽度】为 40、【高度】为 444 的长方体，单击工具栏中的 ⟳ 按钮，将其旋转 45 度，再将其复制一个，调整位置如图 2-67 所示。

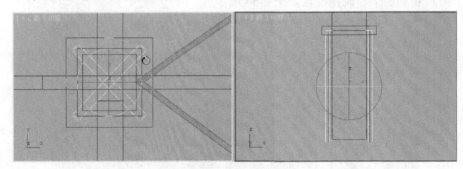

图 2-67　创建长方体

步骤 11 在视图中选择如图 2-68 所示的造型，选择修改命令面板中的【锥化】命令，设置锥化数量为-0.31。

步骤 12 在左视图中选择锥化后的造型，用移动复制的方法将其复制 5 组，调整位置如图 2-69 所示。

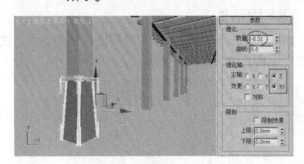

图 2-68　锥化造型

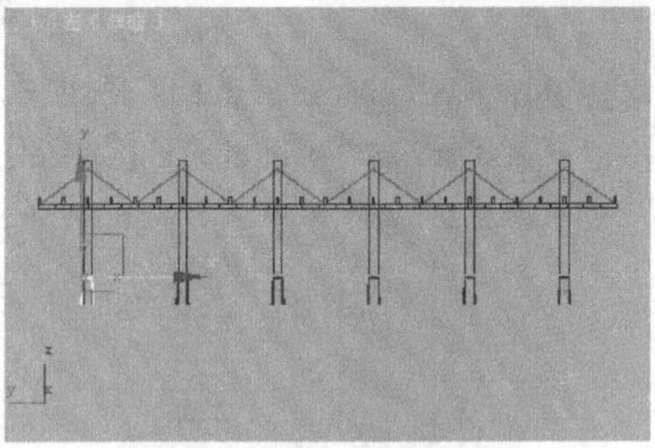

图 2-69　复制后的位置

步骤 13 在前视图中创建两个长方体，如图 2-70 所示。

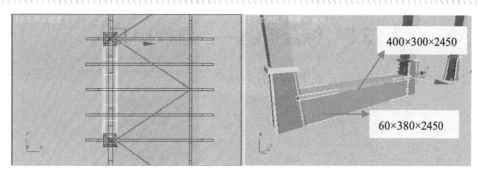

图 2-70　创建长方体

步骤 14　在左视图中选择创建的造型，用移动复制的方法复制并调整位置，如图 2-71 所示。

步骤 15　再用同样的方法创建长方体，如图 2-72 所示。

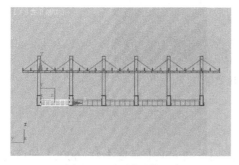

图 2-71　复制后的形态

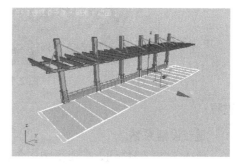

图 2-72　创建长方体

步骤 16　在视图中选择所有造型，单击菜单栏中的【组】|【成组】命令，将其成组。选择修改器列表中的【弯曲】命令，设置弯曲【角度】为 130.5，弯曲轴为 Y 轴，其效果如图 2-73 所示。

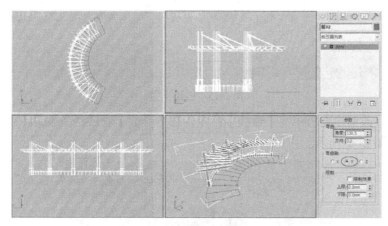

图 2-73　弯曲后的效果

步骤 17　按键盘中的 M 键，打开材质编辑器，为其赋予材质。

步骤 18　最后将图形另存为【廊架.max】。

步骤 19　打开材质编辑器，为其赋予材质，其效果如图 2-59 所示。

2.5 综合范例——制作山丘

下面通过【转换】命令制作山丘效果，如图 2-74 所示。

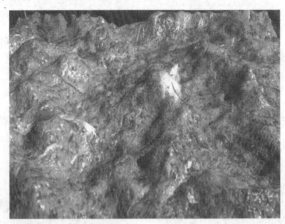

图 2-74　山丘效果

操作过程：

步骤 01　重新设置系统。

步骤 02　单击 ▢平面▢ 按钮，在顶视图中创建【长度】为2000、【宽度】为2000、【长度/宽度分段】均为 30 的平面，如图 2-75 所示。

图 2-75　创建平面

步骤 03　选择修改命令面板中的【置换】命令，在【参数】卷展栏中设置【强度】为 850，其效果如图 2-76 所示。

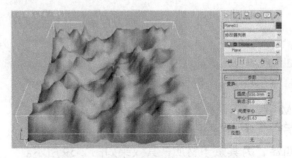

图 2-76　施加置换修改命令后的效果

步骤 04 选择修改命令面板中的【网格平滑】命令，设置【迭代次数】为 1，效果如图 2-77 所示。

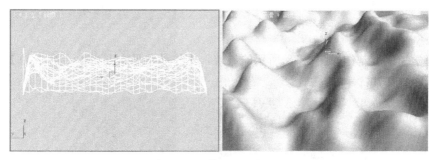

图 2-77　网格平滑后的效果

步骤 05 打开材质编辑器，为其赋予材质，其效果如图 2-74 所示。

2.6　思考与总结

2.6.1　知识点思考

思考题一

为造型执行【弯曲】修改命令后，却没有产生效果，为什么呢？如何才能解决该问题呢？

思考题二

如果当前处在修改堆栈的中间或底层，视图中只会显示出当前所在层之前的修改结果，使用什么命令可以观察到最后的修改结果，并且能随时看到前面的修改对最终结果的影响？

2.6.2　知识点总结

本章首先学习了标准基本体、扩展基本体的创建及修改，扩展基本体造型参数设置繁多，但最终形成的模型要比基本几何体精细且更加实用，希望读者能通过这一部分内容的学习，真正掌握扩展基本体的相关知识。

其次，三维模型的修改有很多种，根据实用性我们主要讲解了【弯曲】、【锥化】、【晶格】、【FFD】等修改命令，每个编辑修改器都有其特有的功能和使用方法，大家要根据实际需要，选用相应的编辑修改器进行建模。而且，还要理解如何使它尽量减少面片数，尤其在复杂效果图中，面片数直接影响计算机的运行速度。

（1）在讲述标准基本的创建时，重点掌握【球体】、【长方体】、【圆柱体】等常用命令的应用。

（2）对三维模型的修改是本章讲解的重点，也是难点。在这里我们重点掌握【锥化】、【弯曲】等命令的使用方法与技巧。

2.7 上机操作题

2.7.1 操作题一

综合运用所学知识，制作如图 2-78 所示的景墙。本作品参见本书光盘【第 2 章】|【操作题】目录下的【景墙.max】文件。

图 2-78 操作题一

2.7.2 操作题二

综合运用所学知识，绘制如图 2-79 所示的吧台造型。本作品参见本书光盘【第 2 章】|【操作题】目录下的【吧台.max】文件。

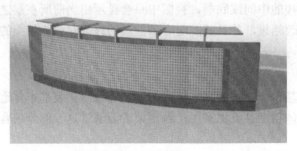

图 2-79 操作题二

第 3 章　扩展基本体建模

扩展基本体创建的三维造型是在标准基本体的基础之上增加了一些扩展的特性，因此它们的参数更多一些，但可以制作出更加细腻逼真的效果。

本章内容如下：

- 扩展基本体
- 综合范例 —— 制作时尚沙发
- 思考与总结
- 上机操作题

3.1　扩展基本体

在 Max 中提供了 13 种创建扩展几何体的工具，所创建的几何体要比标准几何体更复杂。这些几何体通过其他建模工具也可以创建，不过要花费一定的时间，有了现成的工具，一定会节省制作时间。

【例题 1】选择【扩展基本体】选项

步骤 01　单击 ✱（创建）命令面板中的 ◯（几何体）按钮。

步骤 02　单击 标准基本体 命令窗口（也可单击右侧的小黑三角），在弹出的下拉式选项框中选择【扩展基本体】选项，如图 3-1 所示。

此时，出现【扩展基本体】命令面板。命令面板中的【对象类型】卷展栏中有十三个按钮，可以创建十三种造型如图 3-2 所示。扩展基本体是在标准基本体的基础之上增加了某些特性。通过标准几何体的学习，我们应该得出一些经验，比如在创建物体的过程中，我们进行的第一步都是拖曳鼠标创建出物体的一个面或是物体的一个量，然后释放鼠标；如果一步创建不能完成造型，移动鼠标创建出物体的另一个量，单击鼠标左键确认；如果两步创建还不能完成造型，再移动鼠标创建出物体的第三个量。单击鼠标左键确认。

图 3-1　下拉式选项框

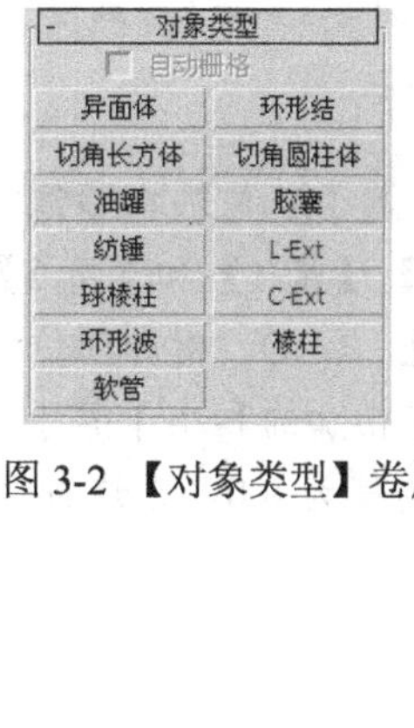

图 3-2　【对象类型】卷展栏

扩展基本体的创建方法同标准基本体是一样的，下面，我们分别来学习它们的创建方法与功能。

3.1.1 一步创建完成

只包括【异面体】造型。

创建各种具备奇特表面组合的多面体，利用它的参数调节，可以制作出种类繁多的奇怪造型，可能像钻石、卫星、链子等。

【例题 2】创建异面体

步骤 01 单击 ⚙（创建）命令面板上的 ⬡（几何体）按钮，在【对象类型】展卷栏中单击 异面体 按钮，将其激活。

步骤 02 在【对象类型】卷展栏中单击 异面体 按钮，将其激活。在视图中拖曳鼠标至合适位置松手即可生成。如图 3-3 所示。

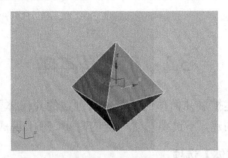

图 3-3　创建异面体

步骤 03 创建异面体后，用户可以在修改命令面板中的【参数】卷展栏设置其参数，如图 3-4 所示。

步骤 04 不同形态的异面体，如图 3-5 所示。

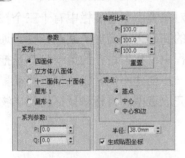

图 3-4　异面体【参数】卷展栏

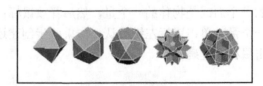

图 3-5　创建不同的异面体

主要选项解析如下：

- **【系列】**：提供了五种基本形体方式供选择，分别是【四面体】、【立方体/八面体】、【十二面体/二十面体】、【星 1】和【星 2】，各自对应着不同的形态。
- **【系列参数】**：P、Q，对异面体的顶点和面进行双向转换的两个关联参数。取值范围从 0.0 至 1.0；P、Q 值相加的和小于等于 1.0；两个值都为 0 时处于中点 P 或 Q 其中一个取值为 1.0，那么另一个的值为 0.0，在这种情况下，一个参数代表所有的顶点，另一个则代表所有的面。

其他的中间设定都可以看作是围绕中点进行转变的点。

- **【轴向比率】**：对于多面体，都是由三种类型的面拼接而成，它们包括三角形、矩形、五边形，这里的三个调器（P、Q、R）就是分别调节它们各自的比例的。如果异面体只有一种或两种类型的面，那么轴向比率参数也只有一项或两项有效，无效的轴向比率不产生效果。
- **【半径】**：以当前单位设置多面体的大小。

3.1.2　二步创建完成

包括【环形结】造型、【胶囊】造型、【环形波】造型、【软管】造型的创建方法。

1．【环形结】

这是扩展基本体中最复杂的一个工具，可控制的参数众多，组合产生的结果不胜枚举，无法一一列出，也说不清它至底能制作什么样的造型，不确切地总结它的功能，这用于制作管状、缠绕、带囊肿类的造型。可以将环形结造型转换为 NURBS 表面物体。

【例题 3】创建环形结

步骤01　单击 ★（创建）命令面板上的 ○（几何体）按钮，选择【标准基本体】下拉选项窗口中的【扩展基本体】。

步骤02　在【对象类型】展卷栏中单击　环形结　按钮，将其激活。

步骤03　单击鼠标左键并拖曳鼠标拉出初始半径的大小，松开鼠标拖曳鼠标确定半径的大小，单击鼠标左键即可生成，如图 3-6 所示。

步骤04　创建环形结后，用户可以在修改命令面板的【参数】卷展栏设置其参数，如图 3-7 所示。

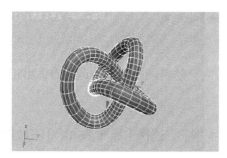

图 3-6　创建环形结

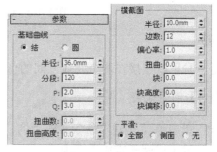

图 3-7　环形结参数设置

步骤05　创建不同的环形结造型如图 3-8 所示。

图 3-8　创建不同的环形结造型

主要选项解析如下：

- **【基础曲线】:** 此项目中控制有关环绕曲线的参数,这种环形结造型也可以理解为截面在曲线路径上放样获得的造型,这里就是针对曲线路径的参数控制。
- **【半径】:** 控制曲线半径的大小。
- **【分段】:** 确定在曲线路径上的分段数。
- P、Q: 对【结】状方式有效,控制曲线路径蜿蜒缠绕的圈数。
- **【扭曲数】、【扭曲高度】:** 对【圆形】状方式有效,控制在曲线路径上产生的弯曲数目和弯曲的高度。

【结】状效果如图 3-9 所示。

图 3-9　创建不同的【结】状效果

【圆】状效果,如图 3-10 所示。

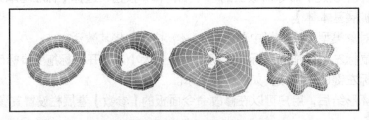

图 3-10　创建不同的【圆】状效果

2. 软管

软管是一种可以连接在两个物体之间的可变形物体,它会随着两端物体的运动而做出相应的反应。

【例题 4】创建软管

步骤 01　单击 ✣（创建）命令面板上的 ○（几何体）按钮,选择【标准基本体】下拉选项窗口中的【扩展基本体】选项。

步骤 02　在【对象类型】展卷栏中单击 软管 按钮。在视图中单击鼠标左键并拖曳确定软环管的半径,释放鼠标后继续移动定义软环管的长度。如图 3-11 所示。

步骤 03　创建软管后,用户可以在修改命令面板的【软管参数】卷展栏中设置其参数,如图 3-12 所示。

创建不同的软管造型如图 3-13 所示。

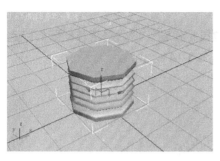

图 3-11　创建软管

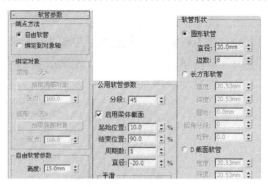

图 3-12　【软管参数】卷展栏

图 3-13　创建不同形态的软管

主要选项解析如下：

- 【分段】：软管长度中的总分段数。当软管弯曲时，增大该选项的值可使曲线更平滑。默认设置为 45。
- 【启用柔体截面】：如果启用，则可以为软管的中心柔体截面设置以下四个参数。如果禁用，则软管的直径沿软管长度不变。
- 【起始位置】：从软管的始端到柔体截面开始处占软管长度的百分比。默认情况下，软管的始端指对象轴出现的一端。默认设置为 10%。
- 【结束位置】：从软管的末端到柔体截面结束处占软管长度的百分比。默认情况下，软管的末端指与对象轴出现的一端相反的一端。默认设置为 90%。
- 【周期数】：柔体截面中的起伏数目。可见周期的数目受限于分段的数目。如果分段值不够大，不足以支持周期数目，则不会显示所有周期。默认设置为 5。
- 【直径】：设置伸缩剖面的直径。取负值时小于软管直径，取正值时大于软管直径，默认值为 -20%，范围从-50%到 500%。
- 【平滑】：定义要进行平滑处理的几何体。默认设置为【全部】。其中，【全部】对整个软管进行平滑处理。【侧面】沿软管的轴向，而不是周向进行平滑。【分段】仅对软管的内截面进行平滑处理。

3.【胶囊】

使用【胶囊】可创建带有半球状封口的圆柱体。

【例题 5】创建胶囊

步骤 01　单击 ✳（创建）命令面板上的 ○（几何体）按钮，选择【标准基本体】下拉选项窗口中的【扩展基本体】选项。

步骤 02　在【对象类型】展卷栏中单击 [胶囊] 按钮。

步骤 03　单击鼠标左键并拖曳，定义胶囊的半径；释放鼠标按钮，然后垂直移动鼠标以定义胶囊的高度。再次单击即可设置完成。制作过程如图 3-14 所示。

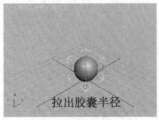
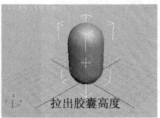

拉出胶囊半径　　　　　　拉出胶囊高度

图 3-14　胶囊体的创建过程

步骤 04　创建胶囊体后，用户可以在修改命令面板的【参数】卷展栏设置其参数，如图 3-15 所示。

步骤 05　创建不同形状的胶囊体，如图 3-16 所示。

图 3-15　胶囊体的参数

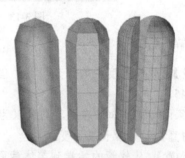

图 3-16　创建不同形状的胶囊体

主要选项解析如下：

- 【半径】：设置胶囊的半径大小。
- 【高度】：设置沿着中心轴的高度。
- 【边数】：设置胶囊周围的边数。
- 【高度分段】：设置沿着胶囊主轴的分段数量。
- 【平滑】：混合胶囊的面，从而在渲染视图中创建平滑的外观。
- 【切片起始位置】、【切片结束位置】：对于这两个设置，正数值将按逆时针移动切片的末端；负数值将按顺时针移动它。这两个设置的先后顺序无关紧要。端点重合时，将重新显示整个胶囊。

4.【环形波】

使用【环形波】对象来创建一个环形，并指定环形的不规则内部和外部边。它的图形不仅可以设置为动画，还可以设置环形波对象的增长动画，例如，可以模拟星球爆炸时，产生的冲击波。

【例题 6】创建环形波

步骤 01　单击 ✳（创建）命令面板上的 ○（几何体）按钮，选择【标准基本体】下拉选项窗口中的【扩展基本体】选项。

步骤 02　在【对象类型】展卷栏中单击 ▇环形波▇ 按钮。在视图中单击鼠标左键并拖曳确定软环管的半径，释放鼠标后继续移动定义软环管的长度。如图 3-17 所示。

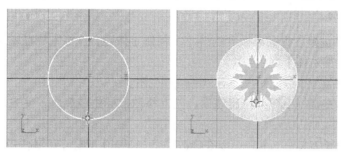

图 3-17　创建环形波

步骤 03　创建软管后，用户可以在修改命令面板的【参数】卷展栏设置其参数，如图 3-18 所示。

图 3-18　【参数】卷展栏

主要选项解析如下：

- 【半径】：设置环形波的外半径。
- 【径向分段】：沿半径方向设置内外曲面之间的分段数目。
- 【环形宽度】：设置环形宽度，从外半径向内测量。
- 【边数】：给内、外和末端（封口）曲面沿圆周方向设置分段数目。
- 【高度】：沿主轴设置环形波的高度。
- 【高度分段】：沿高度方向设置分段数目。

3.1.3　三步创建完成

包括【切角长方体】、【切角圆柱体】、【棱柱】、【球棱柱】、【油罐】、【纺锤】、【L-Ext】、【C-Ext】造型的创建方法。

1. 切角长方体

直接产生带倒角的方体，省去了【倒角】制作的过程。

【例题 7】创建切角长方体

步骤 01 单击 ☀（创建）命令面板上的 ◯（几何体）按钮，选择【标准基本体】下拉选项列表中的【扩展基本体】选项。

步骤 02 在【对象类型】展卷栏中单击 切角长方体 按钮。

步骤 03 按住鼠标左键拖曳鼠标拉出底面，向上移动鼠标生成高度，使方体出现倒角，如图 3-19 所示。

步骤 04 创建切角长方体后，用户可以在修改命令面板的【参数】卷展栏中设置其参数，如图 3-20 所示。

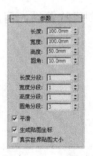

图 3-19　创建切角长方体　　　　　　　　图 3-20　【参数】卷展栏

步骤 05 创建不同的切角长方体，如图 3-21 所示。

图 3-21　创建不同的切角长方体

主要选项解析如下：

- 【长度】、【宽度】、【高度】：设置方体的尺寸。
- 【圆角】：设置圆角的大小。
- 【长度分段】、【宽度分段】、【高度分段】：设置方体三边上的分段数。
- 【圆角分段】：设置圆角的分段数，值越高，倒角越圆滑。

 在倒角方体的【圆角】为零的情况下和一般的方体没有任何差别，设置【圆角】数值，可以使方体的角变得圆滑。

2. 切角圆柱体

制作带有圆角的柱体。观察下面不同类型的倒角柱体，看来使用它可以做一些瓶瓶罐罐，如化妆品盒、酒瓶子、首饰盒，旋钮开关等。

【例题8】创建切角圆柱体

步骤 01　单击 ✛（创建）命令面板上的 ○（几何体）按钮，选择【标准基本体】下拉选项中的【扩展基本体】选项。

步骤 02　在【对象类型】展卷栏中单击 切角圆柱体 按钮。

步骤 03　按住鼠标左键拖曳拉出底面，向上移动鼠标生成高度，使圆柱体出现倒角。创建过程如图 3-22 所示。

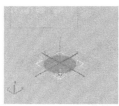

图 3-22　创建切角圆柱体

步骤 04　创建切角圆柱体后，用户可以在修改命令面板的【参数】卷展栏中设置其参数，如图 3-23 所示。

步骤 05　不同效果的切角圆柱体如图 3-24 所示。

图 3-23　【参数】卷展栏　　　　　　　图 3-24　切角圆柱体

主要选项解析如下：

- 【半径】：设置底面圆形的半径大小。
- 【高度】：设置高度。
- 【圆角】：设置倒角的大小。
- 【高度分段】：设置高度上的分段数。
- 【圆角分段】：设置圆角分段数，值越高，圆角越光滑。如图 3-25 所示。

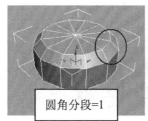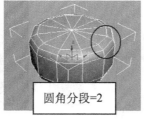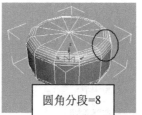

图 3-25　圆角分段数

- 【边数】: 设置圆周上的分段数, 值越高越圆。如图 3-26 所示。

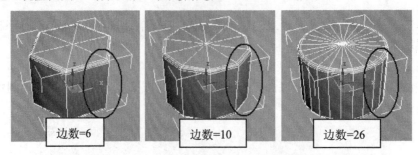

图 3-26　设置不同边数产生的效果

3. 油罐

制作带有球状凸出顶部的柱体, 可制作油罐、帐篷、药片等造型。

【例题 9】创建油罐

步骤 01　单击上 　 (创建) 命令面板上的 ○ (几何体) 按钮, 在 标准基本体 　 的下拉列表中选择【扩展基本体】选项。

步骤 02　在【对象类型】展卷栏中单击 油罐 按钮。

步骤 03　单击鼠标左键并拖曳, 第一次拉出初始底面的大小, 第二次决定油罐的高度, 第三次决定油罐的形态。如图 3-27 所示。

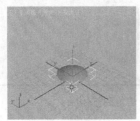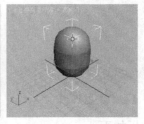

图 3-27　创建油罐过程

步骤 04　创建油罐后, 用户可以在修改命令面板的【参数】卷展栏设置其参数, 如图 3-28 所示。

步骤 05　不同效果的油罐如图 3-29 所示。

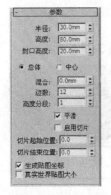

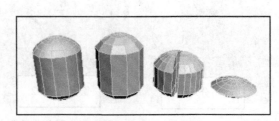

图 3-28　参数面板　　　　图 3-29　油罐的不同效果

参数分析如下：

- 【半径】：设置油罐底面的半径。
- 【高度】：设置油罐的高度。
- 【封口高度】：设置油罐凸面顶盖的高度。最小值为半径值的 2.5%，最大值为半径值（当高度值大于半径值两倍以上时）。
- 【总体】：测量油罐的全部高度。
- 【中心】：只测量油罐桶柱状高度，不包括顶盖高度。
- 【混合】：设置一个边缘倒角，圆滑顶盖的柱体边缘。
- 【边数】：设置油罐圆周上的分段数，值越高，油桶越圆滑。
- 【高度分段】：设置油罐高度上的分段数。
- 【平滑】：是否进行表面光滑处理。
- 【启用切片】：是否进行切片处理，产生局部的油罐。

4. 纺锤

制作两端带有圆锥尖顶的柱体，像钻石、笔尖、纺锤等造型。纺锤体的不同表现形态如图 3-14 所示。

【例题 10】创建纺锤

步骤 01　单击上 ☀（创建）命令面板上的 ○（几何体）按钮，在 标准基本体 ▾ 的下拉列表中选择【扩展基本体】选项。

步骤 02　在【对象类型】展卷栏中单击 纺锤 按钮。

步骤 03　单击鼠标左键并拖曳，第一次拉出初始底面的大小，第二次决定纺锤体的高度，第三次决定纺锤体的形态。如图 3-30 所示。

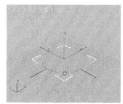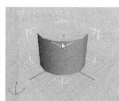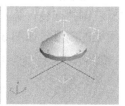

图 3-30　纺锤创建过程

步骤 04　创建纺锤后，用户可以在修改命令面板的【参数】卷展栏中设置其参数，如图 3-31 所示。

不同效果的纺锤体如图 3-32 所示。

纺锤体参数解析如下：

- 【半径】：设置底面的半径大小。
- 【高度】：确定纺锤体的高度。
- 【封口高度】：确定纺锤体两端圆锥的高度。最小值为 0.1，最大值为高度绝对值的一半。
- 【总结】：以纺锤体的全部来计算高度值。
- 【中心】：以纺锤体柱状部分来计算高度值，不计算两端圆锥的高度。

- 【混合】：设置顶盖与柱体边界产生的圆角大小。
- 【边数】：设置圆周上的片段划分数，值越高，纺锤体越光滑。
- 【端面分段】：设置圆锥端面的片段划分数。
- 【高度分段】：设置柱体高度上的片段划分数。
- 【平滑】：是否进行表面光滑处理。
- 【启用切片】：是否进行切片处理，产生局部的纺锤体。

图 3-31　参数面板

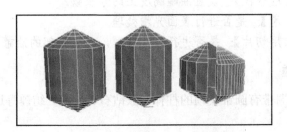

图 3-32　纺锤体的不同效果

5．棱柱

【例题 11】创建棱柱

步骤 01　单击 ✷（创建命令面板）上的 ○（几何体）按钮，在 标准基本体 ⌄ 的下拉列表中选择【扩展基本体】选项。

步骤 02　在【对象类型】展卷栏中单击 棱柱 按钮。

步骤 03　单击鼠标左键并拖曳，第一次拉出初始底面的大小，第二次决定底面的最终形态，第三次决定棱柱的高度。如图 3-33 所示。

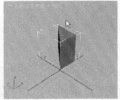

图 3-33　创建棱柱体的过程

步骤 04　棱柱参数面板如图 3-34 所示。不同效果的棱柱如图 3-35 所示。

- 【侧面 1 的长度】、【侧面 2 的长度】、【侧面 3 的长度】：分别设置底面三角形三边的长度。
- 【高度】：设置高度。
- 【侧面 1 分段】、【侧面 2 分段】、【侧面 3 分段】：分别设置各自边上的分段数。

图 3-34　参数面板

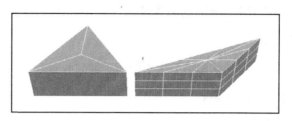

图 3-35　创建棱柱

6. 球棱柱

制作带有倒角棱的柱体，直接在柱体的边棱上产生光滑的倒角。

【例题 12】创建球棱柱

步骤 01　单击 ✛（创建命令面板）上的 ○（几何体）按钮，在 标准基本体 ▼ 的下拉列表中选择【扩展基本体】选项。

步骤 02　在【对象类型】展卷栏中单击 球棱柱 按钮。

步骤 03　单击鼠标左键并拖曳，第一次拉出初始底面的大小，第二次决定球棱柱的高度。第三次决定圆角的大小，创建过程如图 3-36 所示。

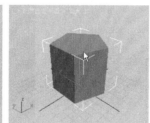
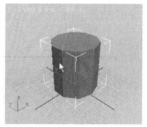

图 3-36　【球棱柱】创建过程

步骤 04　球棱柱参数面板如图 3-37 所示。不同效果的棱柱如图 3-38 所示。

图 3-37　参数面板

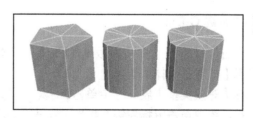

图 3-38　不同球棱柱效果

- 【边数】：设置多边体的边数。
- 【半径】：设置底面圆形的半径。

- 【圆角】: 设置棱上圆角的大小。
- 【高度】: 设置高度。
- 【侧面分段】、【高度分段】、【圆角分段】: 分别设置侧面、高度、圆角上的分段数。

7.【L-Ext】

建立 L 形夹角的立体墙模型,主要用于建筑快速建模。

【例题 13】创建 L-Ext

步骤01 单击 （创建）命令面板上的 （几何体）按钮,在 标准基本体 的下拉列表中选择【扩展基本体】选项。

步骤02 在【对象类型】展卷栏中单击 L-Ext 按钮。

步骤03 在视图中单击鼠标左键并拖曳鼠标,拉出矩形框,确定两个外框的长宽,单击并上移鼠标至合适位置确定高度,单击并移动鼠标确定厚度,单击鼠标左键完成创建。如图 3-39 所示。

L-Ext 参数面板如图 3-40 所示。

- 【侧面长度/前面长度】: 决定底面侧边和前边的长度。
- 【侧面/前面宽度】: 决定底面侧边和底面的宽度。
- 【高度】: 指定对象的高度。

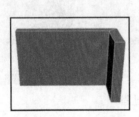

图 3-39 L-Ext 效果

图 3-40 L-Ext 参数面板

8.【C-Ext】

制作 C 形夹角的立体墙模型,主要用于建筑快速模型。C-Ext 的效果如图 3-41 所示。

【例题 14】创建 C-Ext

步骤01 单击 （创建）命令面板上的 （几何体）按钮,在 标准基本体 的下拉列表中选择【扩展基本体】选项。

步骤02 在【对象类型】展卷栏中单击 C-Ext 按钮。

步骤03 在视图中单击鼠标左键并拖曳,拉出矩形外框,松开鼠标,移动鼠标至合适位置确定高度,单击并上移鼠标,确定矩形内框,单击鼠标左键完成创建。

C-Ext 参数面板如图 3-42 所示。

- 【后面长度】|【边长】|【正面长度】：决定三边的长度。
- 【后面宽度】|【边宽】|【正面宽度】：决定三边的宽度。

图 3-41 C-Ext 效果

图 3-42 参数面板

3.2 综合范例——制作时尚沙发

本例沙发造型主要使用切角长方体、FFD 等命令制作，其效果如图 3-43 所示。

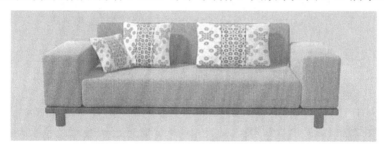

图 3-43 双人沙发

操作过程：

步骤 01 重新设置系统。

步骤 02 单击 切角长方体 按钮，在顶视图中创建【长度】为 800、【宽度】为 2300、【高度】为 50、【圆角】为 10、【圆角分段】为 3 的切角长方体，如图 3-44 所示。

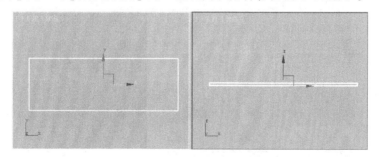

图 3-44 创建切角长方体

步骤 03 继续在顶视图中创建【长度】为 800、【宽度】为 1700、【高度】为 215、【圆角】为 30

的【切角长方体 1】和【长度】为 800、【宽度】为 300、【高度】为 400、【圆角】为 30 的【切角长方体 2】，调整位置如图 3-45 所示。

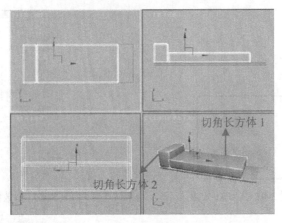

图 3-45　创建切角长方体

步骤 04　在前视图中创建【长度】为 150、【宽度】为 1700、【高度】为 350、【圆角】为 30 的切角长方体，如图 3-46 所示。

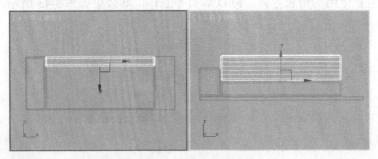

图 3-46　创建切角长方体

步骤 05　选择修改命令面板中的【FFD 4×4×4】命令，选择【控制点】级，在左视图中调整顶点，其形态如图 3-47 所示。

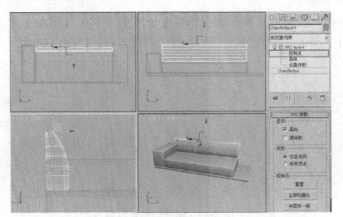

图 3-47　调整控制点

步骤 06　在顶视图中选择切角长方体 2，用移动复制的方法将其复制一个，调整位置如图 3-48 所示。

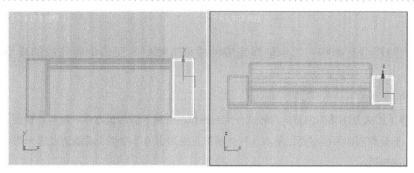

图 3-48　复制切角长方体

步骤 07　单击 切角圆柱体 按钮，在顶视图中创建切角圆柱体，在视图中调整位置如图 3-49 所示。

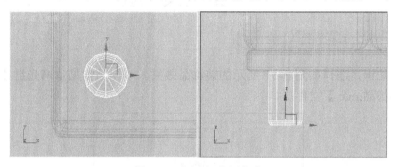

图 3-49　创建切角圆柱体

步骤 08　在顶视图中选择上面创建及复制的切角圆柱体，用移动复制的方法将其复制 3 组，调整
　　　　　位置如图 3-50 所示。

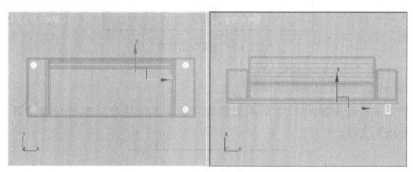

图 3-50　复制后的位置

步骤 09　打开材质编辑器，为其赋予材质，其效果如图 3-43 所示。

3.3　思考与总结

3.3.1　知识点思考

思考题一

【软管】通过不同的参数设置可以制作不同的立柱效果，想一想哪些参数可以控制效果呢？

思考题二

一步创建完成的模型有哪些？二步创建完成的模型有哪些？三步创建完成的模型有哪些？

3.3.2　知识点总结

本章主要讲解了扩展基本体的创建，同时结合实例操作，讲解了切角长方体以及其他模型的创建。扩展基本体造型参数设置繁多，但最终形成的模型要比基本几何体精细且更加实用，希望读者能通过这一部分内容的学习，真正掌握扩展几何体的相关知识。

3.4　上机操作题

3.4.1　操作题一

综合运用所学知识，制作如图 3-51 所示的装饰品效果。本作品参见本书光盘【第 3 章】|【操作题】目录下的【装饰品.max】文件。

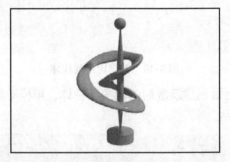

图 3-51　装饰品效果

3.4.2　操作题二

综合运用所学知识，制作如图 3-52 所示的装饰立柱。本作品参见本书光盘【第 3 章】|【操作题】目录下的【立柱.max】文件。

图 3-52　立柱效果

第 4 章 二维建模基础

在前面章节中我们学习了创建三维物体和高级扩展基本体,但是在作图时还会用到更复杂的造型,因此仅靠基本的三维物体和高级扩展基本体是无法满足构建复杂场景的要求。这时我们就需要用到二维线形的相关知识。3ds Max 提供的编辑样条曲线修改器可以很方便地调整曲线,可以把一个简单的形状变成复杂的样条曲线。可以说效果图的一切都是从二维开始的。我们用三维造型建模时,只是在对这些造型进行简单的堆砌组合,我们用二维线形建模时,可以通过对一个或几个线形的编辑修改来创建出复杂的造型。

本章内容如下:

- 二维线形在 3ds Max 中的用途
- 创建二维线形
- 创建常用的图形
- 编辑二维线形
- 综合范例 —— 制作装饰品
- 思考与总结
- 上机操作题

4.1 二维线形在 3ds Max 中的用途

3ds Max 中共有【样条线】、【NURBS 曲线】和【扩展样条线】三种类型的图形,在许多方面,它们的用处是相同的,并且可以相互转化。

绝大部分默认的图形方式是样条曲线方式,这些样条曲线图形在 3ds Max 中有四种用途。

4.1.1 作为平面和线条物体

对于封闭的图形,加入【编辑网格】修改器命令或将其转化为可编辑网格物体,可以将它变为无厚度的薄片物体,用做地面、文字图案、广告牌等,也可以对它进行点面的加工,产生曲面造型。平面和线条物体的形态如图 4-1 所示。

图 4-1 平面和线条物体

4.1.2 作为拉伸、旋转等加工成型的截面图形

图形可以经过【挤出】修改，增加厚度，产生三维模型，还可以使用【倒角】加工成带倒角的三维模型；【车削】将曲线图形进行中心旋转放样，产生三维模型，如图 4-2 所示。

图 4-2　挤出和车削生成的造型

4.1.3 作为放样物体使用的曲线

在【放样】过程中，使用的曲线都是图形，它们可以作为路径、截面图形完成放样造型，如图 4-3 所示。

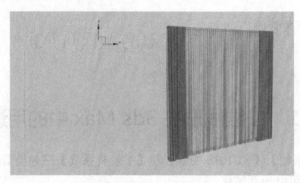

图 4-3　放样造型

4.1.4 作为物体运动的路径

可以作为物体运动时的运动轨迹，使物体沿着它进行运动，如下图 4-4 所示。

图 4-4　作为运动轨迹

4.2　创建二维线形

在效果图制作过程中，样条线是一种重要的建模手段，本节首先来了解二维线的创建方法。

4.2.1　交互式绘制线形的方法

步骤 01　单击　（创建）命令面板中的　（图形）按钮，在【对象类型】卷展栏中单击 ▢线 按钮。

步骤 02　在视图中单击鼠标左键确定线的起始，然后移动光标到适当位置再单击鼠标左键，确立线段另一个点，这样就创建了一条直线段。

步骤 03　如果需要连续创建，继续移动光标到合适的位置再单击键，确定下一个点，依次创建二维线段，如图 4-5 所示。

步骤 04　如果想创建曲线段，可以在单击下一个点时按住鼠标不放，继续拖曳，再拖到另一个点上，如图 4-6 所示。单击鼠标右键，即可结束操作。

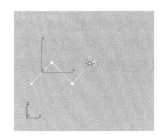 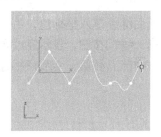

图 4-5　绘制线段　　　　　　　　　　　　　　图 4-6　将直线转为曲线

我们也可以通过线的【初始类型】和【拖动类型】来绘制线形。

步骤 01　在【创建方法】卷展栏中设置【初始类型】为【平滑】，【拖动类型】为【平滑】，如图 4-7 所示。

步骤 02　在前视图中单击鼠标左键确定线的起点，移动光标至适当位置再拖曳鼠标确定第二个节点，同时绘制一条曲线。

步骤 03　单击鼠标右键结束创建，绘制的曲线如图 4-8 所示。

 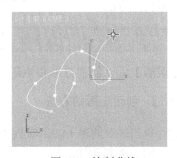

图 4-7　【创建方法】卷展栏　　　　　　　　　图 4-8　绘制曲线

步骤 04　在绘制线形后，线的起点和终点重叠在一起时（5 个像素之内距离），将会弹出【样条线】对话框。在对话框中提醒用户是不是要将这条线段闭合，如果需要闭合则在该对话框中单击【是】按钮。如图 4-9 所示。

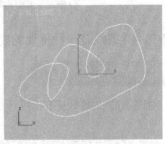

图 4-9　闭合样条线的前、后形态

4.2.2　键盘输入创建方法

步骤 01　创建线的另一种方法是使用【键盘输入】展卷栏的键盘输入创建功能。在该展卷栏中分别由 X、Y、Z 轴向坐标的 3 个数值框，在此键入节点所处的位置坐标。当键入节点的坐标值后单击 添加点 按钮，在视图中确定起点。

步骤 02　随后继续键入坐标值，每键入一次坐标值后便单击 添加点 按钮一次。当线创建完成后单击 关闭 按钮，表示完成创建工作。或者在完成后单击 完成 按钮，将会把创建的最后一个节点和第一个节点相连，形成为封闭线形，【键盘输入】展卷栏如图 4-10 所示。

图 4-10　【键盘输入】展卷栏

4.3　创建常用的图形

在【对象类型】卷展栏中有十一种类型，包括【矩形】、【星形】、【多边形】等，下面我们讲解几种常用的图形创建方法。

4.3.1　矩形

使用【矩形】可以创建方形和矩形样条线。

【例题 1】　创建矩形的方法

步骤 01　单击 （创建）命令面板上的 （图形）按钮，在【对象类型】卷展栏中单击 矩形 按钮，将其激活。

步骤 02　在视图中按住鼠标左键并拖曳鼠标至适当位置松手，即可生成一个矩形，如图 4-11 所示。

86

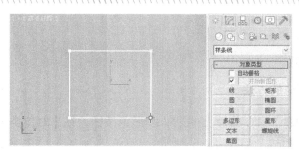

图 4-11　创建矩形

步骤 03　如果需要其他效果的矩形，可以在【参数】卷展栏中设置参数，如图 4-12 所示。

步骤 04　创建不同形态的矩形，如图 4-13 所示。

图 4-12　【参数】卷展栏

图 4-13　创建不同形态的矩形

创建矩形时，配合 Ctrl 键可以创建正方形。

4.3.2　圆

使用此命令可以创建圆形，还可以创建由四个顶点围成的封闭圆形曲线，其中四个顶点两两相对。

【例题 2】　创建圆形的方法

步骤 01　单击 （创建）命令面板上的 （图形）按钮，在【对象类型】卷展栏中单击　圆　按钮，将其激活。

步骤 02　在视图中按住鼠标左键并拖曳鼠标至适当位置松手，即可生成一个圆形，如图 4-14 所示。

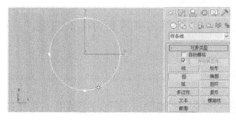

图 4-14　创建圆形

【参数】命令面板如图 4-15 所示。

图 4-15　【参数】面板

4.3.3 椭圆

用此命令可以创建椭圆。

【例题 3】 创建椭圆形的方法

步骤 01 单击 ✲（创建）命令面板上的 ⚙（图形）按钮，在【对象类型】卷展栏中单击 椭圆 按钮，将其激活。

步骤 02 在视图中按住鼠标左键并拖曳至适当位置松手，即可生成一个圆形，如图 4-16 所示。

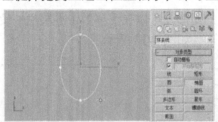

图 4-16 创建椭圆形

步骤 03 如果需要其他效果的椭圆形，可以在【参数】卷展栏中设置参数，如图 4-17 所示。

步骤 04 创建不同形态的椭圆形，如图 4-18 所示。

图 4-17 【参数】卷展栏

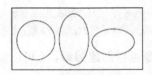

图 4-18 创建不同形态的椭圆形

配合键盘中的 Ctrl 键，可以创建正圆形。

4.3.4 文本

通过【编辑样条曲线】命令可以直接将文字转变为样条曲线，并可以对文字的字体、字距及行距进行调整。

【例题 4】创建文本的方法

步骤 01 单击 ✲（创建）命令面板上的 ⚙（图形）按钮，在【对象类型】卷展栏中单击 文本 按钮，将其激活。然后在【参数】卷展栏中的文本框中输入【3ds Max 从入门到精通】文本。如图 4-19 所示。

步骤 02 编辑好文本后，在视图中单击，即可创建完成文本，如图 4-20 所示。

图 4-19 参数面板

图 4-20 创建文本

主要参数解析如下：

- I：斜体字体。
- U：加下划线。
- ：左对齐。
- ：居中。
- ：右对齐。
- ：两端对齐。
- 【大小】：确定字体大小。
- 【字间距】：确定字间距。
- 【行间距】：确定行间距。
- 【文本】：对文本内容进行编辑。
- 【更新】：设置视图更新。
- 【手动更新】：可改为手动更新，缺省为自动。

4.3.5 弧

用此命令可以绘制圆弧。如果使这个圆弧封闭，则形成一个扇面形。创建弧形的方法有两种，如图 4-21 所示。

图 4-21 【参数】面板

- 【端点-端点-中间】：以直线的两端点作为弧的两端点，然后移动鼠标，确定弧长。
- 【中心-端点-端点】：先画出一条直线作为圆弧的半径，移动鼠标确定弧长。

【例题 5】创建弧的方法

使用【端点-端点-中央】的方式创建弧。

步骤 01 单击 ❋（创建）命令面板上的 ❏（图形）按钮，在【对象类型】卷展栏下单击 弧 按钮，将其激活。

步骤 02 按住鼠标左键并拖曳鼠标至合适位置松手，确定弧线两个端点的位置，然后移动鼠标确定弧线的弧度，单击鼠标左键结束创建，如图 4-22 所示。

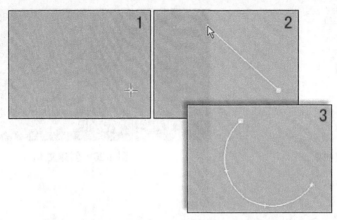

图 4-22　使用【端点-端点-中央】方法绘制弧线

使用【中间-端点-端点】的方式创建弧。

步骤 01　单击 ✱ （创建）命令面板上的 ◌ （图形）按钮，在【对象类型】卷展栏下单击 [弧] 按钮，将其激活。

步骤 02　按住鼠标左键拖曳鼠标至合适位置松手，确定弧线两个端点的位置，然后移动鼠标确定弧线的弧度，单击鼠标左键结束创建，如图 4-23 所示。

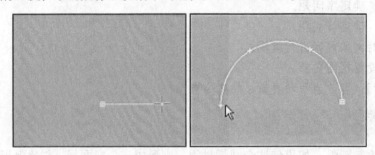

图 4-23　使用【中间-端点-端点】方法绘制弧线

【参数】面板如图 4-24 所示。

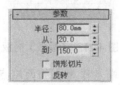

图 4-24　【参数】面板

- 【半径】：指定弧形的半径。
- 【从】：在从局部正 X 轴测量角度时指定起点的位置。
- 【到】：在从局部正 X 轴测量角度时指定端点的位置。
- 【反转】：启用此选项后，反转弧形样条线的方向，并将第一个顶点放置在打开弧形的相反末端。只要该形状保持原始形状（不是可编辑的样条线），可以通过切换【反转】来切换其方向。如果弧形已转化为可编辑的样条线，可以使用【样条线】子对象层级上的【反转】来反转方向。

4.3.6 多边形

制作任意边数的正多边形、圆角多边形等。

【例题 6】 创建多边形的方法

步骤01 单击 （创建）命令面板上的 （图形）按钮，在【对象类型】卷展栏下单击 多边形 按钮，将其激活。

步骤02 在视图中按住鼠标左键并拖曳鼠标至适当位置松手，即可生成一个多边形，如图 4-25 所示。

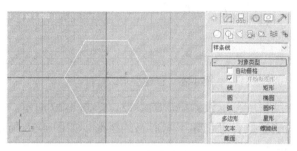

图 4-25　创建多边形

步骤03 如果需要其他效果的多边形，可以在【参数】卷展栏中设置参数，如图 4-26 所示。

步骤04 通过设置不同参数，创建不同形态的多边形，如图 4-27 所示。

 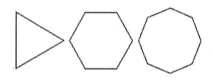

图 4-26　【参数】卷展栏　　　　　图 4-27　创建不同形态的多边形

【参数】解析：

- 【半径】：设置多边形的半径大小。
- 【内接】：设置内接圆的半径作为多边形的半径。
- 【外接】：设置外切圆的半径作为多边形的半径。
- 【边数】：设置多边形的边数。
- 【角半径】：制作带圆角的多边形，设置圆角半径大小。
- 【圆形】：设置多边形为圆形。

4.3.7 星形

创建多角星形，尖角可以转化为倒角，制作齿轮图案；尖角的方向可以扭曲，产生倒刺状矩齿；参数的变换可以产生许多奇特的图案，因为它是可渲染的，所以即使交叉，也可以用作一些特殊的图案花纹。

【例题 7】创建星形的方法

步骤 01 单击 ❋（创建）命令面板上的 ⬡（图形）按钮，在【对象类型】卷展栏下单击 星形 按钮，将其激活。

步骤 02 在视图中按住鼠标左键并拖曳鼠标至合适位置松手，确定星形外半径的位置；再次移动鼠标到合适位置确定星形的内半径，单击鼠标左键，结束创建，如图 4-28 所示。

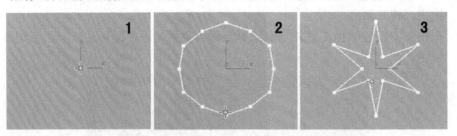

图 4-28　创建星形的过程

步骤 03 在【参数】卷展栏中可以设置星形的参数，如图 4-29 所示。

步骤 04 通过设置不同的参数，可创建不同形态的星形，如图 4-30 所示。

图 4-29　【参数】卷展栏　　　　图 4-30　不同形态的星形

主要参数解析如下：

- 【半径 1】/【半径 2】：用来设置星形的内外半径。
- 【点】：设置星形角的数量。
- 【扭曲】：使外角与内角产生角度扭曲。
- 【圆角半径 1】/【圆角半径 2】：设置尖角的内外角半径。

4.3.8　螺旋线

制作平面或空间的螺旋线，常用于完成弹簧、线轴等造型，或制作运动路径。

【例题 8】创建螺旋线的方法

步骤 01 单击 ❋（创建）命令面板上的 ⬡（图形）按钮，在【对象类型】卷展栏下单击 螺旋线 按钮，将其激活。

步骤 02 在视图中按住鼠标左键并拖曳鼠标至合适位置松手，确定螺旋线的半径 1；再次移动鼠标到合适位置确定螺旋线的高度，继续拖动鼠标至合适的位置并单击，确定螺旋线的半径 2 结束创建，如图 4-31 所示。

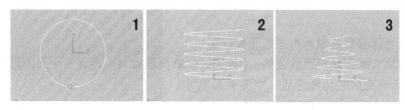

图 4-31　创建螺旋线的过程

步骤 03　在【参数】卷展栏中可以设置螺旋线的参数，如图 4-32 所示。

步骤 04　通过设置不同的参数，可创建不同形态的螺旋线，如图 4-33 所示。

图 4-32【参数】卷展栏

图 4-33　不同形态的螺旋线

主要参数解析如下：

- 【半径 1】／【半径 2】：通过两个半径控制螺旋线的内径和外径，如果两个半径相同，螺旋线就是弹簧状标准螺旋线。
- 【高度】：可以控制螺旋线的高度。
- 【圈数】：控制螺旋线的圈数。
- 【偏移】：控制螺旋圈数的偏向强度。
- 【顺时针】／【逆时针】：控制螺旋线顺时针或逆时针旋转。

4.4　编辑二维线形

在 3ds Max 的建模中，有许多物体是在样条曲线的基础上创建的，比如放样、车削、倒角，其至包括曲面工具对象。要很好地利用这些特性，就要理解如何对二维线形进行修改，编辑样条曲线修改命令提供对【顶点】、【线段】、【样条线】三个级别进行修改，下面将学习它们的编辑方法。

4.4.1　二维线形公共参数

在 3ds Max 中，大多数二维线形都有共同的参数设置，这些设置主要通过【渲染】及【插值】卷展栏来设置。

1．渲染

该栏目中的选项用于控制二维图形的可渲染属性，可以设置渲染时的厚度和贴图坐标，还能够进行动画设置。

- 【在渲染中启用】：启用该选项后，使用为渲染器设置的径向或矩形参数将图形渲染为 3D 网格。
- 【在视口中启用】：启用该选项后，使用为渲染器设置的径向或矩形参数将图形作为 3D 网格显示在视口中。

- 【厚度】: 可以控制渲染时线条的粗细程度。
- 【边】: 渲染二维图形剖面的边数。（如将该参数设置为 4，得到一个正方形的剖面），通过设置不同边数渲染后的几种情况，如图 4-34 所示。

图 4-34　设置不同边数时渲染性的几种情况

- 【角度】: 调节横截面的旋转角度。
- 【生成贴图坐标】: 用来控制贴图位置，U 轴控制周长上的贴图，V 轴控制长度方向中的贴图。

2. 插值

主要用于对样条曲线步数数量进行设置和优化控制。

- 【步数】: 用来设置样条曲线各点间步数的数量。如图 4-35 所示。

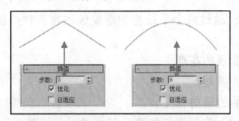

图 4-35　【插值】步数设置不同的变化状态

- 【优化】: 启用此选项后，可以从样条线的直线线段中删除不需要的步数。启用【自适应】时，【优化】不可用。默认设置为启用。
- 【自适应】: 禁用时，可允许使用【优化】和【步长】进行手动插补控制。如图 4-36 所示。默认设置为禁用状态。启用此选项后，自适应设置每个样条线的步数，以生成平滑曲线。直线线段始终接收 0 步长。如图 4-37 所示。

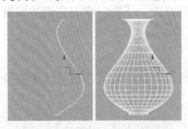 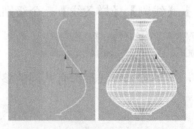

图 4-36　禁用【自适应】选项　　　图 4-37　启用【自适应】选项

4.4.2　合并开放的二维线形

【例题 9】合并开放的二维线形的方法

步骤 01　重新设置系统。

步骤 02 单击 ▭ 线 按钮，将【起点类型】和【拖曳类型】都设置为【角点】方式，在顶视图中创建如图 4-38 所示的造型。

步骤 03 确认线处于被选择状态，单击命令面板中的 🔲 按钮，然后在【选择】展卷栏中单击 ⋮⋮（顶点）按钮。

步骤 04 单击【几何体】展卷栏中的 ▭ 连接 按钮，然后在其中一个端点上单击鼠标左键并拖曳鼠标。这时会出现一条白色的虚线，如图 4-39 所示。

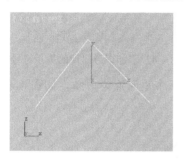

图 4-38 二维线形的形态

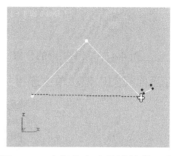

图 4-39 出现白色虚线连接的形态

步骤 05 当拖曳鼠标到另一端点时，会出现连接的提示符号。松开鼠标，折线就闭合成三角形了，如图 4-40 所示。

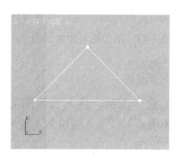

图 4-40 闭合后成三角形的形态

4.4.3 合并多条二维线形

合并就是将几个对象合并为一个对象，将原来的几个对象变为新对象的子对象。合并是二维线形创建过程中使用非常频繁的命令。

开窗洞的墙面在建筑中是最常见的，我们通常将 3 个矩形对象合并后再施加【挤出】命令得到，这是一种非常实用的方法。

【例题 10】合并多条二维线形

步骤 01 重新设置系统。

步骤 02 在二维线形创建命令面板中单击 ▭ 矩形 按钮，在前视图中创建【长度】为 200、【宽度】为 300；再在前视图中创建一小矩形，其【长度】为 150、【宽度】为 120；用移动复制的方法，按住 Shift 键移动鼠标复制一小矩形。调整三个矩形的位置如图 4-41 所示。

步骤 03 在视图中选中大矩形，单击命令面板中的 🔲 按钮，选择【编辑样条曲线】命令，为矩形施加编辑样条修改命令，在【几何体】卷展栏中单击 ▭ 附加 按钮，把鼠标移动到一个小矩形上，鼠标变成附加命令的提示符号，如图 4-42 所示。

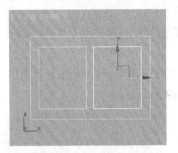

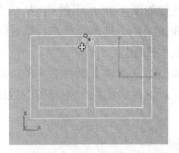

图 4-41　三个矩形的位置　　　　　　　图 4-42　附加矩形出现的提示符号

步骤 04 在正面视图中依次单击连接另外的矩形，将三个矩形连为一体，如图 4-43 所示。

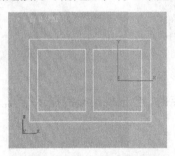

图 4-43　三个矩形附加后的形态

4.4.4　编辑顶点

制作了二维图形后就可以进入修改命令面板，进入二维图形的顶点层级，激活【编辑样条线】命令左侧的⊞号，展开其选项，包括 ⁚ (顶点)、 ✓ (线段)、 ⌒ (样条线)，如图 4-44 所示。

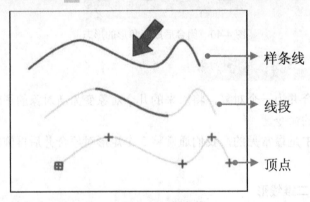

图 4-44　样条线

1．设置顶点属性

顶点在视图中显示为十字形或田字形，田字形是顶点中的初始顶点，这些顶点实际上相当于线的衔接点。在选择的顶点上按下鼠标右键，可以在右键菜单中设置该点不同的平滑属性，包括下面 4 种类型，如图 4-45 所示。

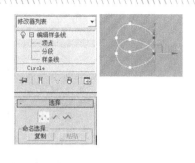

图 4-45 【编辑样条线】展开选项

- 【平滑】：强制线段为圆滑的曲线，但仍和顶点呈相切状态，无调节手柄。如图 4-46 所示。
- 【角点】：创建锐角转角的不可调整的顶点。如图 4-47 所示。

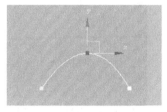
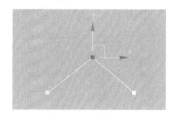

图 4-46 平滑   图 4-47 角点

- 【Bezier】：提供两根调节杆，但两调节杆锁定成一直线并与顶点相切，使两侧的曲线总保持平滑。如图 4-48 所示。
- 【Bezier 角点】：提供两侧不相关联的调节杆，各自调节一侧的曲线曲率。如图 4-49 所示。

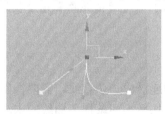
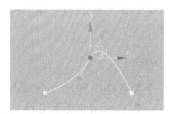

图 4-48 Bezier   图 4-49 Bezier 角点

2．断开、焊接顶点

除了以上设置顶点的属性外，用户还可以对顶点进行打断或焊接操作，下面通过具体实例学习顶点的其他编辑方法。

步骤 01 在视图中绘制线形，如图 4-50 所示。

步骤 02 选择该二维图形，在堆栈编辑器中进入其【顶点】次物体级，然后选择下方的顶点，如图 4-51 所示。

步骤 03 在【几何体】卷展栏单击 断开 按钮，该顶点被打断，用移动工具移动打断后的顶点，如图 4-52 所示。

图 4-50 绘制二维线形

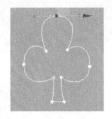
图 4-51 选择的顶点

图 4-52 打断顶点

如果面对一个已经断开的顶点，用户同样可以将其焊接。继续下面的操作。

步骤 04 再选择断开的两个顶点，如图 4-53 所示。

步骤 05 在【几何体】卷展栏下设置合适的【阈值距离】参数，单击 焊接 按钮，将两个顶点焊接，如图 4-54 所示。

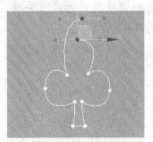
图 4-53 选择的两个顶点

图 4-54 焊接的两个顶点

在焊接顶点时，除了以上方法之外，用户还可以勾选【几何体】卷展栏下的【自动焊接】选项，然后，设置合适的【阈值距离】参数，再将一个顶点移动到另外一个顶点重合的位置，两个顶点也可以焊接到一起。需要注意的是，【阈值距离】参数对焊接起决定作用，也是个门槛数值，如果两个顶点之间的距离小于【阈值距离】值就被焊接在一起，否则不被焊接。

3．连接、插入顶点

【连接】是将一个顶点拖动到另一个顶点，使它们连接成一条直线，需要特别注意的是，连接的两个顶点都必须位于一条不封闭的样条曲线末端，或附加后的两条样条曲线的末端。具体操作过程如下：

【例题 11】 将两条样条线连接

步骤 01 在视图中绘制线形，如图 4-55（左）。

步骤 02 在堆栈编辑器中进入【顶点】子物体，再单击【几何体】卷展栏下的 连接 按钮，将光标移到一个端点上，拖曳鼠标至另一个端点，如图 4-55（中）。出现连接符号后松手，两个顶点即可连接到一起，如图 4-55（右）所示。

图 4-55　顶点连接

【插入】顶点是在样条曲线上单击鼠标左键，会引出新的点。该操作会改变原样条曲线的形态，且操作非常简单。具体操作过程如下：

【例题 12】　在样条线中插入顶点

步骤 01　在视图中绘制椭圆，将其转换为编辑样条线，在堆栈编辑器中进入【顶点】次物体级。

步骤 02　在【几何体】卷展栏下单击　插入　按钮，将光标移到二维图形上单击鼠标左键，即可插入新的顶点，如图 4-56 所示。

步骤 03　也可以移动光标到其他位置确定点，这样将改变样条曲线的形态。不断单击鼠标左键可以不断加入新的顶点，单击鼠标右键停止插入顶点。如图 4-57 所示。

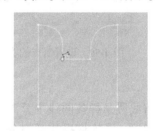

图 4-56　插入顶点的形态　　　　图 4-57　连续插入顶点的形态

4.4.5　编辑线段

线段是指形体子对象的中间层级，它与【顶点】子对象级的许多控制项都是相同的，因此对相同的选项这里就不再赘述，只对其他不同的编辑功能进行讲解。

1. 拆分线段

拆分线段其实就是在线段上均匀添加多个顶点，便于对线段进行编辑，下面通过一个操作学习拆分线段的方法。

步骤 01　单击 （图形）命令面板中的　线　按钮，在【创建方法】卷展栏中将【初始类型】和【拖动类型】都设置为【角点】方式，在【前】视图中绘制一条线形。

步骤 02　确认线处于被选中状态，单击命令面板中的 按钮，在【选择】卷展栏中单击 按钮，在视图中选择线段，线段显示红色。

步骤 03　在【几何体】卷展栏中　拆分　右侧的对话框中输入合适的数值，例如输入【10】，然后单击　拆分　按钮，在视图中将线段均匀分成 11 段，其拆分后的形态如图 4-58 所示。

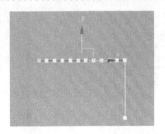

选择的线段呈红字

图 4-58　拆分线段

【拆分】是一次加几个点，但点与点之间是否等距离，还要看这条线段的两个端点类型是否是【角点】方式。如果有一个端点不是【角点】方式，如图 4-59 所示。那么加入的点很可能不是等距离分布的，如图 4-60 所示。

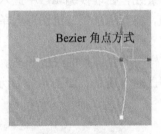

Bezier 角点方式

拆分线形的形态

图 4-59　设置端点的类型　　　　图 4-60　不均匀拆分线段后的形态

2．分离线段

分离线段是指将线段从样条曲线中分离出来，成为另一条独立的样条曲线，在分离时也可以分离线段的副本。下面通过一个实例操作学习分离线段的方法。

【例题 13】合并开放的二维线形的方法

步骤 01　重新设置系统。

步骤 02　单击 🔲（图形）创建命令面板中的　线　按钮，在前视图中创建线形，如图 4-61 所示。

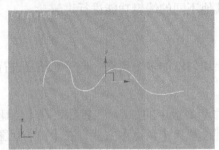

图 4-61　创建线形

步骤 03　确认线形处于被选中状态，单击命令面板中的 🔲 按钮，在【选择】卷展栏中单击 ✓【线段】按钮，在前视图中框选线段，被选中的线段呈红色，如图 4-62 所示。

步骤 04　在修改命令面板中的【几何体】卷展栏中单击　分离　按钮，弹出【分离】对话框，如图 4-63 所示。

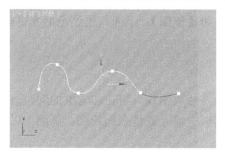

图 4-62　框选线段

图 4-63　【分离】对话框

步骤 05 单击 确定 按钮，被选择的线段就分离出来了，从而成为一个同原造型并列的单独对象，这样可以对它单独进行修改，如图 4-64 所示。

步骤 06 如果在分离前勾选了【几何体】卷展栏中的【复制】选项，会保留当前的线段，分离出去一个复制品。如图 4-65 所示。

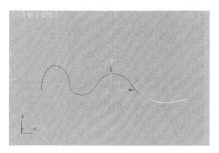

图 4-64　分离后的线段

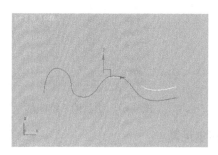

图 4-65　分离的线段复制品

4.4.6　编辑样条线

样条曲线是指【子对象】线形内部的一个独立线型，如果二维线形是由一条完整的线组成，当激活【样条线】次级物体进行选择时会发现整个二维线型都被选中；而当二维线型是由好几条线组成，特别是由几部分结合而成的，当激活【样条线】次级物体进行选择时会发现被选中的只是一条或几条独立的线型，而且被选择的样条曲线显示为红色。由此可见，【样条线】级别次物体不是指整个二维线型，而是指其中的一条完整的线。如图 4-66 所示。

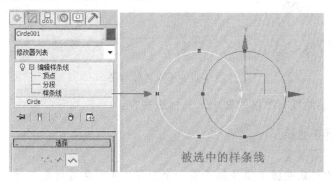

图 4-66　【样条线】级别次物体及选中的样条曲线

编辑样条线是二维修改中另一个功能强大的对次对象级别的修改，在【样条线】级别的修改中有三个命令非常有用，它们分别是【轮廓】、【布尔运算】和【镜像】。下面，通过范例来讲解【轮廓】、【布尔运算】和【镜像】工具的使用。

1. 轮廓

【轮廓】是指在当前曲线上加一个双线勾边。如果为开放曲线，将在加轮廓的同时进行封闭。施加轮廓有两种方法：一是可以手动加轮廓；二是在轮廓框中输入数值来加轮廓。下面，以手动加轮廓为例来学习它的操作过程。

步骤 01 在二维线形创建命令面板中单击 线 按钮，在视图中绘制二维线形，如图 4-67 所示。

步骤 02 确认线处于被选中状态，单击 按钮，打开修改命令面板，在【几何体】卷展栏中选择 轮廓 按钮，这时线型上会显示轮廓提示符号，拖曳鼠标创建线的轮廓，如图 4-68 所示。

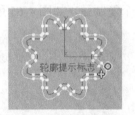

图 4-67　绘制的二维线形　　　　　　　　图 4-68　创建轮廓后

2. 布尔运算

【布尔运算】提供了【并集】、【差集】、【交集】三种运算方式。其操作方法是：

步骤 01 先选择一条样条曲线，确定运算方式。

步骤 02 在【几何体】卷展栏中单击 布尔 按钮后，再单击 （ 或 ）按钮，将鼠标移动到另一条样条线上，出现布尔运算并集运算的提示符号。

步骤 03 在视图中单击线形，得到最终效果。如图 4-69 所示。

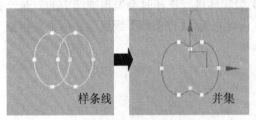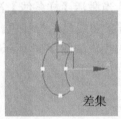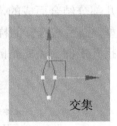

图 4-69　不同运算结果

布尔运算操作对样条曲线有严格的要求，具体表现在：

- 必须是封闭的样条曲线。
- 样条曲线本身不能相交。
- 进行布尔运算的样条曲线必须是属于同一个对象。通常在进行布尔操作之前会使用【附加】合并样条曲线，就是为了使它们成为一个对象。
- 样条曲线之间必须重叠（一个样条曲线完全被另一个样条曲线包围并不是重叠）。

- 如果要对复制后的样条曲线进行布尔运算，复制时一定要用【复制】，不能用【关联复制】和【参考复制】。

如图 4-70 所示是一些无法进行布尔运算的样条曲线。

开放的样条曲线　　自交的样条曲线

不重叠的样条曲线

图 4-70　无法进行布尔运算的样条曲线

3．镜像

【镜像】可以对选择的二维线进行水平、垂直、对角镜像。先选择要镜像的二维线，再选择镜像的方式（水平、垂直、对角），然后单击【镜像】按钮就可以将二维线镜像了。如果在镜像前勾选【复制】选项，会产生一个镜像复制品。

【例题 14】镜像样条线的方法

步骤 01　同样，以上面的线形为例，在堆栈编辑器中进入【样条线】子对象层级，在视图中选择样条线，被选中的线形呈红色。

步骤 02　在【几何体】卷展栏中选择 ▷◁（水平镜像）选项，然后，再单击 镜像 按钮，二维线水平镜像，如图 4-71 所示。

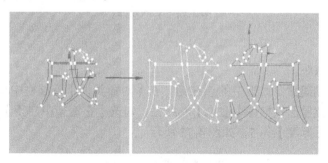

图 4-71　镜像后的形态

步骤 03　单击 ▣（垂直镜像）按钮，再单击 镜像 按钮，将二维线形垂直镜像，调整位置如图 4-72 所示。

步骤 04　单击 ◈（对角镜像）按钮，再单击 镜像 按钮，将二维线形垂直镜像，调整位置如图 4-73 所示。

 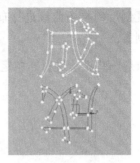

图 4-72　垂直镜像　　　　　　　　　图 4-73　对角镜像

4.5　综合范例——制作装饰品

使用二维图形的属性制作装饰挂件造型，如图 4-74 所示。

图 4-74　装饰挂件

操作过程：

步骤 01　重新设置系统。

步骤 02　单击图形创建命令面板中的 ⬚ 按钮，在【对象类型】卷展栏中单击 星形 按钮，在前视图中创建星形，打开【渲染】卷展栏，勾选【在渲染中启用】和【在视口中启用】选项，设置【厚度】为 5，如图 4-75 所示。

图 4-75　创建星形

步骤 03　单击 线 按钮，在前视图中绘制二维线形，打开【渲染】卷展栏，勾选【在渲染中启用】和【在视口中启用】选项，设置【厚度】为 5，如图 4-76 所示。

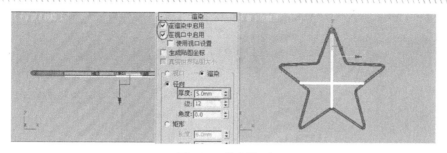

图 4-76　绘制线形

步骤 04　在前视图中选择创建的星形，按键盘中的 Ctrl+V 键，将其在原位置以【复制】的方式在原位置复制一个，选择修改命令面板中的【编辑样条线】命令，按键盘中的 1 键，进入顶点子对象层级，在前视图中调整顶点，如图 4-77 所示。

步骤 05　选择修改命令面板中的【编辑多边形】命令，将其转换为多边形，其效果如图 4-78 所示。

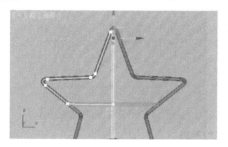

图 4-77　调整顶点的形态

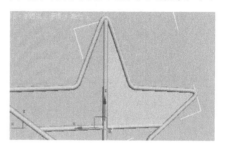

图 4-78　转换为多边形的效果

在【渲染】卷展栏中要将【在渲染中启用】、【在视口中启用】选项勾选取消，否则执行【编辑多边形】命令后，仍为线形。

步骤 06　用同上的方法制作对角处的造型，如图 4-79 所示。

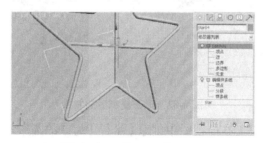

图 4-79　制作造型后的效果

步骤 07　单击　螺旋线　按钮，在前视图中绘制螺旋线，在【参数】卷展栏中设置【半径 1】为 24、【半径 2】为 0、【高度】为 0、【圈数】为 7，在【渲染】卷展栏中勾选【在渲染中启用】、【在视口中启用】选项，并设置【厚度】为 2。

步骤 08　再将制作的螺旋线用移动复制的方法将其复制一个，调整位置如图 4-80 所示。

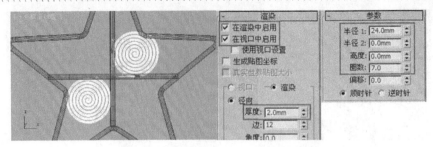

图 4-80　绘制螺旋线及螺旋线参数设置

步骤 09　在视图中选择所有造型，选择修改命令面板中的【FFD 3×3×3】命令，进入【控制点】子对象层级，在前视图中选择中间的顶点，用移动工具将其移动并调整位置如图 4-81所示。

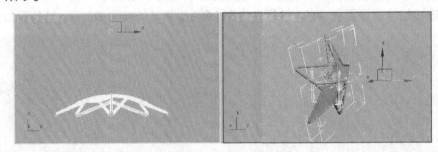

图 4-81　调整控制点的形态

步骤 10　在顶视图中选择所有造型，单击工具栏中的 按钮，在弹出的【镜像：屏幕 坐标】对话框中选择【Y】轴，以【复制】方式复制一组，调整位置如图 4-82 所示。

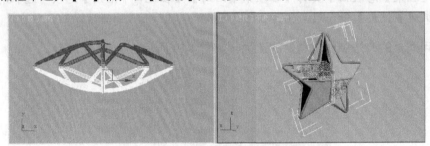

图 4-82　镜像复制后的效果

步骤 11　单击 圆 按钮，在前视图中创建【半径】为 8 的圆形，在【渲染】卷展栏中勾选【在渲染中启用】【在视口中启用】选项，设置【厚度】为 3，其形态如图 4-83 所示。

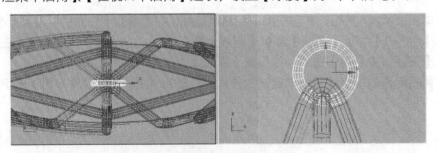

图 4-83　创建圆形

步骤 12　单击 ▢椭圆▢ 按钮，在前视图中创建【长度】为 260、【宽度】为 80 的椭圆形，在【渲染】
　　　　卷展栏中勾选【在渲染中启用】、【在视口中启用】选项，设置【厚度】为 3。

步骤 13　选择修改命令面板中的【编辑样条线】命令，按键盘中的数字 1 键，进入【顶点】子对
　　　　象层级，选择如图 4-84 所示的顶点，按键盘中的 Delete 键，将其删除，其效果如图 4-85
　　　　所示。

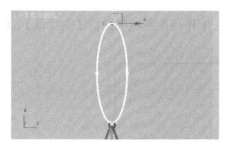

图 4-84　选择的顶点

图 4-85　删除的顶点

步骤 14　赋予材质后的效果如图 4-86 所示。

图 4-86　赋予材质后的挂件造型

4.6　思考与总结

4.6.1　知识点思考

思考题一

想一想焊接顶点的方法有几种？分别是什么？

思考题二

想一想如何在线段上插入顶点？又如何断开顶点？

4.6.2　知识点总结

通过本章二维线形的学习，相信大家已掌握它的创建及修改方法。在 3ds Max 中系统共提供了十
二种创建工具，配合各种辅助绘制工具，可以提高创建二维线形的精确度和速度。另外，我们要灵活

掌握二维线形的修改（如【顶点】、【线段】、【样条曲线】等）。二维线形的修改在制作建筑效果图时非常重要。

4.7 上机操作题

综合运用所学知识，制作如图 4-87 所示的玻璃茶几。本作品参见本书光盘【第 4 章】|【操作题】目录下的【茶几.max】文件。

图 4-87 茶几效果

第5章　二维建模的修改

二维线形是指线或线的组合，在 3ds Max 建模中是非常重要的一部分。它可以很方便地调整曲线，把一个简单的线形形状转成复杂的样条线，然后通过修改命令将其转换成复杂的三维模型。这一节我们就来学习二维线形的创建及修改。

本章内容如下：

- 二维线形转换三维模型
- 综合范例——制作门把手
- 思考与总结
- 上机操作题

5.1　二维线形转换三维模型

在将二维线形转换成三维几何体的命令中，除了上节课讲的【挤出】、【车削】命令外，【倒角】、【倒角剖面】也是常用到的命令。这节我们来学习它们的功能和应用方法。

5.1.1　【车削】命令

【车削】命令可以通过旋转一个二维图形产生三维造型，是非常实用的造型工具。大多数中心放射物体都可以用这种方法完成，还可以将完成后的造型输出成 Path 面片模型或 NURBS 模型。

【例题 1】：【车削】命令的应用

步骤 01　单击 ![icon]（应用程序）按钮，选择【重置】命令，重新设置系统。

步骤 02　单击 ![icon]（图形）按钮，在【对象类型】卷展栏下单击 _____ 线 _____ 按钮。在前视图中绘制造型的截面图形，如图 5-1 所示。

步骤 03　在【选择】卷展栏下单击 ![icon]（样条线）按钮（或按键盘中的数字 3 键），进入【样条线】子对象层级，在【几何体】卷展栏下设置轮廓值为-1，再单击 _____ 轮廓 _____ 按钮，轮廓的形态如图 5-2 所示。

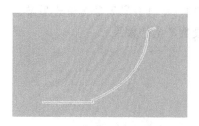

图 5-1　绘制线形　　　　　　　　　　图 5-2　轮廓后的形态

步骤 04 单击 ⌀ （修改）按钮，在修改器列表下拉菜单中选择【车削】命令，在【参数】卷展栏中单击 Y 按钮，在【对齐】中单击 最小 按钮，【参数设置】面板如图 5-3 所示。

步骤 05 车削后的形态如图 5-4 所示。

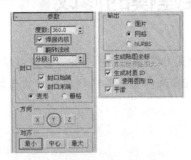 

图 5-3 参数设置　　　　　　　　图 5-4 车削后的形态

主要参数解析如下：

● 【度数】：在【度数】数值框设置车削成型的角度，360 度为一个完整环形，小于 360 度为不完整的扇形，如图 5-5 所示设置不同车削度数产生的效果。

 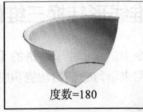 

度数=90　　　　　　　　度数=180　　　　　　　　度数=360

图 5-5 设置不同车削度数产生的效果

● 【焊接内核】：当轴心重合的顶点没有重合好时，可通过勾选【焊接内核】选项进行焊接精减，如图 5-6 所示。

 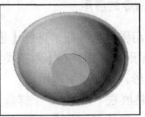

图 5-6 勾选【焊接内核】选项的前后效果

● 【分段】：在【分段】数值框设置旋转圆周上的段数，值越高，造型越光滑，如图 5-7 所示不同分段数产生的效果。

| 分段=3 | 分段=6 | 分段=30 |

图 5-7　勾选【焊接核心】选项的前后效果

- 【封闭始端】：将顶端加面覆盖。
- 【封闭末端】：将底端加面覆盖。
- 【X】、【Y】、【Z】：分别设置不同的轴向。
- 【最小】：将曲线内边界与中心轴对齐。
- 【中心】：将曲线中心与中心轴对齐。
- 【最大】：将曲线外边界与中心轴对齐。
- 【面片】：将旋转生成的物体转化为面片造型。
- 【网格】：将旋转生成的物体转化为网格造型。
- 【NURBS】：将旋转生成的物体转化为 NURBS 曲面造型。
- 【生成材质 ID】：为造型指定特殊的材质 ID 号。

5.1.2　【挤出】命令

　　【挤出】命令在制作效果图时是使用最频繁的命令，如果将二维图形通过挤出为三维物体，再为挤出后的造型施加其他命令（如【弯曲】等命令），一定要将挤出的分段数设置高一些，否则将不能实现。

【例题 2】：【挤出】命令的应用

步骤 01　单击 （图形）按钮，在【对象类型】卷展栏下单击 文本 按钮。在顶视图中创建一个【培训手册】的二维截面图形。

步骤 02　单击 （修改）按钮，选择修改器列表下拉菜单中的【挤出】修改命令，进入其【参数】卷展栏设置相关参数，如图 5-8 所示。

步骤 03　设置【挤出】参数后生成的三维立体文字效果，如图 5-9 所示。

图 5-8　【参数】卷展栏　　　　　　　　　图 5-9　【挤出】参数面板

主要参数解析如下:

- 【数量】: 设置挤出的深度,数值越大,挤出的厚度越大,如图 5-10 所示设置不同挤出数量产生的效果。

数量=1　　　　　数量=3　　　　　数量=5

图 5-10　设置不同挤出数量产生的效果

- 【分段】: 设置挤出厚度上的片段划分数,如图 5-11 所示设置不同分段数产生的效果。

分段=1　　　　　分段=2　　　　　分段=3

图 5-11　设置不同分段数产生的效果

 分段值越高,模型的表面越光滑,但面片数量越大,导致机器运行速度减慢,所以建议用户在制作模型时,在不施加修改命令(如【弯曲】命令),最好设置它的【分段】为 1。

- 【封口始端】: 在顶端加面封盖物体。
- 【封口末端】: 在底端加面封盖物体。如图 5-12 所示设置封口始端、封口末端产生的效果。

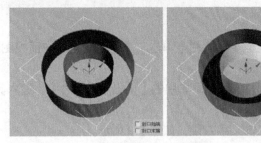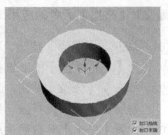

图 5-12　设置封口始端、封口末端产生的效果

其他诸如【面片】、【网格】、【NURBS】以及【生成材质 ID】等设置,在建立模型过程中使用比较少,在这里我们不再详细讲解。

5.1.3　【倒角】命令

简单地说,【倒角】修改器包含了三个级别的拉伸,也就是说给一个二维线形执行【倒角】修改命令后,可以将这个二维线形进行三次拉伸。同时,执行每次拉伸的时候我们可以控制截面缩放的比例,在一个拉伸级别上产生锥化的效果,如图 5-13 所示。

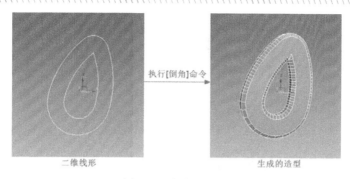

图 5-13　倒角的形态

【例题 3】倒角的应用

步骤 01　单击 ✱（创建）命令面板中的 ⚪（图形）按钮，在【对象类型】卷展栏中单击 ▭▭ 线 按钮，在顶视图中绘制任意一封闭线形，将其作为截面图形。

步骤 02　单击 🖊（修改）按钮，在【修改器列表】下拉菜单中选择【倒角】命令，进入【参数】面板，如图 5-14 所示。

步骤 03　选择【线性侧面】，设置倒角内部片段划分为直线方式，选择该选项，造型倒角面平直。

步骤 04　选择【曲线侧面】，设置倒角内部片段划分为弧形方式，设置【分段】数，数值越高，造型倒角面越圆滑，如图 5-15 所示。

图 5-14　【参数】面板

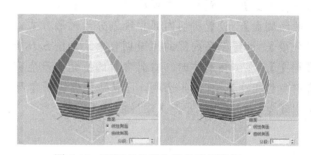

图 5-15　不同【分段】数的造型效果

步骤 05　分别在【级别 1】、【级别 2】、【级别 3】设置不同级别的高度和轮廓，结果如图 5-16 所示。

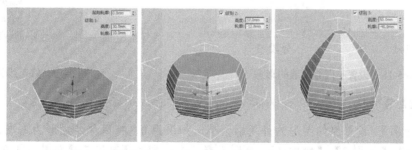

图 5-16　设置【级别 1】、【级别 2】、【级别 3】的效果

【倒角】命令面板如图 5-17 所示。

图 5-17 【倒角】命令面板

1. 【参数】卷展栏

【封口】：对造型两端进行加盖控制，如果两端都加盖处理，则为封闭实体。

- 【始端】：将开始截面封顶加盖。
- 【末端】：将结束截面封顶加盖。

 将【始端】和【末端】勾选取消，可生成透空效果。

【曲面】：控制侧面的曲率、光滑度以及指定贴图坐标。

- 【线性侧面】：设置斜切内部片段划分为直线方式。
- 【曲线侧面】：设置斜切内部片段划分为弧形方式。
- 【分段】：设置倒角内部的片段划分数。如图 5-18 所示。
- 【相交】：在倒角制作时，有时尖锐的折角会产生突出变形，这里提供处理这种问题的方法。
- 【避免线相交】：打开此选项，可以防止尖锐折角产生的突出变形。如下图 5-19 所示，左侧为突出现象，右侧为打开此选项后的修正效果。

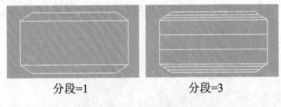

分段=1　　　　　分段=3

图 5-18 设置不同分段数的形态

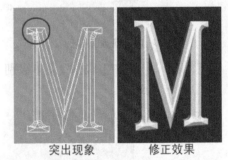

突出现象　　　修正效果

图 5-19 修正线相交的形态

2. 【倒角值】卷展栏

- 【起始轮廓】：设置原始图形的外轮廓大小，如果为 0，将以原始图形为基准进行斜切制作。
- 【级别 1】、【级别 2】、【级别 3】：分别设置三个级别的【高度】、【外轮廓】值。

5.1.4 【倒角剖面】命令

【倒角剖面】修改器使一个截面沿着一个路径产生这个截面的斜切效果。所以要使用这个命令必须有两个二维线形做前提，一个二维线形用来做截面、另一个二维线形用来做路径。如图 5-20 所示。

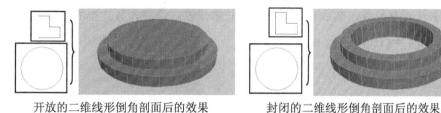

开放的二维线形倒角剖面后的效果　　　　封闭的二维线形倒角剖面后的效果

图 5-20　倒角剖面的不同形态

【例题 4】倒角剖面的应用

步骤 01　单击 （图形）按钮，在【对象类型】卷展栏中单击 线 按钮，在顶视图中创建一个二维线形，将其作为截面图形。

步骤 02　继续在前视图中绘制一个侧面轮廓线形。如图 5-21 所示。

截面图形

轮廓线形

图 5-21　绘制线形

步骤 03　在顶视图选择倒角剖面的截面图形，单击 按钮，在【修改器列表】下拉菜单中选择【倒角剖面】命令，在【参数】卷展栏中单击 拾取剖面 按钮，再在前视图单击轮廓线形，产生一个倒角剖面造型，如图 5-22 所示。

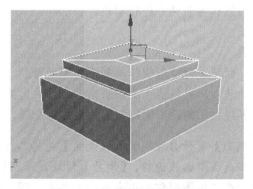

图 5-22　产成的倒角剖面造型

通过倒角剖面所创建的三维实体造型，有以下两种修改方法：

- 在视图中选择作为倒角剖面形体轮廓的二维图形，在【修改器堆栈】窗口进入子对象级别，在视图中根据需要调整二维图形的形态（轮廓线形），在调整的同时，倒角剖面造型也随之改变。
- 在视图中选择倒角剖面造型，在【修改器堆栈】窗口进入【倒角剖面】子对象层级，选择【剖面 Gizmo】子对象层级，然后在视图中移动轮廓线框，调整轮廓造型的形态。

修改后的倒角剖面造型如图 5-23 所示。

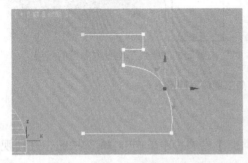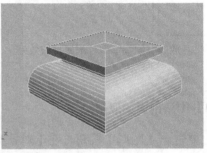

图 5-23　修改轮廓图形后的倒角剖面造型

【倒角剖面】命令面板如图 5-24 所示。

图 5-24　【倒角剖面】命令面板

主要参数解析如下：

- 【倒角剖面】：在为图形指定了此修改命令后，按下 ▭拾取剖面▭ 按钮，可以在视图中点取一个 Shape 图形或 NURBS 曲线作为斜切的外轮廓线。
- 【始端】：将开始端封顶。
- 【末端】：将结束端封顶。
- 【变形】：不处理表面，以便进行变形操作，制作变形动画。
- 【避免线相交】：打开此选项，可以防止尖锐折角产生的突出变形。
- 【分离】：设置两个边界线之间的距离间隔，以防止越界交叉。

 　【倒角】与【倒角剖面】有什么区别呢？【倒角】是将二维线形挤出一定的厚度，同时还可以产生一个直线或圆滑曲线边缘，【倒角】修改器可以应用于一切二维线型；【倒角剖面】修改器使用一个二维图形作为倒角剖面的截面，同时使用一个二维图形作为倒角剖面的轮廓图形，它的特点是一但删除了作为轮廓的二维曲线，修改编辑的效果就消失了。

5.2 综合范例——制作门把手

下面通过车削命令制作门把手效果，如将图 5-25 所示。

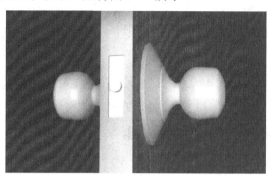

图 5-25 使用车削命令制作门把手效果

操作过程：

步骤 01 重新设置系统。打开本书光盘【第 5 章】目录下的【门把手.max】文件。场景中已经创建完成了门的造型。

步骤 02 单击 线 按钮，在前视图中绘制二维线形，并调整线形的外轮廓形态如图 5-26 所示。

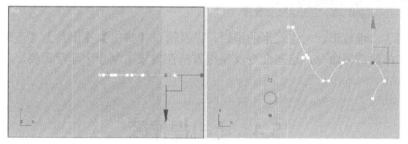

图 5-26 绘制二维线形

步骤 03 单击 按钮，在修改列表下拉菜单中选择【车削】命令，在【参数】展卷栏中单击 X 轴，再单击 最小 按钮，其他参数的设置如图 5-27 所示。

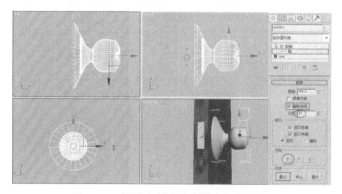

图 5-27 使用车削命令制作门把手效果

步骤 04 在前视图中选择车削后的把手造型，单击 按钮，镜像复制一个，调整位置如图 5-28 所示。

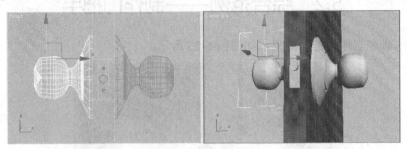

图 5-28　镜像复制后的形态

步骤 05　最后将文件另名存储为【门把手.max】。

5.3　思考与总结

5.3.1　知识点思考

【倒角】与【倒角剖面】区别在哪里呢？是否可以混用？

5.3.2　知识点总结

本章主要学习了二维线形、二维线形的编辑，以及通过【挤出】、【倒角】、【车削】、【倒角剖面】等命令转换三维物体的常用命令。这些命令及使用方法在效果图制作中非常重要，希望用户能够灵活掌握。

5.4　上机操作题

综合运用所学知识，制作如图 5-29 所示的柱子造型。本作品参见本书光盘【第 5 章】|【操作题】目录下的【柱子.max】文件。

图 5-29　柱子效果

第6章　建筑基本体建模

在创建命令面板中，系统为我们提供了建筑工程领域的特殊基本体，为高效快捷地创建室内、外效果图提供了便利条件。

本章内容如下：

- 门
- 窗
- 楼梯
- 栏杆
- 综合范例 —— 制作旋转楼梯
- 思考与总结
- 上机操作题

6.1　门

在 3ds Max 2014 中直接创建门、窗物体模型的工具，可以快速地产生各种型号的门窗模型，大大方便了用户。使用提供的门模型可以控制门外观的细节，还可以将门设置为打开、部分打开或关闭，而且可设置打开的动画。

单击 ✳ （创建）命令面板中的 ○按钮，在【标准基本体】下拉选项窗口中选择【门】。在【对象类型】展卷栏中包括【枢轴门】、【推拉门】、【折叠门】三种，如图 6-1 所示。

参数面板如图 6-2 所示。

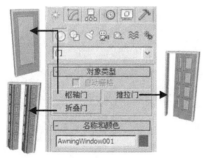

图 6-1 【对象类型】展卷栏

图 6-2 参数面板

1.【创建方法】

- 【宽度/深度/高度】：以宽、深、高三个创建顺序创建门。
- 【宽度/高度/深度】：以宽、高、深三个创建顺序创建门。
- 【允许侧柱倾斜】：打开此选项，可以创建倾斜的门。

2.【参数】

- 【高度/宽度/深度】：分别设置门的高度、宽度和深度。
- 【双门】：产生对开的双门。
- 【打开】：设置门打开的角度。

3.【门框】

- 【创建门框】：确定是否创建门框。
- 【宽度/深度】：设置门框的宽度和深度。
- 【门偏移】：设置门与门框之间的偏移距离。

4.【页扇参数】

- 【厚度】：设置门扉的厚度。
- 【门挺/顶梁】：设置门上部框与门之间的边宽。
- 【底梁】：设置门上部框与门底边之间的长度。
- 【水平/垂直窗格数】：设置水平/垂直方向上横格的数目。
- 【镶板间距】：设置横格的宽度。

5.【镶板】

- 【无】：不产生横格。
- 【厚度 1/厚度 2】：设置倒角外框/内框的厚度。
- 【中间厚度】：设置倒角中间的厚度。
- 【宽度 1/宽度 2】：设置倒角外框/内框的宽度。

其他门的表现形态如图 6-3 所示。

图 6-3　创建不同门的形态

【例题 1】创建枢轴门

步骤 01　单击 ■（创建）命令板中的 ○（几何体）按钮，在 标准基本体 ▽ 下拉列表中选择【门】

选项，如图 6-4 所示。

图 6-4　命令面板

步骤 02　在【对象类型】卷展栏中单击　枢轴门　按钮，在命令面板中的【创建方法】中选择【宽度/深度/高度】创建方法，然后在顶视图中单击，确定起点，拖曳鼠标拉出门的宽度，松开鼠标左键，继续拖曳，拉出门的深度，单击鼠标左键确定深度，再拉出门的高度，单击 按钮，修改门的参数，如图 6-5 所示。

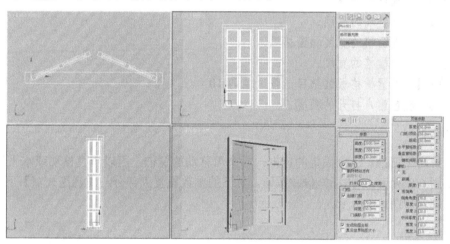

图 6-5　创建枢轴门

步骤 03　赋予材质后的效果如图 6-6 所示。

图 6-6　赋予材质后的效果

6.2 窗

窗户是非常有用且经常用到的建筑模型，这里提供了六种样式，它们的创建方式及参数基本相同，下面我们以【遮篷式窗】为例来学习创建方法及相关参数。

单击创建命令面板中的 ⚪（几何体）按钮，在【基本标准基本体】下拉菜单中选择 窗 ▾ 选项，在【对象类型】展卷栏中单击 遮篷式窗 按钮，显示如图6-7所示的参数展卷栏。

【参数】卷展栏中的选项含义如下：

- 【高度】、【宽度】、【深度】：分别设置窗户的长宽高。
- 【窗框】：分别设置窗框的水平宽度、垂直宽度和厚度。
- 【水平宽度】：设置窗口框架水平部分的宽度（顶部和底部）。
- 【垂直宽度】：设置窗口框架垂直部分的宽度（两侧）。
- 【厚度】：设置框架的厚度。
- 【玻璃】：设置玻璃的厚度。
- 【窗格】：设置窗格的宽度和窗格数。
- 【宽度】：设置横格的宽度。
- 【窗格数】：设置横格板的数目，最大值为10。
- 【开窗】：设置窗户打开的角度。

图 6-7　参数面板

1.【推拉窗】

推拉窗具有两个窗框：一个固定的窗框；一个可移动的窗框。可以垂直移动或水平移动滑动。其推拉窗效果如图6-8所示。单击 推拉窗 按钮，其下的参数设置大部分与【遮篷式窗】下【参数】展卷栏中的设置相同，如图6-9所示。

图 6-8　推拉窗

图 6-9　推拉窗参数

主要参数介绍如下：

- 【窗框】
  - 【水平窗格数】|【垂直窗横格数】：分别设置横向和纵向横格的数目。
  - 【切角剖面】：产生带切角的横格。

- 【打开窗】
  - 【悬挂】: 设置为上下滑动式窗。

2．门或窗的材质 ID

默认情况下，3ds Max 为窗指定了 5 个不同材质的 ID，如图 6-10 所示。

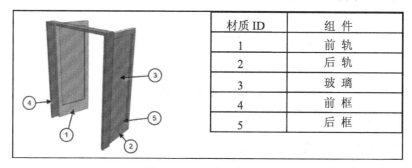

材质 ID	组　件
1	前　轨
2	后　轨
3	玻　璃
4	前　框
5	后　框

图 6-10　门或窗的材质 ID

【例题 2】创建遮篷式窗

步骤 01　单击 ⊞（创建）命令板中的 ○（几何体）按钮，在 标准基本体 下拉列表中选择【窗】选项，如图 6-11 所示。

步骤 02　在【对象类型】卷展栏中有【遮篷式窗】、【平开窗】、【固定窗】、【旋开窗】、【伸出式窗】、【推拉窗】六种类型，如图 6-12 所示。

图 6-11　创建命令面板

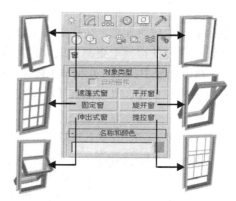

图 6-12　【对象类型】卷展栏

步骤 03　在【对象类型】卷展栏中单击 遮篷式窗 按钮。在【创建方法】卷展栏中选择【宽度/深度/高度】创建方法，然后在顶视图中单击，确定起点，拖曳鼠标拉出窗的宽度，松开鼠标左键，继续拖曳，拉出窗的深度，单击鼠标左键确定深度，再拉出窗的高度，单击 ☑ 按钮，修改窗的参数，如图 6-13 所示。

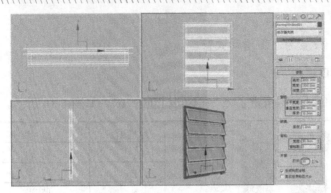

图 6-13　创建遮篷式窗造型

主要参数解析如下：

- 【高度】、【宽度】、【深度】：分别设置窗户的长宽高。
- 【窗框】：分别设置窗框的水平宽度、垂直宽度和厚度。
- 【玻璃】：设置玻璃的厚度。
- 【开窗】：设置窗户打开的角度。

步骤 04　赋予材质后的效果，如图 6-14 所示。

图 6-14　赋予材质后的效果

6.3　楼梯

楼梯是较为复杂的一类建筑模型，往往需要花费大量的时间，在 3ds Max 2014 中提供的参数化楼梯不仅加快了制作速度，还使得模型更易修改，只需修改几个参数，楼梯就可以改头换面。

单击 （创建）命令面板中的 （几何体）按钮，在【标准基本体】下拉选项窗口中选择【楼梯】。在【对象类型】卷展栏中包括【L 型楼梯】、【U 型楼梯】、【直线楼梯】、【螺旋楼梯】四种，如图 6-15 所示。

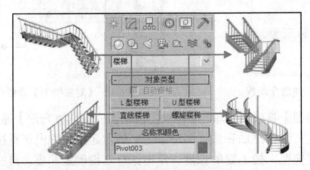

图 6-15　【对象类型】卷展栏

下面以常用的直线楼梯为例来讲解其使用方法。

【例题 3】创建楼梯

步骤 01　单击 （创建）命令面板中的 （几何体）按钮，在 标准基本体 下拉选项窗口中选择【楼梯】。如图 6-16 所示。

图 6-16　创建命令面板

步骤 02　在【对象类型】卷展栏中单击 直线楼梯 按钮，在顶视图中按住鼠标左键不放进行拖曳，拉出楼梯的长度，如图 6-17 所示。

步骤 03　松开鼠标再次拖动鼠标，拉出楼梯的宽度，单击鼠标确定宽度，如图 6-18 所示。

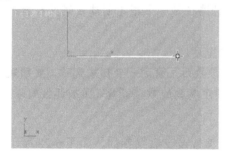

图 6-17　确定直线楼梯的长度

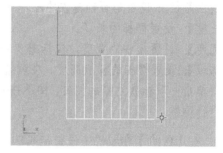

图 6-18　确定直线楼梯的宽度

步骤 04　再次拖动鼠标，拉出楼梯的高度，如图 6-19 所示。

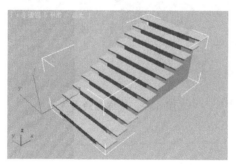

图 6-19　确定直线楼梯的高度

步骤 05　单击 按钮，在【参数】卷展栏中选择楼梯的类型，如图 6-20 所示。

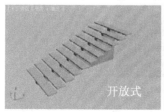
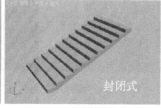

图 6-20　楼梯样式类型

步骤 06 在【生成几何体】卷展栏中勾选【扶手路径】中的【左】和【右】里选框，设置【长度】、【宽度】值，如图 6-21 所示。

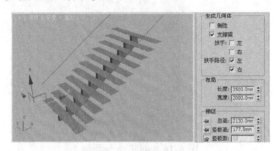

图 6-21 楼梯参数设置

主要选项解析如下：

- 【扶手】：创建左侧扶手和右侧扶手。
- 【扶手路径】：设置是否创建左右栏杆路径。栏杆路径是一条用于创建自定义栏杆的样条曲线。
- 【长度】：设置楼梯的长度。
- 【宽度】：设置楼梯的宽度，包括踏步和平台的宽度。
- 【梯级】：设置楼梯的梯级高度。在调整另两个参数时，锁定一个梯级选项。要锁定一个选项，只需单击一下参数左侧的按钉。按下按钉表示锁定参数的数值调整，而拔起按钉表示参数可分别进行调整。

步骤 07 在【台阶】卷展栏中设置台阶的厚度、深度以及支撑梁参数，如图 6-22 所示。

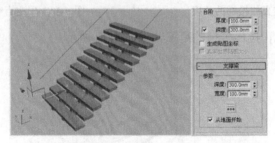

图 6-22 楼梯参数设置

主要选项解析如下：

1.【台阶】

- 【厚度】：设置踏步的厚度。如图 6-23 所示。

图 6-23 台阶厚度变化

- 【深度】：设置踏步深度。左侧勾选框为强制上下踏步对齐的切换键。如图 6-24 所示。

图 6-24　台阶深度变化

2.【支撑梁】

- 【深度】：控制支撑梁离地面的深度。
- 【宽度】：控制支撑梁的宽度。

　　（支撑梁间距）按钮：设置支撑梁的间距。单击该按钮时，将会显示【支撑梁间距】对话框。使用【计数】选项指定所需的支撑梁数。

步骤 08　在【栏杆】卷展栏中设置参数，如图 6-25 所示。

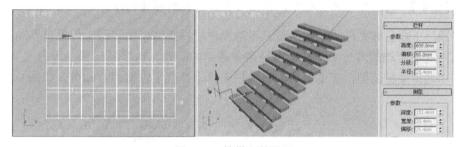

图 6-25　楼梯参数设置

【栏杆】主要参数介绍如下：

- 【高度】：控制栏杆距离台阶的高度。
- 【偏移】：控制栏杆距离台阶端点的偏移。
- 【分段】：指定栏杆中的分段数目。值越高，栏杆显示得越平滑。
- 【半径】：控制栏杆的厚度。

6.4　栏杆

　　栏杆对象的组件包括【栏杆】、【立柱】和【栅栏】。栅栏包括【支柱】（栏杆）或实体填充材质，如玻璃或木条。在楼梯上创建栏杆是常用到的功能，下面来学习一下方法。

【例题 4】　制作楼梯。

步骤 01　选择上面我们创建的楼梯造型。

步骤 02　单击　（创建）命令面反中的　（几何体）按钮，在【标准基本体】下拉列表中选择【AEC 扩展】选项，在【对象类型】卷展栏中单击　栏杆　按钮，然后单击　拾取栏杆路径　按钮，在楼梯上拾取一个栏杆路径，如图 6-26 所示。

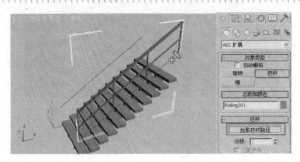

图 6-26　创建栏杆

主要参数解析如下：

- 【拾取栏杆路径】按钮：单击该按钮，然后单击视口中的样条线，将其用作栏杆路径。3ds Max 将样条线用作应用栏杆对象时所遵循的路径。
- 【分段】：设置栏杆对象的分段数。只有使用栏杆路径时，才能使用该选项。
- 【匹配拐角】：在栏杆中放置拐角，以便与栏杆路径的拐角相符。

步骤 03　通过上面创建栏杆的位置来看，不难发现栏杆距离楼梯较远，如果用手动移动栏杆位置则是不合理的方法（是初学者经常会遇到的问题，也是易出错的地方）。这时，用户可以选择楼梯造型，在【栏杆】卷展栏中将【高度】设置为 0 即可，如图 6-27 所示。

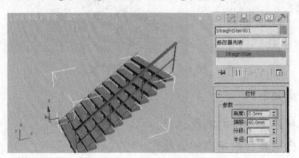

图 6-27　调整栏杆位置

步骤 04　修改栏杆参数，如图 6-28 所示。

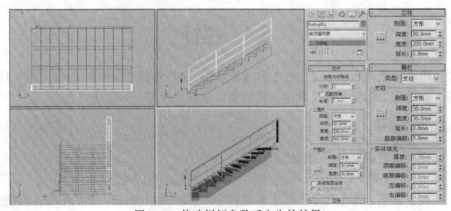

图 6-28　修改栏杆参数后产生的效果

主要参数解析如下：

- 【上围栏】：默认值可以生成上栏杆构件。结构图 6-29 所示。

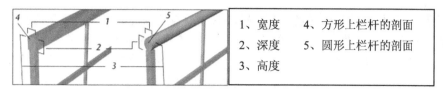

图 6-29　栏杆结构

- 【下围栏】：控制下栏杆的剖面、深度和宽度以及其间的间隔。单击【下围栏间距】 按钮，可以指定所需的栏杆数。
- 【下围栏间距】 按钮：单击该按钮时，将会显示栏杆间距对话框。使用【计数】选项指定所需的下栏杆数。以下该按钮功能相同。
- 【立柱】：控制立柱的剖面、深度、宽度和延长以及立柱的间隔。单击【立柱间距】 按钮，可以指定所需的立柱数。
- 【栅栏】：设置立柱之间的栅栏类型，包括【无】、【支柱】或【实体填充】。

制作栏杆造型如图 6-30 所示。

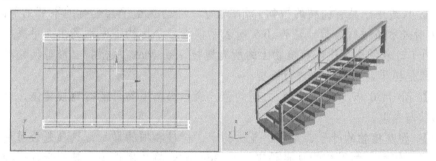

图 6-30　制作楼梯栏杆造型

6.5　植物

植物可产生各种植物对象，如树种。3ds Max 将生成网格表示方法，以快速、有效地创建漂亮的植物。

可以控制高度、密度、修剪、种子、树冠显示和细节级别。种子选项用于控制同一物种的不同表示方法的创建。可以为同一物种创建上百万个变体，因此，每个对象都可以是唯一的。采用【视口树冠模式】选项，可以控制植物细节的数量，减少 3ds Max 用于显示植物的顶点和面的数量。在标准库中创建的植物如图 6-31 所示。

图 6-31　创建的植物

参数卷展栏如图 6-32 所示。

- 【高度】：控制植物的近似高度。3ds Max 将对所有植物的高度应用随机的噪波系数。因此，在视口中所测量的植物实际高度并不一定等于在【高度】参数中指定的值。
- 【密度】：控制植物上叶子和花朵的数量。值为 1 时表示植物具有全部的叶子和花；值为 5 时表示植物具有一半的叶子和花；值为 0 时表示植物没有叶子和花。如图 6-33 所示。

图 6-32　参数面板

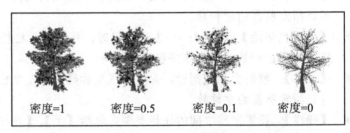

密度=1　　密度=0.5　　密度=0.1　　密度=0

图 6-33　不同密度值显示效果

- 【修剪】：只适用于具有树枝的植物。删除位于一个与构造平面平行的不可见平面之下的树枝。值为 0 时表示不进行修剪；值为 0.5 时表示根据一个比构造平面高出一半高度的平面进行修剪；值为 1 时表示尽可能修剪植物上的所有树枝。3ds Max 从植物上修剪何物取决于植物的种类。如果是树干，则永不会进行修剪。
- 【种子】：介于 0 与 16,777,215 之间的值，表示当前植物可能的树枝变体、叶子位置以及树干的形状与角度。
- 【显示】：控制植物的叶子、果实、花、树干、树枝和根的显示。选项是否可用取决于所选的植物种类。例如，如果植物没有果实，则 3ds Max 将禁用选项。禁用选项会减少所显示的顶点和面的数量。
- 【视口树冠模式】：此设置只适用于植物在视口中的表示方法，因此，它对 3ds Max 渲染植物的方式毫无影响。树冠显示模式如图 6-34 所示。

始终：始终以树冠模式显示植物　　　　从不：从不以树冠模式显示植物

图 6-34　视口树冠显示模式

6.6　综合范例——制作旋转楼梯

随着人们住宅水平的不断提高，跨层和有楼阁的住房越来越多。楼梯这一建筑元素在装修中越来越凸现出它独一无二的地位来，这也给当代的室内设计师们带来了一项新的设计课题。

楼梯，就是能让人顺利地上、下两个空间的通道。它必须结构设计合理，按照标准来说，楼梯的每一级踏步应该高 15 厘米，宽 28 厘米；但在现实生活中，这种理想状态极其少见，所以要求设计师对尺寸有透彻的了解和掌握，才能使你的设计行走便利，而所占空间最少。根据实际情况显示，楼梯踏步的高度应小于 18 厘米，宽度应大于 22 厘米，否则我们就难以行走了。这一节，我们就通过旋转楼梯来学习它的制作方法和技巧，如图 6-35 所示。

图 6-35　旋转楼梯效果

操作过程：

步骤01　打开 3ds Max 2014 软件。单击菜单栏中的【自定义】|【单位设置】命令，在弹出的【单位设置】对话框中设置系统单位为【毫米】。

步骤02　单击创建命令面板中的○按钮，在【标准基本体】下拉列表中选择【楼梯】选项，在顶视图中创建螺旋楼梯，其效果及参数设置如图 6-36 所示。

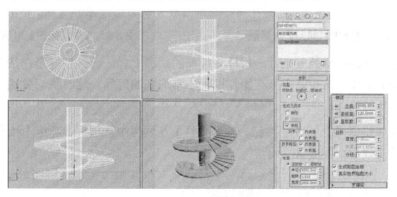

图 6-36　创建螺旋楼梯

步骤03　单击创建命令面板中的○按钮，在【标准基本体】下拉列表中选择【AEC 扩展】选项，再单击　栏杆　按钮，在【栏杆】卷展栏中单击　拾取栏杆路径　按钮，将光标移至楼梯内侧扶手路径上，此时光标呈拾取状态并进行单击，进行拾取，在【栏杆】卷展栏中勾选【匹配拐角】复选框，其他参数的设置如图 6-37 所示。

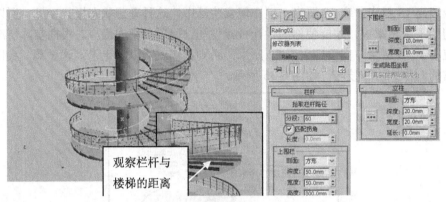

图 6-37　栏杆参数设置

步骤 04　在【杆栏】卷展栏中单击【下围栏】中的 ▦ 按钮，在弹出的【下围栏间距】对话框中设置【计数】为 3，如图 6-38 所示。

步骤 05　再单击【立柱】卷展栏中的 ▦ 按钮，在弹出的【立柱间距】对话框中设置【计数】为 80，如图 6-39 所示。

图 6-38　【下围栏间距】对话框　　　　　　图 6-39　【立柱间距】对话框

通过上面制作的螺旋楼梯效果来看，栏杆与楼梯的距离太远，而且栏杆是在扶手路径上产生的，没有达到我们理想的效果，这也是大家在操作过程中常遇到的问题，这时我们要通过设置楼梯扶手路径的高度来调整栏杆的位置。

步骤 06　选择螺旋楼梯，单击 ▨ 按钮，在【栏杆】卷展栏中将栏杆【高度】和【偏移】设置为 0，参数及效果如图 6-40 所示。

图 6-40　修改参数及效果

步骤 07　调整后赋予材质的最终效果如图 6-41 所示。

图 6-41　螺旋式楼梯效果

6.7　思考与总结

6.7.1　知识点思考

思考题一

创建门的方法有几种，分别是什么？

思考题二

栏杆对象的组件包括哪些？

6.7.2　知识点总结

本章学习了几种制作简单造型的方法。在学习过程中，读者朋友可能也感觉到了虽然制作过程变得简单了，但是需要调整的参数增多了。所以需要读者朋友耐心理解每个参数的具体含义，才能在制作过程中得心应手，但并不是所有的这一类造型都可以用它来做，这就需要读者朋友在学习和使用时要活学活用。

6.8　上机操作题

6.8.1　操作题一

通过上面课程的讲解，下面根据导入本书光盘【第 6 章】|【操作题】目录下的【23.dwg】参考图纸练习制作墙体，如图 6-42 所示。

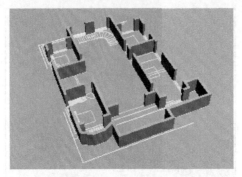

图 6-42　创建墙体

6.8.2　操作题二

综合运用所学知识，绘制如图 6-43 所示的门造型。本作品参见本书光盘【第 6 章】|【操作题】目录下的【门.max】文件。

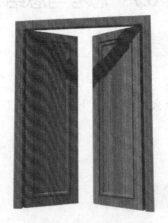

图 6-43　制作门

第 **2** 部分

技能提高篇

▶ 第7章　高级建模

▶ 第8章　材质类型的应用

▶ 第9章　贴图类型的应用

▶ 第10章　摄影机与灯光设置

▶ 第11章　效果图渲染输出

第 7 章　高级建模

建模是效果图制作过程中的第一个阶段，建模的方法是多种多样的，但是能以最捷径、最精确的方法建模还是要有技巧性的。

本章内容如下：

- 放样
- 综合范例一——制作餐布
- 布尔运算
- 综合范例二——制作机械零件
- 编辑多边形
- 综合范例三——制作广告牌
- 思考与总结
- 上机操作题

7.1　放样

放样操作是指将多个二维样条线图（即截面）沿着另一个二维样条线图形（即路径）挤出生成三维模型。要产生一个【放样】物体，至少需要两个以上的二维图形。这些二维图形可以是闭合的，也可以是开放的，其中的一个二维图形作为路径，路径的长度决定了放样物体的深度，其他的二维图形可以作为截面图形，截面图形用于定义放样物体的截面或横断面造型。

放样允许在路径的不同点上排列不同的二维样条线图形，从而生成复杂的三维模型。因此，在一个放样过程中，路径只能是一个，而截面可以是一个，也可以是多个。如图 7-1 所示，左图是 4 个截面图形的放样效果，右图是只有一个截面图形的放样效果。

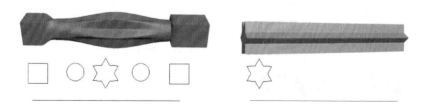

图 7-1　放样示例

7.1.1　【放样】的原理与基础

【放样】与【挤出】、【车削】、【倒角】和【倒角剖面】一样，是实现从二维线形到三维几何体转变的重要工具之一。但是，【放样】是作为一个创建命令出现的，使用【放样】命令可以创建出许多造型复杂的模型，同时，【放样】还包含了一些自己的内部命令，成为一个自成一体的三维几何体创建系统，先来看放样截面与路径的要求。

1. 截面的要求

不同种类的二维线形作为放样的截面会产生不同的几何体，并不是所有的二维线形都可以作为放样的截面，放样截面对二维图形的要求：

- 【截面】图形不能有自相交的情况。
- 一般来讲，【截面】应为闭合图形，但这并不是说放样【截面】不能是非闭合图形。因为将闭合图形作为【截面】生成的放样对象，各个方向都可见，是一个【实体】；将非闭合图形作为【截面】生成的放样对象只有在一个方向上才是可见的。在只要求单面可见的放样模型（如窗帘）的制作中可以用非闭合图形作为【截面】，这样做是为了节约模型的点面数量，节省渲染的时间。闭合图形和非闭合图形如图 7-2 所示。
- 截面可以是多个截面。

闭合图形   非闭合图形

图 7-2 闭合图形和非闭合图形

2. 路径的要求

放样路径线形的要求比较简单，只要不是复合线形，都可以充当路径，论是直线、曲线、闭合图形还是非闭合图形，因为充当路径的曲线只能有一个起点，而复合图形有两个起点。复合线形和非复合线形如图 7-3 所示。

复合线形   非复合线形

图 7-3 复合线形和非复合线形

7.1.2 放样的一般操作

放样命令的使用相对其他命令要复杂一些，下面以实例的方式学习操作过程。

【例题 1】 放样的一般操作过程

步骤 01 单击 （创建）命令板中的 （几何体）按钮，在 标准基本体 下拉列表中选择【门】选项，如图 7-4 所示。

步骤 02 单击 矩形 按钮，在前视图中绘制【长度】为 200、【宽度】为 300 的矩形作为【放样路径】，单击 线 按钮，在顶视图中绘制封闭的二维线形作为【放样截面】，如图 7-5 所示。

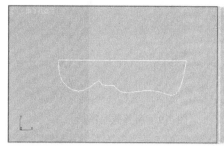

图 7-4　创建命令面板　　　　　　　　　　　　　　　　图 7-5　绘制线形

步骤 03　单击创建命令面板中的 标准基本体 按钮，在下拉菜单中选择【复合对象】选项，
　　　　然后选择【放样路径】线形，单击【对象类型】中的 放样 按钮，如图 7-6 所示。

步骤 04　在【拾取目标】卷展栏中单击 获取图形 按钮，拾取视图中的【放样截面】线形，放样后的
　　　　形态如图 7-7 所示。

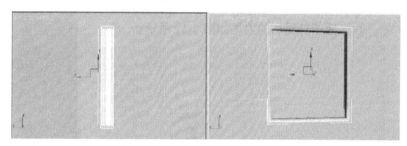

图 7-6　命令面板　　　　　　　　　　　　　　　图 7-7　放样后的形态

步骤 05　在堆栈编辑器中进入【图形】子对象层级，在顶视图中使用框选的方式选择截面图形，
　　　　如图 7-8 所示。

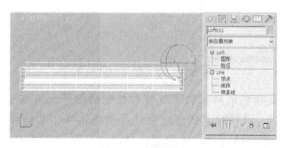

图 7-8　选择图形

步骤 06　单击工具栏中的 ○（选择并旋转）按钮，在前视图中将选择的图形旋转，调整后的形态
　　　　如图 7-9 所示。

步骤 07　单击 长方体 按钮，在前视图中创建【长度】为 135、【宽度】为 235、【高度】为 3 的长
　　　　方体，如图 7-10 所示。

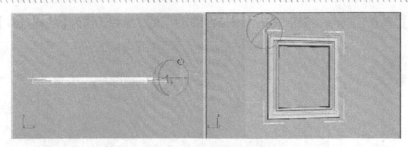

图 7-9　调整截面图形

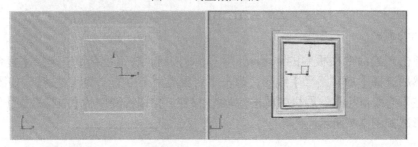

图 7-10　创建长方体

步骤 08 赋予材质后的效果如图 7-11 所示。

图 7-11　赋予材质后的效果

 所谓【子对象】是指构成对象的可操作和控制的组件。通过子对象可以深入到它的内部进行更细致的修改。放样对象的子对象就是构成放样对象的两个组件，即【路径】和【图形】。通过调整图形和路径的相对位置，使放样物体的形态产生变化，如图 7-12 所示。

图 7-12　调整图形的变化

7.1.3　放样的变形与子对象修改

【放样】功能之所以灵活，不仅仅在于可以通过它使二维图形有【厚度】，更重要的是【放样】自带了 5 个功能强大的修改命令，可以实现对放样对象的图形进行随意修改，这些修改命令包括【缩放】、【扭曲】、【倾斜】、【倒角】、【拟合】。

选中一个放样造型，单击 按钮，进入修改面板，在命令面板的最下面出现【变形】卷展栏，如图 7-13 所示。

图 7-13　【变形】卷展栏

主要选项解析如下：

- 【缩放】：路径截面 X、Y 轴向上的放缩变形。
- 【扭曲】：路径截面 X、Y 轴向上的旋转变形。
- 【倾斜】：路径截面 Z 轴向上的旋转变形。
- 【倒角】：产生倒角变形。
- 【拟合】：进行三视图拟合放样控制。

1.【缩放】

【缩放】变形通过控制线上的控制点来控制截面的缩放，以改变放样造型的具体形状。

【例题 2】制作洗手盆

步骤 01　单击桌面中的 按钮，启动 3ds Max 2014 软件。

步骤 02　单击 （应用程序）按钮，选择【重置】命令，重新设置系统。

步骤 03　单击菜单栏中的【自定义】|【单位设置】命令，在弹出的【单位设置】对话框中，单击 系统单位设置 按钮，在弹出的【系统单位设置】对话框中设置单位为【毫米】，然后确定操作。

步骤 04　单击 星形 按钮，在顶视图中创建【半径 1】为 100、【半径 2】为 90、【点】为 15、【圆角半径 1】为 8、【圆角半径 2】为 6 的星形作为【放样截面】，如图 7-14 所示。

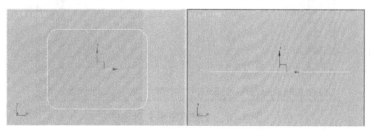

图 7-14　绘制矩形

步骤 05 单击 按钮，选择修改列表中的【编辑样条线】命令，按键盘中的数字 3 键，进入【样条线】子对象层级，然后选择样条线，在【编辑几何体】卷展栏中单击 轮廓 按钮，使用手动方式绘制样条线轮廓，如图 7-15 所示。

步骤 06 单击 线 按钮，在前视图中从上至下拉出一条直线作为【放样路径】，如图 7-16 所示。

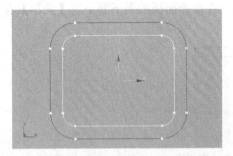

图 7-15 创建轮廓

图 7-16 【创建放样路径】

步骤 07 单击创建命令面板中的 标准基本体 按钮，在下拉菜单中选择【复合对象】选项。

步骤 08 选择【放样路径】线形，在【对象类型】中单击 放样 按钮，然后在【拾取目标】卷展栏中单击 获取图形 按钮，拾取视图中的【放样截面】线形，放样后的形态如图 7-17 所示。

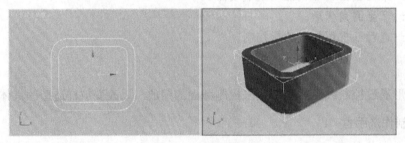

图 7-17 放样后的形态

步骤 09 单击 按钮，打开【变形】卷展栏。单击 缩放 按钮，弹出【缩放变形】对话框，然后单击 （插入角点）按钮，在控制线上添加控制点，用移动工具调整控制点，其形态如图 7-18 所示。

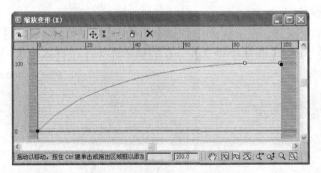

图 7-18 【缩放变形】对话框

步骤 10 变形后的形态如图 7-19 所示。

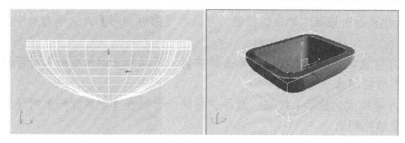

图 7-19　变形后的形态

步骤⑪　为其赋予材质的效果如图 7-20 所示。

图 7-20　赋予材质后的效果

【缩放变形】对话框中的相关参数介绍如下：

- （均衡）按钮：激活该按钮，将 X、Y 轴锁定共同编辑，使它们的控制状态完全一致。

- （显示 X 轴）按钮：激活该按钮，显示 X 轴变形控制线，在【缩放变形】对话框中显示为红色。

- （显示 Y 轴）按钮：激活该按钮，显示 Y 轴变形控制线，当（均衡）按钮不被激活时，在【缩放变形】对话框中显示为绿色。

- （显示 XY 轴）按钮：激活该按钮，同时显示 X、Y 轴变形控制线，可同时对其进行编辑。

- （交换变形曲线）按钮：单击该按钮，将 X、Y 轴变形控制线交换。

- （移动控制点）按钮：激活该按钮，可以移动变形控制线上的控制点位置，对于带调节杆的控制点，也可以调整调节杆的位置。按住按钮不放，可以看到其下还有两个按钮。激活（移动控制点）按钮，只能在水平方向上移动控制点和调节杆的位置。激活（移动控制点）按钮，只能在垂直方向上移动控制点和调节杆的位置。

- （缩放控制点）按钮：激活该按钮，可以垂直移动控制点的位置，但不能调整控制点调节杆的位置。

- （插入角点）按钮：激活该按钮，在变形控制线上单击，可以创建新的控制点，新控制点的类型为角。按住（插入角点）按钮不放，其下还有一个（插入 Bezier 点）按钮。激活（插入 Bezier 点）按钮，在变形控制线上单击，创建的新控制点为贝塞尔点。

- （删除控制点）按钮：单击该按钮，可以删除当前被选择的控制点。

- （重置曲线）按钮：单击该按钮，可以将变形控制线恢复为初始状态。

- （平移）按钮：激活该按钮，可以在【缩放变形】对话框中推动变形控制线，观察被遮住的部分。

- 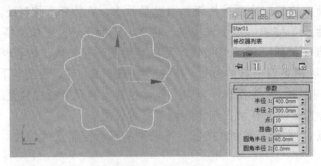 （最大化显示）按钮：单击该按钮，可以在【缩放变形】对话框窗口中完全显示变形控制线。
- （水平方向最大化显示）按钮：单击该按钮，可以在【缩放变形】对话框窗口水平方向上完全显示变形控制线。
- （垂直方向最大化显示）按钮：激活该按钮，可以在【缩放变形】对话框窗口垂直方向上完全显示变形控制线。
- （水平缩放）按钮：激活该按钮，可以在【缩放变形】对话框中拖曳鼠标，在水平方向上缩放显示变形控制线。
- （垂直缩放）按钮：激活该按钮，可以在【缩放变形】对话框中拖曳鼠标，在垂直方向上缩放显示变形控制线。
- （缩放）按钮：激活该按钮，可以在【缩放变形】对话框中拖曳鼠标，整体缩放变形控制线的显示效果。
- （缩放区域）按钮：激活该按钮，可以在【缩放变形】对话框中框选某一区域将其放大显示。

2.【扭曲】变形

使用变形扭曲可以沿着对象的长度创建盘旋或扭曲的对象。扭曲将沿着路径指定旋转量。

【例题 3】:【扭曲】变形的应用

步骤 01 单击 （应用程序）按钮，选择【重置】命令，重新设置系统。

步骤 02 单击菜单栏中的【自定义】|【单位设置】命令，在弹出的【单位设置】对话框中，单击 系统单位设置 按钮，在弹出的【系统单位设置】对话框中设置单位为【毫米】，然后确定操作。

步骤 03 单击 星形 按钮，在顶视图中创建星形，如图 7-21 所示。

图 7-21　创建星形

步骤 04 单击 按钮，选择修改命令面板中的【编辑样条线】命令，按键盘中的 1 键，进入【顶点】子对象层级，选择内侧所有顶点，如图 7-22 所示。

步骤 05 在【编辑点】卷展栏中设置倒角值为 50，再单击 圆角 按钮，倒角顶点的形态如图 7-23 所示。

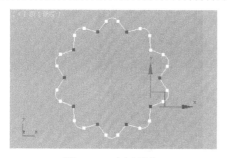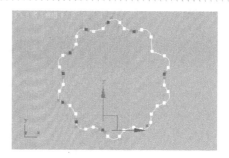

图 7-22　选择顶点　　　　　　　图 7-23　倒角顶点的形态

步骤06　单击 ▭线 按钮，在前视图中绘制一条直线，作为【放样路径】。

步骤07　选择线形，单击创建命令面板中的 标准基本体 ▼ 按钮，在下拉列表中选择【复合对象】选项。选择【放样路径】线形，在【对象类型】下单击 放样 按钮，然后在【拾取目标】卷展栏中单击 获取图形 按钮，拾取视图中的【放样截面】线形，放样后的形态如图 7-24 所示。

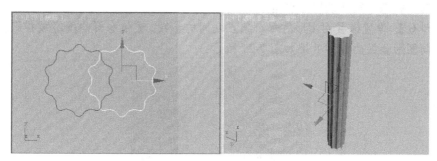

图 7-24　放样后的形态

步骤08　单击 ▱ 按钮，打开【扭曲】卷展栏，单击 扭曲 按钮，在弹出的【扭曲变形】对话框中调整控制点，如图 7-25 所示。

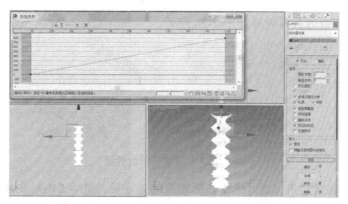

图 7-25　【扭曲变形】对话框及变形后的形态

步骤09　通过上面变形结果不难发现这并不是我们想要的效果，打开【蒙皮参数】卷展栏，设置【路径步数】为 40，其效果如图 7-26 所示。

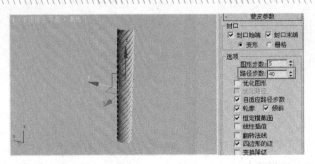

图 7-26　调整【路径步数】后的形态

【蒙皮参数】卷展栏中的主要参数介绍如下：

- 【封口始端】：如果启用，则路径第一个顶点处的放样端被封口。如果禁用，则放样端为打开或不封口状态。默认设置为启用。
- 【封口末端】：如果启用，则路径最后一个顶点处的放样端被封口；如果禁用，则放样端为打开或不封口状态，默认设置为启用。
- 【图形步数】：设置横截面图形的每个顶点之间的步数。该值会影响围绕放样周界的边的数目。设置不同图形步数的放样效果如图 7-27 所示。

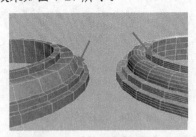

图 7-27　不同图形步数效果

- 【路径步数】：设置路径的每个主分段之间的步数。该值会影响沿放样长度方向的分段数目。设置不同路径步数的放样效果如图 7-28 所示。

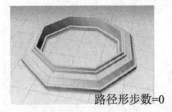
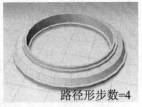

路径形步数=0　　　　　　　路径形步数=4

图 7-28　不同路径步数效果

- 【优化图形】：如果启用，则对于横截面图形的直分段，忽略【图形步数】。如果路径上有多个图形，则只优化在所有图形上都匹配的直分段。默认设置为禁用状态。
- 【优化路径】：如果启用，则对于路径的直分段，忽略【路径步数】。【路径步数】设置仅适用于弯曲截面，仅在【路径步数】模式下才可用，默认设置为禁用状态。
- 【翻转法线】：如果启用，则将法线翻转 180 度。可使用此选项来修正内部外翻的对象。默认设置为禁用状态。

3.【拟合】

使用拟合变形可以使用两条【拟合】曲线来定义对象的顶部和侧剖面。想通过绘制放样对象的剖面来生成放样对象时，就使用【拟合】变形。如图 7-29 所示。

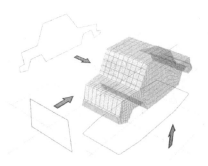

图 7-29　拟合曲线定义放样图形

拟合图形实际上是缩放边界。当横截面图形沿着路径移动时，缩放 X 轴可以拟合 X 轴拟合图形的边界，而缩放 Y 轴可以拟合 Y 轴拟合图形的边界。

拟合变形对话框如图 7-30 所示。

图 7-30　【拟合变形】对话框

【拟合变形】对话框中的相关参数介绍如下：

- 【水平镜像】：沿水平轴镜像图形。
- 【垂直镜像】：沿垂直轴镜像图形。
- 【逆时针旋转 90 度】：逆时针将图形旋转 90 度。
- 【顺时针旋转 90 度】：顺时针将图形旋转 90 度。
- 【删除控制点】：删除选定的控制点。
- 【重置曲线】：将显示的【拟合】曲线替换为 100 个单位宽且中心在路径上的矩形。如果【均衡】处于启用状态，即使只显示一条曲线，也将重置两条【拟合】曲线。
- 【删除曲线】：删除显示的【拟合】曲线。如果【均衡】处于启用状态，即使只显示一条曲线，也将删除两条【拟合】曲线。
- 【获取图形】：可以选择用于【拟合】变形的图形。单击【获取图形】，然后在视口中单击要使用的图形。
- 【生成路径】：将原始路径替换为新的直线路径。

7.1.4 多截面放样

在放样物体的一条路径上，允许有多个不同的截面图形存在，它们共同控制放样物体的外形。

【例题4】 多截面放样的应用

步骤 01　重新设置系统。

步骤 02　在顶视图中绘制多个截面图形，在前视图中绘制直线，如图 7-31 所示。

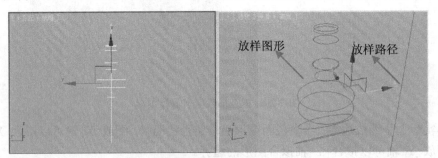

图 7-31　绘制线形

步骤 03　在视图中选择直线，单击创建命令面板中的 ⊙ 按钮，选择【标准基本体】下的选项，单击 获取图形 按钮，拾取场景中的图形 1，其形态如图 7-32 所示。

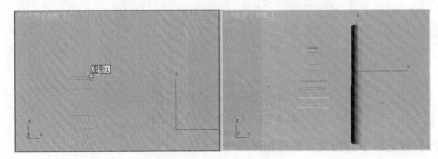

图 7-32　放样后的形态

步骤 04　在【路径参数】卷展栏中设置路径值为 2，再单击 获取图形 按钮，拾取图形 1，放样结果如图 7-33 所示。

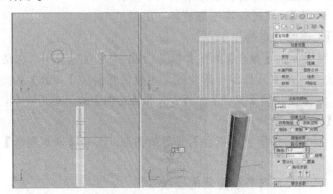

图 7-33　放样结果

148

步骤 05　再设置路径值为 10，再单击 获取图形 按钮，拾取图形 3，放样结果如图 7-34 所示。

步骤 06　设置路径值为 11，再单击 获取图形 按钮，拾取图形 4，放样结果如图 7-35 所示。

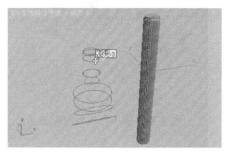
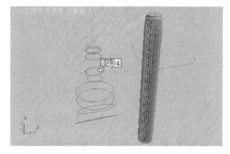

图 7-34　路径值为 10 时的放样效果　　　　图 7-35　路径值为 11 时的放样效果

步骤 07　设置路径值为 12，再单击 获取图形 按钮，拾取图形 5，放样结果如图 7-36 所示。

步骤 08　设置路径值为 15，再单击 获取图形 按钮，拾取图形 6，放样结果如图 7-37 所示。

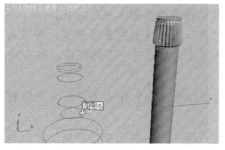
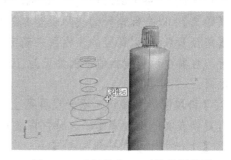

图 7-36　路径值为 12 时的放样效果　　　　图 7-37　路径值为 15 时的放样效果

步骤 09　设置路径值为 30，再单击 获取图形 按钮，拾取图形 7，放样结果如图 7-38 所示。

步骤 10　设置路径值为 80，再单击 获取图形 按钮，拾取图形 8，放样结果如图 7-39 所示。

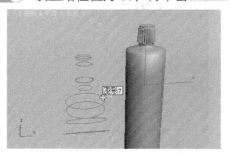
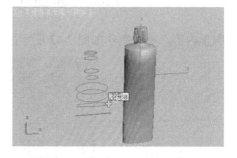

图 7-38　路径值为 30 时的放样效果　　　　图 7-39　路径值为 80 时的放样效果

步骤 11　设置路径值为 100，再单击 获取图形 按钮，拾取图形 9，放样结果如图 7-40 所示。

步骤 12　打开材质编辑器，为其赋予材质，其效果如图 7-41 所示。

图 7-40　放样后的形态

图 7-41　赋予材质后的形态

【路径参数】卷展栏中的相关参数介绍如下：

- 【路径】：设置数值，以确定插入点在路径上的位置，它的值含义由【百分比】、【距离】、【路径步数】三个参数项决定。
- 【百分比】：将全部路径设为 100%，根据百分比来确定插入点的位置。
- 【距离】：以全部路径的实际长度为总数，根据具体数值确定插入点的位置。
- 【路径步数】：以路径的步幅数来确定插入点的位置。勾选【启用】复选框，可以启动捕捉设置，在其中设置捕捉值，例如设为 10，在百分率方式时每调节一下路径值，都会跳越 10% 的距离。
- ↖【拾取图形】按钮：用于在屏幕上手动选择截面图形，将它作为当前所在的位置，可以进行更换或其他修改操作，这时它将显示为绿色。
- ↕【上一个图形】按钮和↑【下一个图形】按钮：用于上下翻动截面图形，可以在各个截面图形之间转换，一个向后跳一个，一个向前跳一个。

7.2　综合范例一——制作餐桌

根据所学内容，练习制作如图 7-42 所示的餐桌。

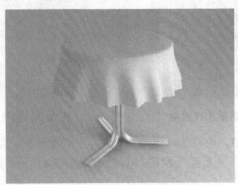

图 7-42　餐桌效果图

操作过程：

步骤 01　单击菜单栏中的【自定义】|【单位设置】命令，在弹出的【单位设置】对话框中单击 系统单位设置 按钮，设置系统单位为【毫米】。

步骤 02　单击　星形　按钮，在顶视图中绘制【半径1】为 800、【半径2】为 700 的星形，作为【放样截面 1】，如图 7-43 所示。

步骤 03　选择修改命令面板中的【编辑样条线】命令，按快捷键 1，进入【顶点】子对象层级，调整顶点，如图 7-44 所示。

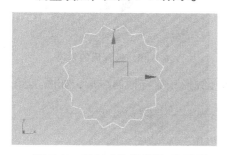

图 7-43　绘制【放样截面 1】线形

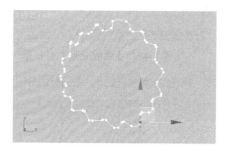

图 7-44　调整后的形态

步骤 04　单击　圆　按钮，在顶视图中绘制【半径】为 770 的圆形，作为【放样截面 2】 如图 7-45 所示。

步骤 05　在前视图中绘制一条直线作为【放样路径】，如图 7-46 所示。

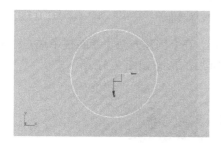

图 7-45　绘制【放样截面 2】

图 7-46　绘制【放样路径】

步骤 06　在视图中选择放样路径，单击　放样　按钮，在【创建方法】卷展栏中单击　获取图形　按钮，然后拾取场景中的放样【截面 1】，再设置【路径】为 10，单击　获取图形　按钮，拾取放样【截面 2】，放样后的形态如图 7-47 所示。

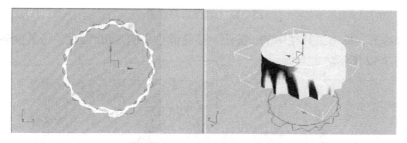

图 7-47　放样后的形态

步骤 07　单击　（修改）按钮，在【变形】卷展栏中单击　缩放　按钮，在弹出的【缩放变形】对话框中单击　（插入角点）按钮，添加控制点，用移动工具调整控制点，如图 7-48 所示。处理后的效果如图 7-49 所示。

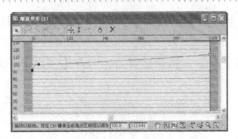

图 7-48　【缩放变形】对话框　　　　　　图 7-49　处理后的效果

步骤 08　单击 ▭▭ 按钮，在前视图中绘制放样路径线形和放样截面线形，如图 7-50 所示。

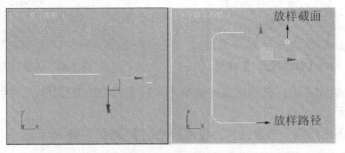

图 7-50　放样路径和放样截面

步骤 09　在视图中选择放样路径，单击 ▭ 放样 ▭ 按钮，在【创建方法】卷展栏中单击 ▭ 获取图形 ▭ 按钮，然后拾取场景中的放样【放样图形】，放样后的形态如图 7-51 所示。

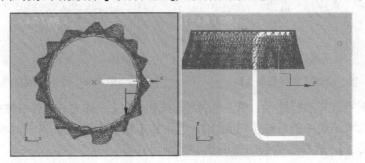

图 7-51　放样后的效果

步骤 10　选择线形，单击工具栏中的 ▭ 按钮，按住键盘中的 Shift 键盘，将其旋转复制，调整位置如图 7-52 所示。

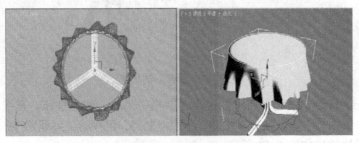

图 7-52　复制后的形态

7.3　布尔运算

在三维建模中，除了使用各种修改命令修改三维模型之外，还可以结合【布尔】运算功能完成更为复杂的建筑模型。【布尔】是一种重要的建模方法，使用该命令可以将两个以上的三维物体进行相加、相减、相交或切割等运算，完成其他创建、修改命令难以实现的效果。

【例题 5】布尔运算的一般操作过程

步骤 01　在视图中创建造型，如图 7-53 所示。

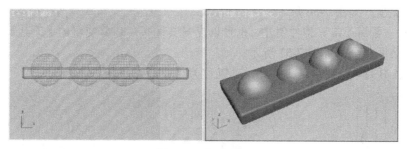

图 7-53　创建造型

步骤 02　在布尔运算前，将被布尔运算的物体转为一个对象。选择其中一个球体，单击鼠标右键，在弹出的右键菜单中选择【转换为】|【转换为可编辑多边形】命令，然后单击 按钮，在【编辑几何体】卷展栏中单击 附加 按钮，将所有球体附加在一起，如图 7-54 所示。

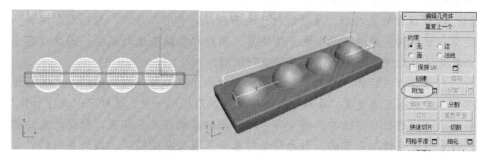

图 7-54　球体附加后的形态

步骤 03　选择切角长方体，单击 布尔 按钮，再单击 拾取操作对象 B 按钮，拾取场景中附加的球体，布尔运算后形态如图 7-55 所示。

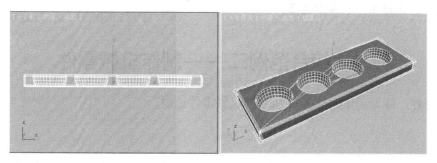

图 7-55　布尔运算的形态

主要参数解析如下:

- 【操作对象】: 显示的是运算对象,用来进行编辑修改。
- 【A:】(运算对象 A): 运算对象 A 的名称。
- 【B:】(运算对象 B): 运算对象 B 的名称。
- 【拾取操作对象】: 该选项只有在进入修改状态下才会生效,它可以将布尔运算的对象返还给场景,这样被复制的对象可以供其他操作使用。
- 【操作】: 用来设置 A 与 B 布尔运算的结果,共有三种情况,即并集、交集、差集。
- 【并集】: 布尔运算的结果是参加运算的两个对象的并集,也就是融合的效果,在建筑模型中,一般不用此项。如图 7-56 所示。
- 【交集】: 一般用于单一构件创建,也可以充当其他布尔运算使用的【工具】。其运算的结果是两物体的公共部分。如图 7-57 所示。
- 【差集(A-B)】: 是最常见的一种,可以称为【雕刻】。如图 7-58 所示。

图 7-56 并集　　　　　　　　　图 7-57 交集　　　　　　　　　图 7-58 差集

在进行布尔运算过程中需要注意以下几点:

3ds Max 提供恢复功能,该功能对于大多数操作都可以返回,包括布尔运算。但是布尔运算一旦出错,用返回命令也无法恢复,所建模型就会遭到破坏。因此在布尔运算前有必要先保存文件,万一出错,可以重新调用。

执行布尔运算以后的对象最好用塌陷命令对布尔运算物体进行塌陷,尤其在进行多次布尔计算时显得尤为重要,每做一次布尔运算就应塌陷一次,这样可以减少物体的面片数。

要想成功地进行布尔运算,两个布尔运算的对象就应充分相交,所谓的充分相交是相对于对象边对齐情况而言的。因为两个对象如果有公共边情况,该公共边的计算归属就成了问题,这极易使布尔运算失败。

解决的方法很简单,使两个对象不共面即可。

布尔运算只能在单个元素间稳定操作。完成一次布尔运算后,需要单击【拾取操作对象 B】,再选择下一个布尔运算。

7.4　综合范例二——制作机械零件

根据所学内容,练习制作如图 7-59 所示的机械零件造型。

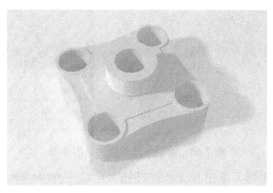

图 7-59　制作机械零件造型

操作过程：

步骤 01　单击 矩形 按钮，在顶视图中创建【长度】为 400、【宽度】为 400、【角半径】为 60 的矩形，如图 7-60 所示。

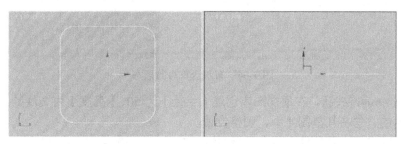

图 7-60　创建矩形

步骤 02　执行修改命令面板中的【编辑样条线】命令，进入【顶点】子对象层级，调整顶点，其形态如图 7-61 所示。

步骤 03　执行修改命令面板中的【挤出】命令，设置挤出数量为 100，如图 7-62 所示。

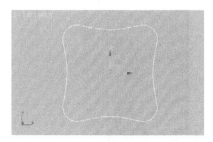

图 7-61　调整顶点的形态

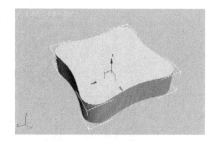

图 7-62　挤出后的形态

步骤 04　单击 线 按钮，在顶视图中绘制线形，执行修改命令面板中的【挤出】命令，设置挤出数量为 100，如图 7-63 所示。

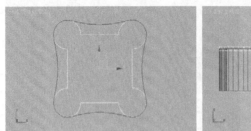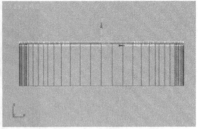

图 7-63　绘制线形及挤出后的形态

步骤 05　选择挤出后的矩形，单击 布尔 按钮，再单击 拾取操作对象 B 按钮，拾取场景中挤出的线
　　　　形，布尔运算后形态如图 7-64 所示。

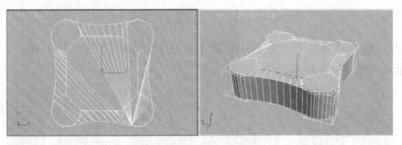

图 7-64　布尔运算后的形态

步骤 06　单击 圆柱体 按钮，在顶视图中创建【半径】为 50、【高度】为 200 的圆柱体，再用移动
　　　　复制的方法将其复制 4 个，调整位置。

步骤 07　选择其中一个圆柱体，单击鼠标右键，在弹出的右键菜单中选择【转换为】|【转换为可
　　　　编辑多边形】命令，然后单击 按钮，在【编辑几何体】卷展栏中单击 附加 按钮，将
　　　　所有圆柱体附加在一起，如图 7-65 所示。

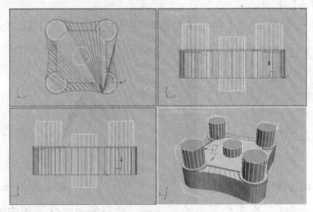

图 7-65　附加圆柱体

步骤 08　选择挤出后的矩形，单击 布尔 按钮，再单击 拾取操作对象 B 按钮，拾取场景中挤出的线
　　　　形，布尔运算后形态如图 7-66 所示。

步骤 09　单击 （创建）命令面板中的 按钮，在【标准基本体】下拉列表中选择【扩展基本体】，
　　　　如图 7-67 所示。

步骤 10　单击 软管 按钮，在顶视图中创建软管，单击 按钮，设置如图 7-68 所示的参数。

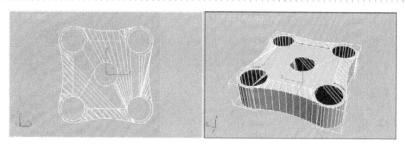

图 7-66　布尔运算后的形态

图 7-67 创建命令面板

图 7-68　软管参数设置

步骤 11 创建后的软管造型，如图 7-69 所示。

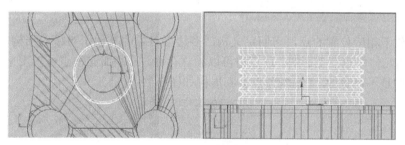

图 7-69　创建软管

步骤 12 单击 圆柱体 按钮，在顶视图中创建【半径】为 50，【高度】为 129 的圆柱体，调整位置如图 7-70 所示。

图 7-70　创建圆柱体

步骤 13 在视图中选择软管造型，单击 布尔 按钮，再单击 拾取操作对象 B 按钮，拾取场景中创建的圆柱体，布尔运算后的形态如图 7-71 所示。

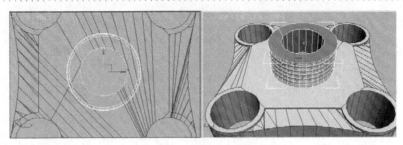

图 7-71　布尔运算后的形态

步骤⑭　打开材质编辑器，为零件赋予金属材质，渲染后的效果如图 7-59 所示。

7.5　编辑多边形

多边形物体是一种网格物体，它在功能及使用上几乎与【编辑网格】是一致的。不同的是【编辑网格】是由三角面构成的框架结构，而【编辑多边形】既可以是三角网格模型，也可以是四边网格模型，也可能是更多。

7.5.1　编辑顶点

【顶点】是位于相应位置的点，它们定义构成多边形对象的其他子对象的结构。当移动或编辑顶点时，它们形成的几何体也会受影响。顶点也可以独立存在，这些孤立顶点可以用来构建其他几何体，但在渲染时，它们是不可见的，【编辑顶点】卷展栏如图 7-72 所示。

图 7-72　【编辑顶点】卷展栏

1．移除

去除当前选择的顶点和删除顶点不同，去除顶点不会破坏表面的完整性，被去除的顶点周围的点会重新进行结合。选择顶点，单击【编辑顶点】卷展栏中的　移除　按钮，移除顶点，如图 7-73 所示。

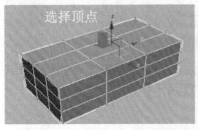
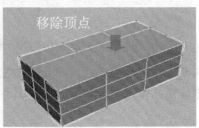

图 7-73　移除顶点

选择顶点，按 Delete 键，是删除顶点，这样会在网格中创建一个或多个洞。

2．断开

在与选定顶点相连的每个多边形上，都创建一个新顶点，这可以使多边形的转角相互分开，使它们不再相连于原来的顶点上。如果顶点是孤立的或者只有一个多边形使用，则顶点将不受影响，如图7-74 所示。

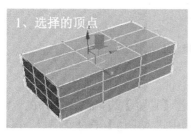 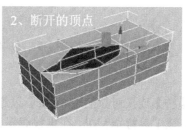

图 7-74　断开顶点

3．挤出

在视图中通过手动方式对选择点进行挤压操作。拖动鼠标时，选择点会沿着法线方向在挤压的同时创建出新的多边形表面，如图 7-75 所示。

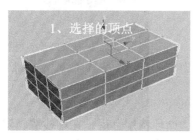 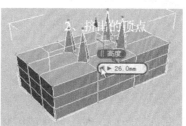

图 7-75　挤出顶点

4．切角

单击 切角 按钮，然后在对象中拖动顶点。如果用数字切角顶点，可单击【切角】右侧的□（设置）按钮，然后使用参数进行切角。如图 7-76 所示。

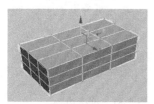 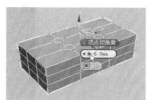 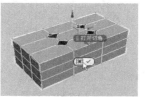

选择顶点　　　　　　切角的顶点　　　　启用"打开"切角的顶点

图 7-76　切角

7.5.2　编辑边

边是连接两个顶点的直线，它可以形成多边形的边，不能由两个以上多边形共享。【边】和【边界】

子对象的一些命令功能与【顶点】子对象级相关的命令功能相同，下面我们简单介绍【编辑边】参数。【编辑边】卷展栏如图 7-77 所示。

图 7-77 【编辑边】卷展栏

1. 桥

使用多边形的【桥】连接对象的边。【桥】只连接【边界】边，也就是只在一侧有多边形的边。创建边循环或剖面时，该工具特别有用。在堆栈编辑器中进入【边】子对象层级，选择如图 7-78 所示边。然后单击 桥 右侧的□（设置）按钮，设置参数后确定操作，如图 7-79 所示。

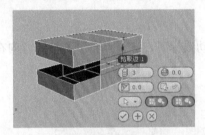
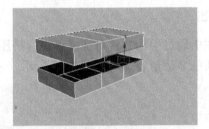

图 7-78 选择边　　　　　　　　　　　图 7-79 使用桥

2. 连接

在每对选定边之间创建新边。对于创建或细化边循环特别有用。在堆栈编辑器中进入【边】子对象层级，选择如图 7-80 所示的边。然后单击 连接 右侧的按钮□（设置），设置【连接边】为 5 的形态如图 7-81 所示。

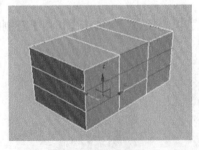
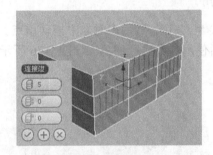

图 7-80 选择边　　　　　　　　　　　图 7-81 连接边

3. 挤出

直接在视口中操纵时，可以手动挤出边。单击此按钮，然后垂直拖动任何边，以便将其挤出。如图 7-82 所示。

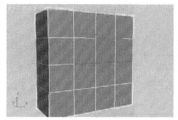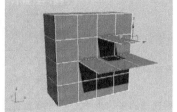

图 7-82 选择及挤出边的形态

4．切角

单击 切角 按钮，然后拖动活动对象中的边。如果采用数字方式对边进行切角处理，单击切角右侧的▢按钮，然后更改【切角量】值即可。使用切角效果如图 7-83 所示。

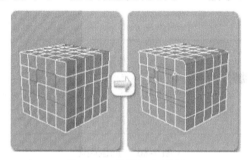

图 7-83 使用切角效果

7.5.3 编辑多边形

多边形是由曲面连接的三条或多条边的闭合序列，在这个子对象层级中，可选择单个或多个多边形，然后对它们进行编辑，【编辑多边形】卷展栏如图 7-84 所示。

图 7-84 【编辑多边形】卷展栏

1．挤出

按下该按钮后，可以在视图中通过手动方式对选择多边形进行挤压操作。拖动鼠标时，多边形会沿着法线方向在挤压的同时创建出新的多边形表面。选择面，然后单击挤出右侧的按钮，会弹出【挤出多边形】对话框，如图 7-85 所示。

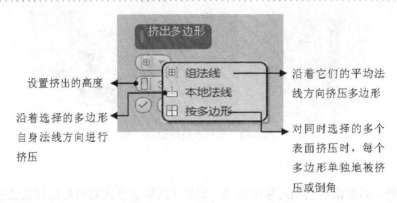

图 7-85 【挤出多边形】对话框

多边形挤出类型如图 7-86 所示。

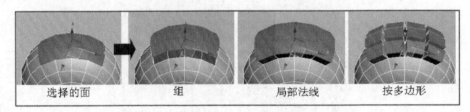

图 7-86 挤出类型

2．倒角

对选择的多边形进行【挤压】和【轮廓】处理。不同的选项设置会产生不同的效果。如图 7-87 所示。

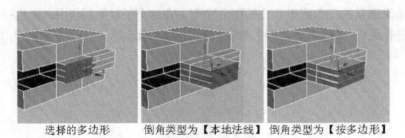

图 7-87 倒角多边形

3．轮廓

用于增加或减小每组连续的选定多边形的外边。如图 7-88 所示分别为负值和正值的轮廓效果。

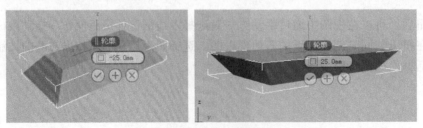

图 7-88 轮廓值分别为负值和正值效果

几乎所有的几何体类型都可以塌陷为可编辑多边形网格，曲线也可以塌陷，封闭的曲线可以塌陷为曲面，这样我们就得到了多边形建模的原料多边形曲面。如果不想使用塌陷操作的话（因为这样被塌陷物体的修改历史就没了），还可以给它指定一个【编辑多边形】修改命令。

7.6　综合范例三——制作广告牌

下面通过路边广告牌的制作，学习【编辑多边形】命令的应用，如图 7-89 所示。

图 7-89　广告牌效果

操作过程：

步骤 01　重新设置系统。

步骤 02　单击 切角长方体 按钮，在顶视图中创建切角长方体，参数设置及形态如图 7-90 所示。

步骤 03　选择修改命令面板中的【编辑多边形】命令，按键盘中的 1 键，进入【顶点】子对象层级，调整顶点的位置如图 7-91 所示。

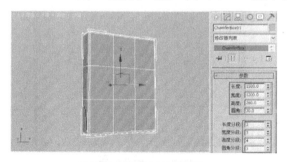
图 7-90　创建切角长方体

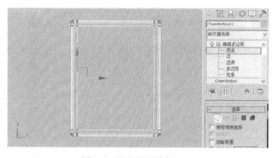
图 7-91　调整顶点

步骤 04　按键盘中的 4 键，进入【多边形】子对象层级，在透视图中选择多边形，在【编辑多边形】卷展栏中单击 挤出 右侧的 按钮，设置挤出数量为-20，如图 7-92 所示。

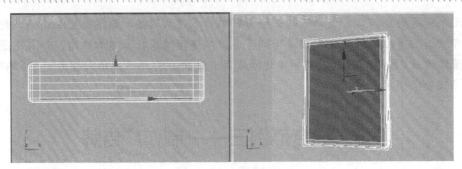

图 7-92　挤出多边形

步骤 05　用同样的方法挤出另外一面。

步骤 06　在顶视图中使用框选的方法选择多边形，设置挤出高度为-20，选择【挤出类型】为【局部法线】类型，如图 7-93 所示。

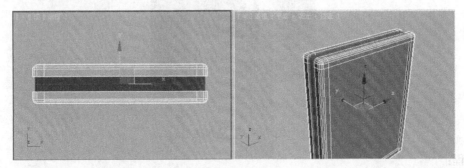

图 7-93　挤出多边形

步骤 07　按键盘中的数字 2 键，进入【边】子对象层级，在透视图中选择如图 7-94 所示的边，在【编辑多边形】卷展栏中单击　连接　右侧的■按钮，将选择的边细分为 2 段，设置【收缩】值为 45，如图 7-95 所示。

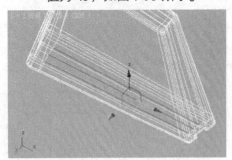

图 7-94　选择的边

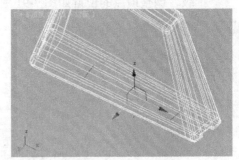

图 7-95　细分的边

步骤 08　进入【多边形】子对象层级，在透视图中选择多边形，为其施加挤出命令，设置挤出数量为 300，如图 7-96 所示。

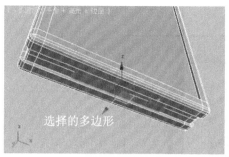

选择的多边形

挤出多边形的形态

图 7-96　选择及挤出的多边形

步骤 09　按键盘中的 M 键，打开材质编辑器，为其赋予材质。其效果如图 7-89 所示。

7.7　思考与总结

7.7.1　知识点思考

思考题一

怎样避免在布尔运算中出现错误？以及布尔运算的具备条件是什么？

思考题二

使用放样命令制作方形房子的石膏线时，放出来的花边总是向里面，如何解决？

7.7.2　知识点总结

本章主要讲解了【放样】、【布尔运算】和【编辑多边形】等几种高级建模的方法，通过以上讲解的建模方法，让我们明白效果图的制作方法有多种，只要大家在掌握命令的同时能灵活运用，那么看上去再复杂的造型到你手里都会变得轻而易举。希望读者朋友能够融会贯通，举一反三，真正掌握三维建模方法。

通过本章的学习，重点需要掌握的以下知识：

（1）多边形建模是基于多边形的点和面的模型形式，擅长制作规则几何体和表面坚硬的物体（即常见建筑、装潢模型）。

（2）在操作时应注意一些问题：一、保证参加运算的物体法线方向保持一致；二、使参加布尔运算的物体有相近的段数，这样可以避免错误的发生；三、布尔运算的物体表面要充分相交，不能有共面；四、每次只能进行两个物体的布尔运算操作，对下一个物体进行运算前，应先退出布尔运算窗口。

7.8　上机操作题

7.8.1　操作题一

综合运用所学知识，绘制如图 7-97 所示的轮胎。本作品参见本书光盘【第 7 章】|【操作题】目

录下的【轮胎.max】文件。

图 7-97　操作题一

7.8.2　操作题二

综合运用所学知识，绘制如图 7-98 所示的显示器。本作品参见本书光盘【第 7 章】|【操作题】目录下的【显示器.max】文件。

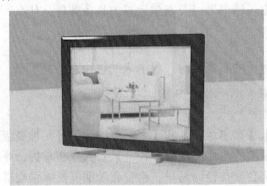

图 7-98　制作显示器

第8章 材质类型的应用

在上一章中，我们学习了高级建模的一些基本操作方法和技巧，在本章中，我们就来学习材质类型的一些基本的应用。在效果图制作过程中，材质对于场景的表现起着举足轻重的作用。无论模型建得多么精致、漂亮，如果材质制作的不逼真，材质调配的不合适，模型的真实效果也是出不来的。由此看来，材质对于建模者来说，是一项特别需要重点加强的高级技能。

本章内容如下：

- 什么是材质
- 材质编辑器
- 材质类型
- 综合范例——储物柜材质
- 思考与总结
- 上机操作题

8.1 什么是材质

通俗地讲，材质就是颜色。在 3ds Max 中我们可以调整颜色的组成、分布以及透明的程度，当我们将调整好的颜色赋予场景中的造型时，颜色按照一定的坐标系统均匀地涂在造型的表面上，从而使造型更加生动。我们也可以调用现成的图片，如木纹、砖墙照片，然后将其铺在物体表面，用来模拟真实的材料。在行内有一句话【三分建模，七分材质。】足以说明材质的重要性。正是有了这些属性，才能让我们识别三维中的模型是什么做成的，也正是有了这些属性，我们电脑三维的虚拟世界才会和真实世界一样缤纷多彩。如图 8-1 所示。

图 8-1 赋予材质的效果

由上图可以看出，材质就像颜料一样。利用材质，可以使苹果显示为红色，桔子显示为橙色。可以为铬合金添加光泽，为玻璃添加抛光。总之，材质可以使场景看起来更加真实。

8.2 材质编辑器

3ds Max 中的材质是一个比较独立的概念，它可以为模型表面加入色彩、光泽和纹理。所有的材质都是在【材质编辑器】中编辑和指定的。可以按下主工具栏中的 （材质编辑器）按钮或按下键盘中的 M 键，打开材质编辑器窗口，在默认情况下打开的材质编辑器是【Slate 材质编辑器】，如图 8-2 所示。

【Slate 材质编辑器】是 Autodesk 3ds Max 2011 的新增功能。在对话框中，材质和贴图显示为可以关联在一起以创建材质树的节点，包括在明暗器之外产生的现象。

图 8-2 【Slate 材质编辑器】显示模式

如果用户在 Autodesk 3ds Max 2011 发布之前使用过 3ds Max，精简材质编辑器应当是用户熟悉的界面。单击菜单栏中的【模式】|【精简材质编辑器】命令，就会弹出熟悉的【精简材质编辑器】界面，如图 8-3 所示。它是一个相当小的对话框，其中包含各种材质的快速预览。如果用户要指定已经设计好的材质，那么精简材质编辑器仍是一个实用的界面。

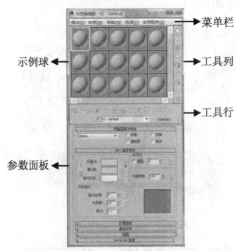

图 8-3 精简材质编辑器

材质编辑器是一个内容复杂的浮动窗口。下面，以【精简材质编辑器】显示模式为例，学习命令的应用。其中，材质编辑器上部不能活动的部分为材质编辑器的固定界面。固定界面主要包括菜单栏、示例球、工具行和工具列四个部分。

一般三维软件中的材质都是虚拟的，和真实世界中的物理材质的概念不同。最终渲染的材质效果与模型表面的材质特性、模型周围的光归类、模型周边的环境都有关系。在熟练掌握渲染技术之后，应当在三者之间进行反复调节，而不是只调节其中的一种或两种。例如，一个材质是黄色反光材质，在红光照射下会变为橙色，光越弱其反光效果也越弱；一个带有反射效果的透明玻璃杯，周围的环境会影响其反射和折射效果。所以即便有现成的材质库，也要根据所处的场景环境再次调节。

材质除了和灯光、环境有紧密的关系外，还和渲染器（渲染引擎）有密切联系。3ds Max 自身的渲染器随着版本的更新在不断地进行完善。

8.2.1　菜单栏

菜单栏位于【材质编辑器】对话框的最上端。它包含了【模式】、【材质】、【导航】、【选项】、【工具】等内容。

8.2.2　示例球

示例球是我们观察调整材质、贴图的窗口。每一个示例球显示一种材质或贴图，当我们要编辑一种材质的时候，首先要选中一个示例球，选中了的示例球被白色的线框包围；当我们编辑另外一种材质时，则需要选中另外一个空白的示例球，因为如果要在一个用过的示例球上编辑材质将会把原先的材质冲掉。

在材质编辑器中共有 24 个示例球。系统默认的示例球显示方式为 3×2，即一排三个共两排，如图 8-4 所示。拖动示例球下边或右边的滑动块可以看到其他的示例球。

我们也可改变示例球的显示数量。单击工具列中的 □（选项）按钮，在弹出的对话框中选择【示例窗】下的 3×2、5×3、6×4。当我们选中 6×4 时，示例窗显示的状态如图 8-5 所示。

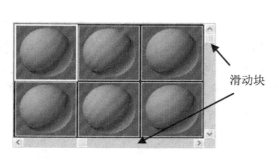

图 8-4　示例球的 3×2 显示状态

滑动块

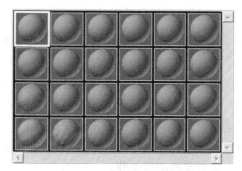

图 8-5　示例球 6×4 显示状态

或者在激活的示例窗上按下鼠标右键，可以弹出一个快捷菜单，然后在弹出的右键菜单中选择示例球的显示数量，如图 8-6 所示。

示例球是用来显示材质的，因此示例球越大，显示的材质越清晰，在示例球上双击鼠标左键将会弹出一个单独的示例球窗口，将光标放到窗口的边缘可以缩放窗口的大小，如图 8-7 所示。

图 8-6　显示示例球的快捷菜单　　　　　　图 8-7　单独的示例球窗口

材质示例窗是显示材质效果的窗口。在示例窗中，窗口都以黑色边框显示，当前正在编辑的材质称为激活材质，它具有白色边框，这一点与激活视图的概念相同，如果要对材质进行编辑，首先要在其上单击鼠标左键（右键也可以），将它激活。从图 8-8 中可以看出，边框上有三角形标志的示例窗，也有没有三角标志的示例窗。

图 8-8　示例窗形态

 当示例球不够用的时候，尤其在制作的场景时会用到比示例球数量多的材质。但是，我们说一个示例球显示一种材质，而不是存储一种材质，当一种材质被赋到场景时，并且这种材质不是同步材质，我们可以重新设置这个已经用过的示例球了。

8.2.3　工具列

示例窗右侧有一列按钮组成【材质编辑器】对话框中的工具列，工具列中的工具按钮主要用于调整示例窗中材质的显示状态。

- ○（示例球类型）按钮：在【材质编辑器】对话框工具列中默认显示○【示例球类型】按钮。用鼠标左键按住该按钮不放，可以选择其他两种【柱体样本】按钮和【方体样本】按钮。这类按钮决定了示例窗的显示形态，便于我们观察同一种材质在不同形态样本上的效果。
- 【背光】按钮：激活该按钮，示例窗内的示例球上出现背景光效果。若将该按钮关闭，背景光效果消失。主要用于观察有背景光存在时材质的效果。
- （背景）按钮：激活该按钮，在示例窗内的背景显示为彩色方格背景。该按钮主要用于透明材质的编辑制作。
- （示例球平铺次数）按钮：主要用来观察贴图的重复效果。在此按钮上按住鼠标左键，展开三个新按钮：、和。这些按钮的设置只改变示例窗中材质的显示状态，并不对材质产生实际的影响。
- （视频颜色检查）按钮：此按钮用于检查材质表面色彩是否有超过视频限制的，主要应用于动画制作。
- （制作预览）按钮：主要用于动画制作。在此按钮上按住鼠标左键，展开三个新按钮：、和。

- （选项）按钮：单击该按钮，弹出【材质编辑器选项】对话框，它用于对【材质编辑器】对话框进行设置。

- （按材质选择）按钮：此按钮主要用于选择场景中赋有当前材质的造型。

- （材质/贴图导航器）按钮：在材质的各层级之间来回切换，有时我们就不容易搞清楚究竟现在位于哪一个层级。利用按钮就可以比较清楚地处理层级复杂的材质。在【材质编辑器】对话框中单击按钮，会弹出一个【材质/贴图导航器】对话框。在这个对话框中清楚地列出了材质的各层级和层级间的关系，不管你想进入哪一个层级，只要在【材质/贴图导航器】对话框中单击该层级即可。

8.2.4　工具行

工具行共包含 12 个按钮，这些按钮主要起到获取材质、将材质赋到物体上等作用。

- （获取材质）按钮：单击该按钮可以打开【材质／贴图浏览】对话框，用来调用或浏览材质及贴图。

- （赋材质到场景）按钮：如果当前示例窗中的材质为非同步材质，且其与场景中的造型同名。可以通过单击该按钮将当前材质重新赋予此同名造型，当前材质同时被修改为同步材质。

- （将材质赋给被选择物体）按钮：单击该按钮，是将当前示例窗中的材质赋予场景中被选择的造型。当前材质为同步材质。

- （重设材质/贴图到缺省设定）按钮：单击该按钮，可以对当前层级以下的材质参数进行重设定。

- （复制材质）按钮：可以通过单击该按钮，将同步材质修改为非同步材质。该按钮只在当前材质为同步材质时可用。

- （使独立）按钮：可以通过单击该按钮，将材质的关联复制品分离出来，单独进行修改。

- （保存到当前材质库）按钮：将当前材质保存入当前材质库。材质库用于存放材质效果，其文件扩展名为【.mat】，3ds Max 系统默认的当前材质库为【3ds Max.mat】。

- （材质特效通道）按钮：用于与 Video Post 视频合成器共同作用制作特殊效果的材质，例如发光材质等，主要用于动画制作。

- （在视图中显示贴图）按钮：激活此按钮，可以在视窗中的造型上显示出材质贴图的效果。但只能显示一个层级的贴图。按钮只能在有贴图出现的层级上才会起作用。

- （显示最后结果）按钮：通过单击可以在按钮和按钮之间进行选择。激活按钮，当前示例窗中显示的是材质最终的效果，也就是顶级材质的效果。在按钮状态下，只显示当前层级材质的效果。

- （返回上一级）按钮：回到上一材质层级，此按钮必须在次一级的材质层级才会有效。

- （到同级）按钮：如果当前材质层级处于次级材质层级，且同级中有其他次级材质，单击该按钮可以快速移动至另一个同级材质中。

8.2.5　活动面板

材质编辑器活动面板的位置是可以变化的，我们将鼠标光标移动到任意一个卷展栏上，此时上下拖曳鼠标到合适位置后松手，即可调整其面板的位置。后面会详细讲解。

8.3　材质类型

材质将使场景更加具有真实感。材质详细描述对象如何反射或透射灯光。可以将材质指定给单独的对象或者选择集；单独场景也能够包含很多不同材质。

单击工具栏中的 ![按钮]（材质编辑）按钮或者按键盘上的【M】键，在弹出的【材质编辑器】对话框中单击 Standard 按钮，将弹出【材质/贴图浏览器】对话框，如图 8-9 所示。

从【材质/贴图浏览器】中我们可以看出材质间的差异很大，不同的材质有不同的用途：

图 8-9　材质/贴图浏览器

- 【标准】材质为 3ds Max 默认的材质，这是一个多功能表面模型，拥有大量的调节参数，通用于绝大部分模型表面。
- 【光线跟踪】材质可以创建全光线跟踪反射和折射效果，主要是加强反射和折射材质的制作能力，同时它还支持雾效、颜色密度、半透明、荧光以及其他的特殊效果。
- 【高级照明覆盖】材质用于微调光能传递或光跟踪器上的材质效果。此材质不需要对高级照明进行计算，但是却有助于改善效果。
- 【建筑】材质类型和 Lightscape 软件在调配材质时具有相似的功能，它可以提供物理上精确的材质，能够轻松地设置出比较理想的效果。此材质能与默认的扫描线渲染器一起使用，也能和光能传递一起使用。
- 【无光/投影】材质专门用于将对象变为无光对象时使用，这样将可以隐藏当前的环境贴图。在场景中看不到虚拟对象，但是却能在其他对象上看到其投影。
- 【Ink'n Paint】材质能够赋予物体二维卡通的渲染效果。
- 【壳材质】用于存储和查看渲染到纹理。
- 【混合】、【合成】、【双面】、【多维/子对象】、【变形器】、【虫漆】、【顶/底】材质都属于复合材质，特点是可以通过各种方法将多个不同类型的材质组合在一起。

由于篇幅所限，本书不能将所有的材质类型一一进行介绍，在这里，主要介绍效果图制作中经常用到的具有典型性的标准材质、VRay 材质、【混合】材质、【合成】材质、【双面】材质、【多维/子对象】材质、【光线跟踪】材质、【顶/底】材质。另 VRay 材质只有在设置了 VRay 渲染器后才能显示出来。下面先了解标准材质。

8.3.1　标准材质

标准材质是【材质编辑器】示例窗中的默认材质，是 3ds Max 中应用最普遍、最原始的材质编辑方式，其中包含了制作塑料、木头、金属、织物、半透明材质等明暗效果。通常会配合扫描线渲染器使用。

标准材质类型为表面建模提供了非常直观的方式。在现实世界中，表面的外观取决于它如何反射光线。在 3ds Max 中，标准材质模拟表面的反射属性。如果不使用贴图，标准材质会为对象提供单一的颜色。如图 8-10 所示。

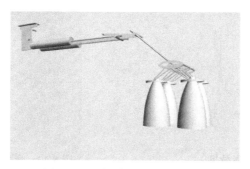

图 8-10　用标准材质渲染的灯具

标准材质中的标准颜色控件：

- 【环境光】颜色：是对象在阴影中的颜色。
- 【漫反射】颜色：是对象在直接【良好】的光照条件下的颜色。
- 【高光反射】颜色：是发光高光的颜色。一些明暗属性会产生高光颜色，而不是让读者选择高光。
- 【过滤】颜色：是光线透过对象所透射的颜色。除非材质的不透明度小于 100%，否则过滤色的效果不可见。

当我们提及对象的颜色时，通常指的是漫反射颜色。环境光颜色的选择取决于灯光的种类。对于适度的室内灯光，环境光颜色可能是较暗的漫反射颜色，但是对于明亮的室内灯光和日光，其可能是主光源的补充。高光颜色应该与主要光源的颜色相同，或者是高值、低饱和度的漫反射颜色。

这些颜色控件通常在基本参数卷展栏和扩展参数卷展栏中。

1．明暗器基本参数卷展栏

在如图 8-11 所示的【明暗器基本参数】卷展栏中，可以在下拉列表中选择一种明暗器。3ds Max 包括 8 种明暗器，分别是【Blinn】、【Phong】、【金属】、【各向异性】、【多层】、【Oren-Nayar-Blinn】、Strauss 和半透明明暗器。

图 8-11　明暗器基本参数

单击 (B)Blinn 下拉列表，在下拉列表中可以切换到其他 7 种明暗器。不同的明暗器将展开不同的基本参数卷展栏。

- 【各向异性】：可以产生长条形的反光区，适合模拟流线体的表面高光，如汽车、工业造型等，弥补了圆形反光点的不足。如图 8-12 所示。
- 【Blinn】：默认的着色类型。这种着色类型比较常用，一般用于较软的物体（如布料、织物等）的表面着色。如图 8-13 所示。

图 8-12　磨砂金属效果

图 8-13　质地柔软的布料质感

- 【金属】：适用于金属表面。如图 8-14 所示。
- 【多层】：成为一体的两个各向异性明暗器。用于生成两个具有独立控制的不同高光。可模拟材质（如覆盖了发亮蜡膜的金属）。如图 8-15 所示。

图 8-14　金属质感

图 8-15　独立的不同高光

- 【Oren-Nayar-Blinn】：它适合布料、陶土、墙壁等无反光或反光很弱的材质。如图 8-16 所示。
- 【Phong】：一种经典的明暗方式，它是第一种实现反射高光的方式。适用于玻璃、油漆等高反光的材质。如图 8-17 所示。

图 8-16　墙壁材质效果

图 8-17　高光反射效果

- 【Strauss】：适用于金属。可用于控制材质呈现金属特性的程度。如图 8-18 所示。
- 【半透明明暗器】：半透明明暗方式与 Blinn 明暗方式类似，但它还可用于指定半透明。半透明对象允许光线穿过，并在对象内部使光线散射。可以使用半透明来模拟被覆盖的和被侵蚀的玻璃。如图 8-19 所示。
- 线框：勾选【明暗器基本参数】卷展栏中的【线框】复选框，则以线框的模式渲染材质，示例球显示如图 8-20 所示。在【扩展参数】卷展栏的【线框】中设置线框的大小，如图 8-21 所示。

图 8-18　金属特性的体现

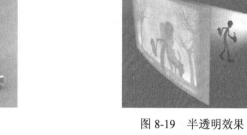

图 8-19　半透明效果

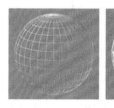

图 8-20　线框材质示例球

图 8-21　线框大小调整

- 【大小】：设置线框模式中的线框大小。可按像素或当前单位比例设置。此选项位于扩展参数卷展栏中。
- 【像素】：以像素为单位进行测量。以像素为单位进行测量时，线框保持相同的外观厚度，而不考虑几何体的比例或对象的远近。
- 【单位】：以 3ds Max 单位进行测量。以单位进行测量时，视图中远近不同的线框材质会有细粗的区别，远细近粗，符合透视规律。
- 双面：勾选【双面】复选项，可以使材质成为双面显示。在制作单面模型时，使用该材质可以方便观察。如图 8-22 所示为放样生成的单面造型。当勾选【双面】后，显示效果如图 8-23 所示。

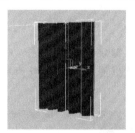

图 8-22　放样生成的单面造型

图 8-23　勾选【双面】后的显示效果

- 面贴图：是在每个多边形面上贴图，无需坐标系统，主要用于粒子系统贴图。
- 面状：是不进行材质表面的平滑处理。面贴图及面状效果如图 8-24 所示。

图 8-24　面贴图及面状效果

2．Blinn 基本参数卷展栏

指定了材质的明暗器后，【基本参数】卷展栏的名称前面将显示相应的明暗属性名称，参数设置面板也会随着变化。这里不一一罗列其参数面板，仅以【Blinn 基本参数】为例讲述，如图 8-25 所示。

单击【环境光】右侧的 ▢▢▢ 按钮，打开【颜色选择器：环境光颜色】对话框，在这里可以通过鼠标选择颜色，也可以设置【红】、【绿】和【蓝】的值（即 RGB 值），如图 8-26 所示。

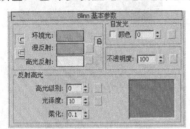

图 8-25 【Blinn 基本参数】

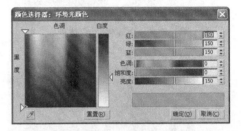

图 8-26 【颜色选择器：环境光颜色】对话框

默认时，【环境光】颜色和【漫反射】颜色是通过 ▢ 按钮锁定起来的，调整这两种颜色之中的任意一个，都会影响到另一种。也可以单击 ▢ 按钮取消锁定，单独对某一种颜色进行调整。

- 【环境光】：是物体在阴影中的颜色。单击该颜色块，打开【颜色选择器】对话框设置颜色，也可以使用一种纹理贴图来替代颜色。
- 【漫反射】：是物体在良好的光照条件下的颜色。单击该颜色块，打开【颜色选择器】对话框设置颜色，也可以使用一种纹理贴图来替代颜色，单击颜色块右边的 ▢（贴图通道）按钮，打开【材质/贴图浏览器】对话框选择一种贴图。
- 【高光反射】：是物体在良好的光照条件下的高光颜色。单击该颜色块，打开【颜色选择器】对话框设置颜色，可以使用一种纹理贴图来替代颜色，单击颜色块右边的 ▢（贴图通道）按钮，打开【材质/贴图浏览器】对话框选择一种贴图。
- 【自发光】：用于设置材质自发光效果。有两种方法可以指定自发光，一种勾选【自发光】选项组中的【颜色】选项，激活自发光颜色选择器，可以像设置其他颜色一样设置自发光的颜色；另一种是设置自发光颜色的比例值，此时自发光颜色以漫反射的颜色为准，最高比例为 100，最低为 0（不发光），50 为半发光，如图 8-27 所示。

图 8-27 【自发光】的应用效果

- 【不透明度】：设置材质的不透明度。100 为完全不透明，0 为完全透明，50 为半透明，效果依次如图 8-28 所示。

图 8-28　【不透明度】的应用效果

- 【高光级别】: 设置物体高光强度。不同质感的物体具有不同的高光强度。在一般情况下, 木头的高光强度为 20~40, 大理石的高光强度为 30~40, 墙体的高光强度为 10 左右, 玻璃的高光强度为 50~70, 金属的高光强度为 100 或者更高。
- 【光泽度】: 设置光线的扩散值, 但这首先需要有高光值。

在【反射高光】选项组中,【高光级别】值可以确定影响反射高光的强度。随着该值的增大, 高光将越来越亮。默认为 0;【光泽度】值将影响反射高光的大小。随着该值增大, 高光将越来越小, 材质将变得越来越亮。默认设置为 10, 最高为 100。【柔化】参数可以柔化反射高光的效果, 当高光级别很高, 而光泽度很低时, 表面上会出现剧烈的背光效果, 增加柔化的值可以减轻这种效果。0 表示没有柔化; 值为 1 时, 将应用最大量的柔化; 默认值为 0.1。

3. 扩展参数卷展栏

【扩展参数】卷展栏包括【高级透明】、【线框】以及【反射暗淡】3 部分, 如图 8-29 所示。在【高级透明】选项组中包括【衰减】、【类型】两个选项, 用于设置透明材质在内部还是在外部进行衰减, 而【数量】参数可以决定衰减的程度, 值为 0 时不衰减, 值为 100 时衰减最强烈。

【例题 1】扩展参数的应用

步骤 01　选择一个材质示例球, 设置【漫反射】颜色的 RGB 值均为 255 (白色), 设置自发光的【颜色】值为 50。

步骤 02　在【扩展参数】卷展栏下, 设置【衰减】下的【数量】为 100, 分别单击【内】和【外】单选按钮, 材质示例球的效果如图 8-30 所示。

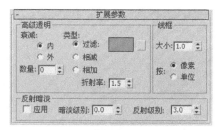

图 8-29　【扩展参数】卷展栏

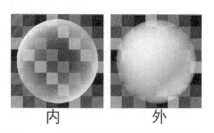

图 8-30　向内和向外衰减的材质效果

在【类型】中的选项确定如何应用不透明度的效果, 默认为【过滤】选项, 通过计算与透明曲面后的颜色相乘得到过滤色。选择【相减】选项，可以从透明曲面后面的颜色中减除。选择【相加】选项，可以增加到透明曲面后面的颜色中。

【折射率】用来控制材质对透射灯光的折射程度。空气的折射率大于 1，如 1.5，透明对象后面的对象就会发生严重扭曲，就像玻璃球一样。折射率稍低于 1，对象就会沿着它的边进行反射，就像从水底下看到的气泡一样，默认为 1。

步骤 01 在【Blinn 基本参数】卷展栏下，设置【不透明度】为 50。在【扩展参数】卷展栏下，设置【数量】为 0；分别单击【过滤】【相减】项和【相加】复选框，材质示例球的效果依次如图 8-31 所示。

过滤　　　　　　　　相减　　　　　　　　相加

图 8-31　不同类型的材质效果

步骤 04 在【反射暗淡】选项组下，勾选【应用】复选框，其右的参数将发生作用。

【暗淡级别】值可以决定阴影中的暗淡量。值为 0 时，反射贴图在阴影中为全黑。值为 0.5 时，反射贴图为半暗淡。值为 1 时，反射贴图没有经过暗淡处理，材质看起来好像禁用【应用】一样。

【反射级别】值可以影响不在阴影中的反射强度。在大多数情况下，默认值为 3 会使明亮区域的反射保持在与禁用反射暗淡时相同的级别上。

4. 贴图参数卷展栏

选择不同的明暗器，【贴图】卷展栏中的显示将有所不同，下面以【Blinn】明暗器为例简要介绍一下贴图卷展栏，如图 8-32 所示。

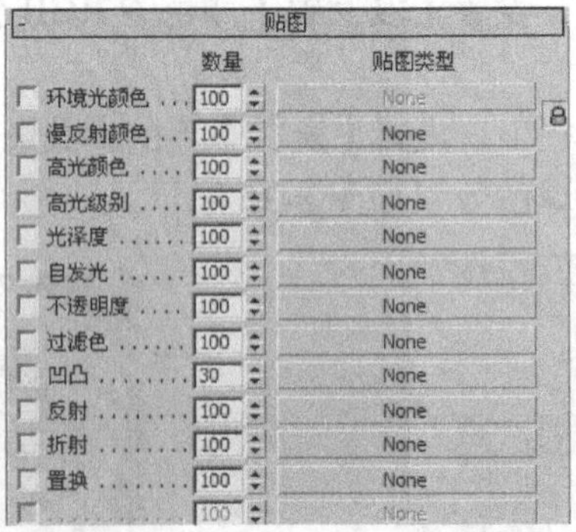

图 8-32　【贴图】卷展栏

展开【贴图】卷展栏，单击 _____ None _____ （无）按钮，打开【材质/贴图浏览器】对话框，选择合适的贴图，可以为该按钮所在的贴图通道指定贴图。

每一个贴图通道都有【数量】参数，该参数决定该贴图影响材质的数量，使用百分比表示。例如，100%的漫反射贴图完全不透明并覆盖基础材质；如果该值为 50%，则该贴图为半透明基础材质可透视。针对其他贴图通道，该值决定该通道的贴图能发挥多少作用，值越大越强烈。

 一般贴图通道的取值范围是 0~100，【凹凸】和【置换】的取值范围是-999~999，正值凸起（白色凸起黑色凹陷），负值凹陷（白色凹陷黑色凸起）。

本小节仅仅讲述了贴图卷展栏的一般用法，关于贴图通道的用法我们将在下一章中做详细的讲解，因此，在这里就不再赘述了。

8.3.2 VRay 材质

VRay 材质在 VRay 渲染器中是最常用的一种材质类型，使用这个材质在场景中可以得到较好的物理上的正确照明和较快的渲染速度，更方便地进行设置反射、折射、反射模糊、凹凸、置换等，还可以使用纹理贴图。

下面我们以调配一个大理石地面材质的过程为例，来讲解下 VRay 材质的使用方法。

【例题 2】VRay 材质的应用

步骤 01 单击快捷工具栏中的 ☞（打开文件）按钮，打开随书配套光盘【第 8 章】目录下的【VRay 材质.max】文件，如图 8-33 所示。在这个小场景中，除了地面材质没有设置好外，其他造型的材质、场景的灯光、摄像机等都已经设置好了。接下来，我们将学习下怎样运用 VRay 材质为场景中的地面调配大理石材质。

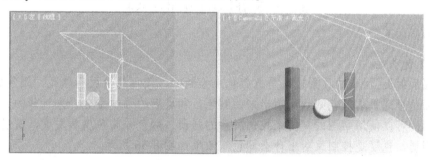

图 8-33 打开的场景文件

步骤 02 选择场景中代表地面的对象，按键盘中的【M】键，打开【材质编辑器】对话框，选择一个未用的示例球，赋予选择的对象。然后为其指定【VRay 材质】材质，弹出【基本参数】卷展栏。

步骤 03 将随书配套光盘【第 8 章】目录下的【色理石.jpg】文件直接拖曳到【漫反射】右侧的按钮上，为其指定上贴图。其他参数设置如图 8-34 所示。

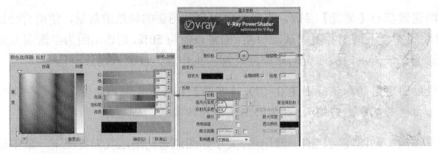

图 8-34　参数设置

步骤 04　为地面对象添加一个【UVW 贴图】修改器，在【参数】卷展栏中勾选【长方体】选项，设置【长度】为 600，【宽度】为 600。

此时，快速渲染摄像机视图，效果如图 8-35 所示。

图 8-35　设置的大理石地面渲染效果

主要选项解析如下：

● 【反射】选项组

　◆ 【反射】：材质的反射效果是靠颜色来控制的，颜色越白反射越亮，颜色越黑反射越弱；而这里选择的颜色则是反射出来的颜色，和反射的强度是分开来计算的。单击右面的按钮，可以使用贴图的灰度来控制反射的强弱。颜色分为色度和灰度，灰度是控制反射的强弱，色度是控制反射出什么颜色，效果如图 8-36 所示。

图 8-36　用颜色来控制反射

　◆ 【最大深度】：用来控制反射的最大次数。反射次数越多，发射就越彻底，当然渲染时间也越慢，通常保持默认的值即可。将【最大深度】参数设置为 1，效果如图 8-37 所示。

　◆ 【退出颜色】：当物体的反射次数达到最大次数时就会停止计算反射，就是由于分反射次数不够造成的反射区域的颜色用退出色来代替。保持【最大深度】1 不变，将【退出颜色】设置为红色，渲染效果如果 8-38 所示。

◆ **【菲涅耳反射】**：如果勾选这个选项，反射将具有真是世界的玻璃反射效果。这意味着当角度在光线和表面发线之间角度值接近 0 度时，反射将衰减。当光线几乎平行于表面时，反射可见性最大；当光线垂直于表面时几乎没反射发生。勾选该选项的渲染效果如图 8-39 所示。

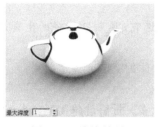  

图 8-37　渲染效果　　　　　图 8-38　渲染效果　　　　　图 8-39　渲染效果

◆ **【高光光泽度】**：用来控制材质的高光大小，使用它时先单击右面的按钮解除锁定状态，材质必须具备反射才可以使用，否则无效。效果如图 8-40 所示。

图 8-40　高光光泽度反射效果

◆ **【高光光泽度】**：用来控制材质的反射模糊效果。这个值表示材质的光泽度大小。 值为 0 意味着得到非常模糊的反射效果；值为 1，将关掉光泽度（VRay 将产生非常明显的完全反射）。如图 8-41 所示。

图 8-41　调整【光泽度】控制高光

◆ **【细分】**：控制光线的数量，作出有光泽的反射估算。当【光泽度】值为 1 时，这个细分值会失去作用（VRay 不会发射光线去估算光泽度）。

● **【折射】选项组**

◆ **【折射】**：材质的折射效果是靠颜色来控制的，颜色越白物体越透明，进入物体内部产生折射的光线也就越多；颜色越黑物体越不透明，进入物体内部产生折射的光线也就越少。可以在【贴图】卷展栏中为【折射【贴图通道指定一个贴图，通过贴图的灰度来控制折射的效果。

◆ 【光泽度】：用来控制材质的折射模糊效果。这个值表示材质的光泽度大小。 值为 0 意味着得到非常模糊的折射效果。值为 1，将关掉光泽度（VRay 将产生非常明显的完全折射）。

◆ 【细分】：控制光线的数量，作出有光泽的折射估算。当【光泽度】值为 1 时，这个细分值会失去作用（VRay 不会折射光线去估算光泽度）。

◆ 【使用插值】：如果勾选该选项，VRay 能够使用一种类似发光贴图的缓存方式来加速模糊反射的计算速度。

◆ 【影响阴影】：这个选项控制透明物体产生的阴影。勾选它，透明物体将产生真是的阴影。这个选项仅对 VRay 灯光或者 VRay 阴影类型有效。

◆ 【影响 Alpha】：如果勾选这个选项，将会影响透明物体的 Alpha 通道效果。

◆ 【折射率】：设置透明物体的折射率。

◆ 【最大深度】：用来控制折射的最大次数。折射次数越多，折射就越彻底，当然渲染时间也越慢，通常保持默认的值即可。

◆ 【退出颜色】：当物体的折射次数达到最大次数时就会停止计算折射，就是由于分折折射次数不够造成的折射区域的颜色用退出色来代替。

◆ 【烟雾颜色】：该选项可以让光线通过透明物体后，光线减少，就好像和物理世界中的半透明物体一样。这个颜色的值和物体的尺寸有关系，厚的物体烟雾颜色需要给淡一点，才有效果。

◆ 【烟雾倍增】：该数值实际上就是雾的浓度。数值越大雾越浓，光线穿透物体的能力越差。数值一般不要大于 1。

◆ 【烟雾偏移】：雾的偏移，较低的数值会使雾向相机的方向偏移。

● 【半透明】选项组

◆ 【类型】：次面散射的类型，一共有三种。

◆ 【背面颜色】：用来控制次表面散射的颜色。

◆ 【厚度】：用于在有厚度的物体中，指定光的追寻要到多长距离。

◆ 【灯光倍增】：灯光分摊用的倍增器。用它来描述穿过材质下的面被反、折射的光的数量。

◆ 【散射系数】：这个值控制在半透明物体的表面下散射光线的方向。值为 0 时表示光线在所有方向被物体内部散射；值为 1 时，表示光线在一个方向被物体内部散射，而不考虑物体内部的曲面。

◆ 【前/向分配比】：这个值控制在半透明物体表面下的散射光线多少将相对于初始光线，向前或向后传播穿过这个物体。值为 1 意味着所有的光线将向前传播；值为 0 时，所有的光线将向后传播；值为 0.5 时，光线在向前/向后方向上等向分配。

8.3.3 混合材质

【混合】材质的原理是将两种不同的材质通过【混合量】或者【遮罩】混合到一起。混合材质可以使用标准材质作为子材质，也可以使用其他材质类型作为子材质，并且可以制作材质变形动画。通过【混合量】进行混合的原理是根据该数值控制两种材质表现出的强度，可以制作材质变形动画；而通过【遮罩】进行混合的原理是指定一张图像作为混合的遮罩，利用它本身的明暗度来决定两种材质混合的程度。

【例题 3】　制作广告墙材质

步骤 01　打开随书配套光盘【第 8 章】目录下的【混合材质.max】文件。

步骤 02　选择场景中的对象，按键盘中的【M】键，打开【材质编辑器】对话框，选择一个未使用的示例球，赋予选择的对象。然后为其指定【混合】材质，在弹出的【替换材质】对话中单击 确定 按钮，展开【混合基本参数】卷展栏，如图 8-42 所示。

步骤 03　单击【材质 1】右侧的长按钮，在弹出的【材质/贴图浏览器】对话框中双击【位图】贴图类型，选择本书配套光盘【第 8 章】|【素材】目录下的【墙石 018.jpg】文件，单击 图 （在视口中显示标准贴图）按钮，在视图中显示贴图。

步骤 04　单击 （转到父对象）按钮，返回上一级，用同样的方法为【材质 2】指定【第 8 章】目录下的【GRAPHITI.jpg】文件。渲染视图，此时的材质效果如图 8-43 所示。

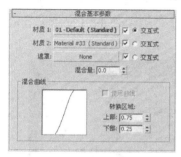

图 8-42　【混合基本参数】卷展栏

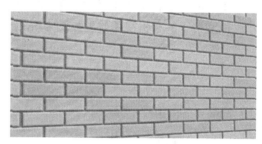

图 8-43　材质的效果

　因为没有设置混合的效果，所以只显示了材质 1 的效果。

步骤 05　设置【混合量】数值为 50，材质效果如图 8-44 所示。

图 8-44　材质的效果

8.3.4　合成材质

类似于 Photoshop 的图层概念，可将带有透明通道的图片进行叠加合成。合成材质最多可以合成 10 种材质。按照在卷展栏中列出的顺序，从上到下叠加材质。使用增加不透明度、相减不透明度来组合材质，或使用【数量】值来混合材质。

【例题 4】　制作造型墙

步骤 01　打开随书配套光盘【第 8 章】目录下的【合成材质.max】文件。

步骤 02　按键盘中的【M】键，打开【材质编辑器】对话框，选择一个空白的示例球。

步骤 03　单击标准材质右侧的 Standard 按钮，在弹出的【材质/贴图浏览器】对话框中双击【合成】材质类型。在随后弹出的【替换材质】对话框中选择【将旧材质保存为子材质】选项，单击 确定 按钮，如图 8-45 所示。

步骤 04　在弹出的【合成基本参数】卷展栏中，单击【基础材质】右侧的 Standard 按钮，进入基础材质面板。在【Blinn 基本参数】卷展栏中单击【漫反射】右侧的 按钮，在弹出的【材质/贴图浏览器】对话框中双击【位图】。打开随书配套光盘【第 8 章】目录下的【SANDGRIT.jpg】文件。

步骤 05　单击 按钮，返回到【合成基本参数】卷展栏，单击【材质 1】右侧的 None 按钮，在弹出的【材质/贴图浏览器】对话框中双击【标准】材质类型。

步骤 06　在【贴图】卷展栏中，将随书配套光盘【第 8 章】目录下的【剪纸图案.jpg】文件。

步骤 07　同样的方法，为【不透明度】贴图通道也指定上【剪纸图案.jpg】贴图文件。此时，快速渲染下的相机视图效果如图 8-46 所示。

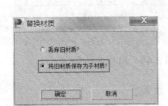

图 8-45　【替换材质】对话框　　　　　　　　图 8-46　渲染效果

由图 5-46 看出，加在墙上的图案过度亮了，接下来就来调整亮度。

步骤 08　在【合成基本参数】卷展栏中将【材质 1】右侧的合成数量设置为 30，如图 8-47 所示。效果如图 8-48 所示。

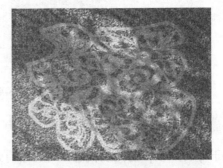

图 8-47　【合成基本参数】卷展栏　　　　　　图 8-48　渲染效果

主要选项解析如下：

● 【基础材质】：显示材质/贴图浏览器，在此可以指定基础材质。默认情况下，基础材质就是标准材质。其他材质是按照从上到下的顺序，通过叠加在此材质上合成的。

- 【材质 1~材质 9】：这九组包含用于合成材质的控件。默认情况下，不指定材质。
- 复选框：启用此选项后，将在合成中使用材质。如果禁用此选项，则不使用材质。默认设置为启用。
- 按钮：显示材质/贴图浏览器，在此可以指定要合成的材质。
- A/S/M 按钮：这些按钮控制材质的合成方式。默认设置为 A。启用 A 选项之后，该材质使用增加的不透明度。材质中的颜色基于其不透明度进行汇总；启用 S 选项之后，该材质使用相减不透明度。材质中的颜色基于其不透明度进行相减；启用 M 选项之后，该材质基于数量混合材质。颜色和不透明度将按照使用无遮罩混合材质时的样式进行混合。
- 数量微调器：控制混合的数量。默认设置为 100。

8.3.5　双面材质

标准材质中的【双面】参数可以使对象的双面都被渲染，但是渲染后对象的两个面是一样的。而且【双面】材质可以为对象的内外表面分别指定两种不同的材质，并且可以控制它们的透明程度。这种材质类型一般用于比较薄或者在场景中可以被忽略厚度的对象，例如纸张、面料、纸牌、明信片或者一些容器等。

【例题 5】　双面材质的应用

步骤 01　重新设置系统。单击 ✳（创建）命令面板中的按钮，在【对象类型】卷展栏中单击 茶壶 按钮，如图 8-49 所示（茶杯的内部不可见）。

步骤 02　选择场景中的对象，按 M 键，打开【材质编辑器】对话框，选择一个未使用的示例球，赋予选择的对象。然后为其指定【双面】材质，展开【双面基本参数】卷展栏，如图 8-50 所示。

图 8-49　默认渲染效果

图 8-50　展开的卷展栏

双面基本参数解析如下：

- 【半透明】：通过这个参数可以设置通过一个材质显示背面材质的效果。
- 【正面材质】：设置对象正面的材质参数。
- 【背面材质】：设置对象背面的材质参数。

步骤 03　单击【正面材质】右侧的通道按钮，即可进入正面材质的编辑，设置【漫反射】的 RGB 均为 255；单击 ❖（转到父对象）按钮，切换到【背面材质】，设置【漫反射】的 RGB 为 200、0、255，此时进行渲染，效果如图 8-51 所示。

步骤 04　如果使用标准材质中默认的【双面】选项，材质效果如图 8-52 所示（解决了内面不可见

的毛病，但没有内外之分）。单击 （应用程序）|【保存】命令，将图像另存为【双面材质.max】文件。用户可以在随书配套光盘【第 8 章】文件夹下找到。

图 8-51　双面材质效果　　　　　　　　　图 8-52　双面的效果

在 max 中，一般的材质只是赋予物体的一个面，而物体的背面是不被渲染的。但是【双面】材质可以为物体表面的每一个面指定不同的材质，即正面是一种材质，而背面是一种材质。

8.3.6　多维/子对象材质

【多维/子对象】材质是一种复合材质，可包含多种的同级材质为子材质，这样我们可以使一个物体的多个面分别拥有各自的 ID 号，然后为其指定【多维/子对象】中的某种材质，如图 8-53 所示。

图 8-53　【多维/子对象】材质

【例题 6】　多维/子对象材质的应用

步骤 01　重新设置系统。单击快捷工具栏中的 （打开文件）按钮，打开本书光盘【第 8 章】目录下的【多维子对象-ready.max】文件，如图 8-54 所示。

图 8-54　打开的场景文件

步骤 02　在设置多维子对象材质前，首先要为物体指定 ID 号。在视图中选择如图 8-55（左）所

示的多边形，在【多边形：材质 ID】卷展栏中设置 ID 为 1，单击菜单栏中的【编辑】|
【反选】命令，将其反选，设置 ID 为 2，如图 8-55（右）所示。

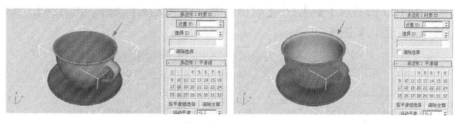

图 8-55　指定 ID 号

步骤 03　单击命名窗口右侧的　Standard　按钮，在弹出的【材质 / 贴图浏览器】对话框中选择【多
维/子对象】材质，在弹出的【替换材质】对话框，选择【丢弃旧材质】选项，单击　确定
按钮，进入【多维/子对象基本参数】卷展栏，再单击　设置数量　按钮，设置材质数量为 2，
如图 8-56 所示。

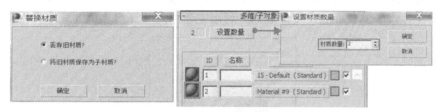

图 8-56　设置材质数量

多维/子对象基本参数解析如下：

- 【设置数量】：用于设置【多维/子对象】所包含的子材质数量，手动输入数字决定子材质数量。
- 【添加】：执行一次该命令则自动为【多维/子对象】材质增加一个子材质。
- 【删除】：执行一次该命令则自动为【多维/子对象】材质删除一个子材质。
- 【ID】：显示该【多维/子对象】材质的子材质 ID 编号及数量。
- 【名称】：为【多维/子对象】材质子材质输入自定义名称。
- 【子材质】：单击子材质下方的材质/贴图通道按钮可创建和添加一个子材质。默认情况下，每
  一个子材质都是一个完整的标准材质。

步骤 04　单击 ID1 右侧的通道按钮，进入标准材质，并命名为【Cup】。在【Blinn 基本参数】卷
展栏中设置环境光和漫反射的颜色为黄色，如图 8-57 所示。

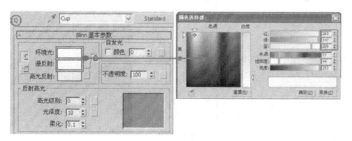

图 8-57　ID 1 设置

步骤 05　单击 🔳（转到父对象）按钮，返回顶级。

步骤 06　单击 ID2 右侧的通道按钮，在弹出的【材质/贴图浏览器】对话框中双击【建筑】贴图类型，将 ID2 命名为【瓷】。在【模板】卷展栏中选择【瓷砖，光滑的】，然后设置漫反射颜色为红色，如图 8-58 所示。

图 8-58　ID 2 设置

步骤 07　单击 🔳（转到父对象）按钮，返回顶级。将材质赋给杯子，单击 🔳（渲染产品）按钮，快速渲染视图，效果如图 8-59 所示。执行 🔳（应用程序）|【保存】命令，将图像另存为【多维子对象.max】文件。用户可以在随书配套光盘【第 8 章】文件夹下找到。

图 8-59　赋予材质后的效果

8.3.7　光线跟踪材质

【光线跟踪】材质是一种处理表面高光效果的高级材质，是指当光线在场景中发生移动时，通过对象的跟踪来计算材质颜色的渲染手法，通常情况下光线可以穿过透明对象，在表面比较光滑的物体上产生反射，从而得到逼真的材质效果，如图 8-60 所示。所以光线跟踪材质是在表现玻璃、金属、陶瓷等效果时经常用到的材质，【光线跟踪】是用物理方式模拟对象表面的光线效果，所以，当场景中使用了光线跟踪材质后将会在渲染时使用更多的时间。

图 8-60　应用【光线跟踪】材质制作的玻璃杯效果

【例题 7】　光线跟踪材质的应用

步骤 01　打开本书配套光盘【线架】目录下的【第 8 章】|【杯子.max】场景文件。

步骤 02　打开材质编辑器，选择一个空白的示例球。单击 Standard 按钮，在弹出的【材质/贴图浏览器】中选择【光线跟踪】材质。

步骤 03　在【光线跟踪基本参数】卷展栏中设置参数，如图 8-61（左）所示。

步骤 04　在视图中选择【杯子 】造型，单击 【指定材质给当前选择】按钮，将调配好的材质赋给选择的造型，效果如图 8-61（右）所示。

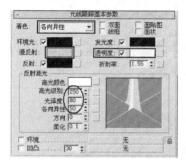

图 8-61　光线跟踪基本参数

8.3.8　顶/底材质

使用【顶/底】材质可以向对象的顶部和底部指定两个不同的材质，并且可以将两种材质混合在一起。

【例题 8】　顶/底材质的应用

步骤 01　单击菜单栏中的【文件】|【打开】命令，打开本书光盘【第 8 章】目录下的【顶/底材质.max】文件。此场景是一个简单的苹果造型，文件背景、灯光已设置好。

步骤 02　按键盘中的 M 键，打开材质编辑器，选择一个空白的示例球。单击工具行中的 Standard 按钮，在弹出的【材质/贴图浏览器】对话框中双击【顶/底】材质，如图 8-62 所示。

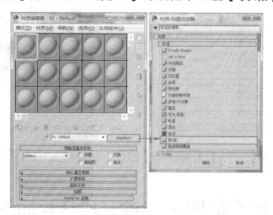

图 8-62　【材质/贴图浏览器】对话框

步骤 03　接下来会弹出一个【替换材质】对话框，单击【将旧材质保存为子材质】复选框，如图 8-63 所示。

步骤 04　单击 ▭确定▭ 按钮后，弹出【顶/底基本参数】卷展栏如图 8-64 所示。

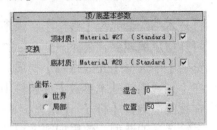

图 8-63　【替换材质】对话框　　　　　　图 8-64　【顶/底基本参数】卷展栏

步骤 05　单击【顶材质】右侧的长按钮，进入标准材质。

步骤 06　在【Blinn 基本参数】卷展栏中单击【漫反射】右侧的长按钮，在弹出的【颜色选择器：漫反射颜色】对话框中设置如图 8-65 所示的参数。

图 8-65　顶材质参数设置

步骤 07　单击材质工具列中的 ▭ 按钮，在弹出的【材质/贴图导航器】对话框中回到顶级。如图 8-66 所示。

步骤 08　按键盘中的 F9 键，再次渲染摄影机视图，其最终效果如图 8-67 所示。

图 8-66　【材质/贴图导航器】对话框　　　　　图 8-67　渲染效果

步骤 09　单击菜单栏中的【文件】|【另存为】命令，将场景文件另存为【顶/底材质 A.max】文件。

8.4　综合范例——铁艺栏杆材质的设置

下面通过铁艺栏杆材质的设置，学习材质类型的应用，效果如图 8-68 所示。

图 8-68　铁艺栏杆

操作过程：

步骤 01　单击菜单栏中的【文件】|【打开】命令，打开本书光盘【第 8 章】|【模型】目录下的【铁艺栏杆.max】文件。此场景文件摄影机、灯光已设置好，只有铁艺大门、铁艺栏杆没有赋予材质。按键盘中的 F9 键，渲染摄影机视图，观察其效果，如图 8-69 所示。

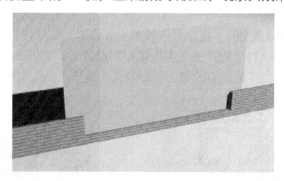

图 8-69　渲染效果

透空材质的造型最好使用【平面】来创建，这样创建出的造型就只有一个面没有厚度，在赋予造型透空材质后，材质只在造型的一个面产生透空材质效果，如果造型存在多个面，那么材质就会在造型的多个面同时产生透空效果，这样就失去了材质的真实性。

步骤 02　键盘中的 M 键，打开材质编辑器，选择【铁艺大门】材质示例球。在【Blinn 基本参数】卷展栏中单击【漫反色】右侧的按钮，在弹出的【材质/贴图浏览器】对话框中双击【位图】贴图，指定本书光盘【第 8 章】|【素材】目录下的【A-008-000A.tif】文件。这是一幅黑白贴图文件，如图 8-70 所示。

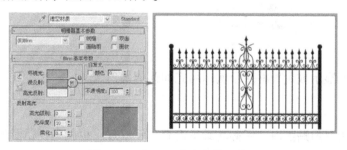

图 8-70　【Blinn 基本参数】设置

在 3ds Max 的不透明通道中，黑色区域完全透明，白色区域完全不透明，灰色区域根据灰度值计算透明。

步骤 03 单击 按钮，返回上一级。单击【不透明度】右侧的长按钮，在弹出的【材质/贴图浏览器】对话框中双击【位图】贴图，指定本书光盘【第 8 章】|【素材】目录下的【A-008-000.tif】文件如图 8-71 所示。

步骤 04 材质调配完成后，渲染摄影机视图，观看渲染效果，如图 8-72 所示。

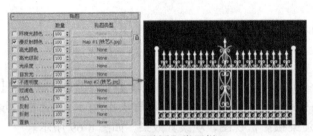

图 8-71 【贴图】卷展栏   图 8-72 渲染效果

步骤 05 使用此材质模拟造型时，在场景中设置主光源时，如果投射阴影，光源的阴影方式必为【光线跟踪】，这样才能产生造型的镂空阴影效果，如图 8-73 所示。如果采用【阴影贴图】，则光源不会计算造型的镂空阴影效果，直接产生造型的实体阴影。如图 8-74 所示。

图 8-73 采用【光线跟踪】投影渲染效果   图 8-74 采用【阴影贴图】投影渲染效果

步骤 06 单击菜单栏中的【文件】|【另存为】命令，将场景文件另存为【第 8 章】|【模型】目录下的【铁艺栏杆 A.max】文件。

8.5 思考与总结

8.5.1 知识点思考

思考题一

如何改变材质球的显示数量？材质示例球用完如何解决？

思考题二

为什么有时在使用材质贴图时，实际场景里没有显示纹理（也就是说贴图无效），如何解决？

思考题三

如何保存已制作好的材质球，以便下次调用？如何调用？

8.5.2　知识点总结

材质是 3ds Max 中的重要内容，它可以使生硬的造型变得生动、富有生活气息，无论在哪一个应用领域，材质的制作都占据极其重要的地位。但是，材质的制作是一个复杂的过程，包括众多的参数与选项的正确设置。

在实际应用中，要制作一种材质的效果，用一种贴图去描绘材质的某个属性是不够的，如地板，不仅具有不同类型的花纹，还具有反光效果。所以地板的制作不仅要用一个位图贴图去描绘地板的花纹属性，还要用一个光线追踪贴图去表达地板的反射属性。这就是贴图与材质的关系。材质和贴图的正确使用，能够更加真实地再现场景效果。所以，在为对象指定材质的时候，不要被材质或者贴图的类型所局限，应当根据实际情况灵活运用，只有对材质和贴图深刻理解，以及在日常生活中多去观察，才能掌握对本章所学的内容。

8.6　上机操作题

8.6.1　操作题一

综合运用所学知识，练习制作如图 8-75 所示的装饰品。本作品参见本书光盘【第 8 章】|【操作题】目录下的【装饰品 1.max】文件。

8.6.2　操作题二

综合运用所学知识，制作如图 8-76 所示的装饰品。本作品参见本书光盘【第 8 章】|【操作题】目录下的【装饰品 2.max】文件。

图 8-75　装饰品效果

图 8-76　装饰造型

第9章 贴图类型的应用

在上一章中，我们学习了一些最基本的材质类型，相信大家通过上一章的学习，对于基本材质的调配方法、技巧都已经有了一个大体的了解了。其实，除了材质外，在 3ds Max 中还有一个贴图类型也是很重要的。在本章中，我们就来学习下贴图类型的一些基本的应用。这章内容和前面一章的内容是密不可分，因此，本章所讲内容，也可以说是上一章的延续。

本章内容如下：

- 什么是贴图
- 贴图通道
- 常用贴图类型
- 综合范例 —— 为场景环境添加背景
- 贴图坐标
- 综合范例
- 思考与总结
- 上机操作题

9.1　什么是贴图

什么是贴图呢？通俗地讲，贴图就是附着在造型表面的位图图像。在这里，首先要明确贴图是一种图像，可以将这种图像添加到材质中作为材质的一部分。专业地讲，贴图和材质是紧密相联的，贴图是为材质服务的。使用贴图通常是为了改善材质的外观和真实感。也可以使用贴图创建环境或者创建灯光投射贴图进行模拟纹理、反射、折射以及其他的一些效果。与材质一起使用，贴图将为对象几何体添加一些细节而不会增加它的复杂度。

贴图的类型很多，最常用的是位图，即木纹、金属、花纹、布纹等图片，用户可以用它们制作出各种质感的材质。如图 9-1 所示就是运用树皮图片制作出来的木头材质。

图 9-1　使用位图制作木头材质

3ds Max 系统提供了三十五种类型的贴图方式，在【材质编辑器】中单击任一贴图按钮都会弹出【材质/贴图浏览器】，如图 9-2 所示。

图 9-2　【材质/贴图浏览器】对话框

9.2　贴图通道

标准贴图的贴图通道共有十几个，下面简单介绍它们的用法。

9.2.1　漫反射颜色贴图通道

为【漫反射颜色】选择位图文件或程序贴图（3ds Max 中自带的纹理贴图），以将图案或纹理指定给材质的漫反射颜色。贴图的颜色及纹理将替换材质的漫反射颜色。这是最常用的贴图种类。设置漫反射颜色的贴图与在对象的曲面上绘制图像类似。例如：如果要用砖头砌成墙，可以选择带有砖头图像的贴图。如图 9-3 所示，就是通过设置漫反射颜色的贴图应用的纹理。漫反射颜色在材质制作中往往用来表现物体的表面色，从而制作逼真的质感。使用位图制作材质，如图 9-3 所示。

图 9-3　通过设置漫反射颜色的贴图应用的纹理

默认情况下，漫反射贴图也将相同的贴图应用于环境光颜色。因为很少需要对漫反射和环境光使用不同的贴图，因此，环境光的贴图通道被锁定了。

9.2.2　【高光颜色】贴图通道

为【高光颜色】贴图通道选择位图文件或程序贴图，以将图像指定给材质的高光颜色。贴图的图像只出现在反射高光区域中。当数量微调器处于 100 时，贴图提供所有高光颜色。效果如图 9-4 所示。

图 9-4　设置高光颜色的贴图

高光颜色贴图主要用于特殊效果，如将图像放置在反射中。需要注意的是与【高光级别】贴图或【光泽度】贴图不同，【高光级别】下的贴图效果改变了【高光反射】的强度和位置，以灰度深浅确定高光的颜色，亮的地方受光强，暗的地方受光弱，贴图效果对比如图 9-5 所示。

图 9-5　贴图效果对比

9.2.3　自发光

为【自发光】选择位图文件或程序贴图来设置自发光值的贴图，这样将使对象的部分出现发光。贴图的白色区域渲染为完全自发光，黑色区域渲染为不发光，灰色区域渲染为部分自发光，具体情况取决于灰度值。

自发光意味着发光区域不受场景（其环境光颜色的效果不起作用）中的灯光影响，并且不接收阴影，自发光贴图效果如图 9-6 所示。

图 9-6　自发光贴图效果

9.2.4　不透明度

为【不透明度】选择位图文件或程序贴图来生成部分透明的对象。贴图的浅色（较高的值）区域渲染为不透明；深色区域渲染为透明；之间的值渲染为半透明。

将不透明度贴图的【数量】设置为 100，可完全应用贴图效果，透明区域将完全透明。将【数量】设置为 0，相当于禁用贴图。中间的值与基本参数卷展栏的不透明度值混合，贴图的透明区域将变得更加不透明。使用【不透明度】贴图通道，可以制作透明贴图效果，如图 9-7 所示。

图 9-7　【不透明度】贴图效果

9.2.5　凹凸

为【凹凸】选择一个位图文件或者程序贴图用于使对象的表面看起来凹凸不平或呈现不规则形状。用凹凸贴图材质渲染对象时，贴图较明亮的区域看上去被提升，而较暗的区域看上去被降低。

凹凸贴图的效果如图 9-8 所示。

图 9-8　具有两种不同凹凸贴图的对象

使用【凹凸】贴图时注意的事项：第一，在视口中不能预览凹凸贴图的效果。必须渲染场景才能看到凹凸效果。第二，凹凸贴图使用贴图的强度影响材质表面。在这种情况下，强度影响表面凹凸的明显程度，白色区域突出，黑色区域凹陷。第三，灰度图像可用来创建有效的凹凸贴图。黑白之间渐变着色的贴图通常比黑白之间分界明显的贴图效果更好。第四，凹凸贴图【数量】调节凹凸程度。较高的值渲染产生较大的浮雕效果；较低的值渲染产生较小的浮雕效果。第五，【输出】卷展栏的大部分参数均不影响凹凸贴图。只考虑【反向】切换，启用后可以反转凹凸的方向。第六，一般可以为凹凸通道添加【噪波】贴图，也可以添加【漫反射颜色】贴图通道使用的灰度图像。

9.2.6 反射

为【反射】选择位图文件或程序贴图，作为反射贴图。在 3ds Max 中，可以创建三种反射：基本反射贴图、自动反射贴图和平面镜反射贴图。

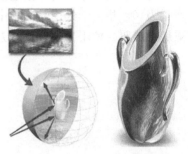

- 基本反射贴图能创建铬合金、玻璃或金属的效果，方法是在几何体上使用贴图，使得图像看起来好像表面反射的一样（如【位图】贴图）。
- 自动反射贴图根本不使用贴图，它从对象的中心向外看，把看到的东西映射到表面上（如【光线跟踪】贴图）。
- 平面镜反射贴图用于一系列共面的面，把面对它的对象反射，与实际镜子一模一样。

反射贴图不需要贴图坐标，因为它们锁定于世界坐标系，而不是几何坐标系。 因为贴图不随着对象移动，而是随着视图的更改而

图 9-9　利用贴图创建反射

移动，与实际的反射一样，这就创建出了反射效果，反射贴图的效果如图 9-9 所示。

9.3 常用贴图类型

9.3.1 位图

位图是由彩色像素的固定矩阵生成的图像，如马赛克。位图可以用来创建多种材质，从木纹和墙面到蒙皮和羽毛。也可以使用动画或视频文件替代位图来创建动画材质。

【位图】贴图是最常用的一种贴图类型，它支持多种格式，包括 JPG、AVI、GIF、TIEF、PNG、PSD、Targa 等。在选择位图贴图文件时，系统会自动将图像文件的路径打开，不过一但该图像文件的路径改变了，系统将找不到这个图像文件，只有重新进行路径的设置。显示在【材质编辑器】中的位图效果如图 9-10 所示。

图 9-10　显示在【材质编辑器】中的位图

【例题 1】:【位图】的应用

步骤 01　单击快捷工具栏中的 📂 (打开文件)按钮，打开随书配套光盘【线架】|【第 9 章】目录下的【位图贴图.max】文件，如图 9-11 所示。

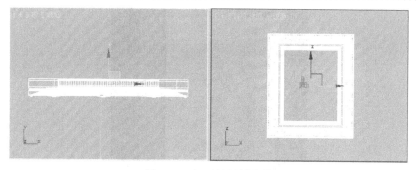

图 9-11　打开的场景文件

步骤 **02**　选择场景中的【块毯】造型。打开【材质编辑器】对话框，从中选择一个未用的示例球，打开【贴图】卷展栏，然后将随书配套光盘【第 9 章】目录下的【18.jpg】文件直接拖曳到【漫反射颜色】贴图通道右侧的 None 按钮上，为其指定上贴图。如图 9-12 所示。

图 9-12　指定位图贴图

步骤 **03**　单击 （将材质指定给选定对象）按钮，将材质赋予选择的对象，单击 （在视口中显示标准贴图）按钮，使对象表面显示贴图。此时透视图显示效果如图 9-13 所示。

步骤 **04**　进入贴图通道，在【位图参数】卷展栏中勾选【裁剪/放置】中的【应用】，再单击 查看图像 按钮，手动裁剪贴图，如图 9-14 所示。

图 9-13　渲染效果

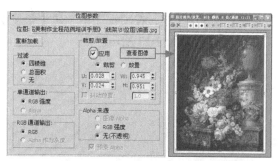

图 9-14　【位图参数】卷展栏参数设置

步骤 **05**　此时，透视图效果如图 9-15 所示。

图 9-15　渲染后的效果

步骤 06　单击 （应用程序）按钮，在弹出的下拉菜单中选择【另存为】|【另存为】命令，将制作的效果另存为【位图贴图 A.max】文件。

9.3.2　棋盘格贴图

【棋盘格】贴图将两色的棋盘图案应用于材质。默认【棋盘格】贴图是黑白方块图案。【棋盘格】贴图是二维程序贴图，效果如图 9-16 所示。

图 9-16　棋盘格贴图效果

【例题 2】：【位图】的应用

步骤 01　单击　长方体　按钮，在顶视图中创建【长度】为 6515、【宽度】为 6919、【高度】为 50 的长方体，如图 9-17 所示。

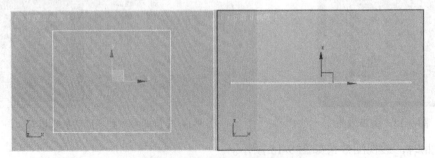

图 9-17　打开的场景文件

接下来，为地面调配棋盘格贴图。

步骤 02　选择场景中的长方体造型，在【材质编辑器】对话框中选择一个未用的示例球，将该材
　　　　质赋予选择的对象。

步骤 03　在【Blinn 基本参数】卷展栏中，单击【漫反射】右侧的█按钮，为其指定【棋盘格】贴
　　　　图类型，在【坐标】卷展栏下，设置 UV 的【平铺】次数均为 4，此时的卷展栏和透视
　　　　图渲染效果如图 9-18 所示。

图 9-18　【棋盘格参数】卷展栏和渲染效果

步骤 04　在【棋盘格参数】卷展栏下，单击 交换 按钮，交换【颜色#1】和【颜色#2】。

步骤 05　设置【柔化】参数值，将模糊方格之间的边缘。很小的柔化值就能生成很明显的模糊效
　　　　果。如图 9-19 所示为【柔化】数值为 0.03 的渲染效果。

图 9-19　柔化效果

另外，还可以为【颜色#1】和【颜色#2】指定贴图，以创建更复杂的材质效果。

9.3.3　渐变贴图

【渐变】贴图属于二维贴图的范畴，它以线性渐变和径向渐变的方式，可以产生三色（或三个贴
图）的渐变过渡效果，三个色彩之间可以随意调节、复制，相互
区域的比例大小也可调节，通过贴图可以产生无限级别的渐变和
图像嵌套效果。

另外，通过调整其自身的【噪波】参数，还可以控制相互区
域之间融合时产生的杂乱效果。因此，可用这个贴图制作多种材
质的特殊效果，使用【渐变】贴图制作的效果如图 9-20 所示。

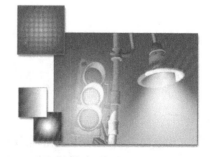

【例题 3】：【渐变】贴图的应用

步骤 01　单击快捷工具栏中的 📂（打开文件）按钮，打开随

图 9-20　【渐变】贴图效果

书配套光盘【第9章】目录下的【渐变.max】文件，如图9-21所示。

步骤02 单击■按钮，渲染视图如图9-22所示。

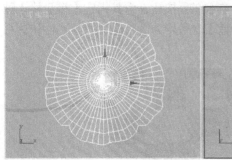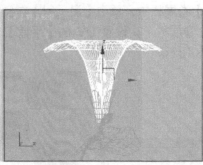

图9-21 打开的场景文件　　　　　　　　　　　　　　　　　图9-22 渲染效果

步骤03 按快捷键M，打开材质编辑器。选择一个空白的示例球并命名为【渐变】，在【Blinn基本参数】卷展栏中单击【漫反射】右侧的■按钮，在弹出的【材质/贴图浏览器】中双击【渐变】贴图类型。

步骤04 在【渐变参数】卷展栏中设置【颜色1】、【颜色2】、【颜色3】，再选择【渐变类型】为【径向】，如图9-23所示。

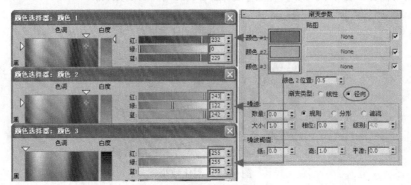

图9-23 【渐变参数】设置

步骤05 单击■按钮，渲染视图如图9-24所示。

图9-24 渲染效果

步骤06 单击■（应用程序）按钮，在弹出的下拉菜单中选择【另存为】|【另存为】命令，将制作的效果另存为【渐变A.max】文件。

【平铺】贴图是一种程序贴图，它通过使用砖墙程序贴图，制作出砖块或瓦片的材质效果。制作时可以使用预置的建筑砖墙图案，也可以设计自定义的图案样式。在效果图制作中常用来制作墙的材质，如图 9-25 所示。

图 9-25　平铺用于房屋的墙壁

【例题 4】：【平铺】贴图的应用

步骤 01　在前视图中，创建一个【长度】为 2000、【宽度】为 3000、【高度】为 10 的长方体作为砖墙造型，如图 9-26 所示。

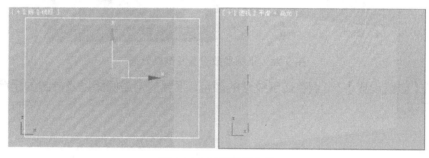

图 9-26　创建的长方体

步骤 02　打开【材质编辑器】对话框，从中选择一个未使用的示例球。

步骤 03　在【Blinn 基本参数】卷展栏中，单击【漫反射】右侧的 ■ 按钮，在弹出的【材质/贴图浏览器】对话中选择【平铺】类型，然后单击 确定 按钮。

此时，在【材质编辑器】中将出现一个关于该贴图的全新的卷展栏。

步骤 04　打开【标准控制】的卷展栏中，在【预设类型】中选择平铺类型，默认为【堆栈砌合】。然后单击【材质编辑器】对话框中的 ▒ （将材质指定给选定对象）按钮，将平铺贴图赋给墙体，再单击 ▒ （在视口中显示标准贴图）按钮，此时，透视图显示效果如图 9-27 所示。

图 9-27　赋予材质后透视图显示效果

步骤 05　在打开【高级控制】的卷展栏中，在【平铺设置】中调整【水平数】和【垂直数】分别
　　　　为 10、15，调整【纹理】的颜色为砖红色，如图 9-28 所示。

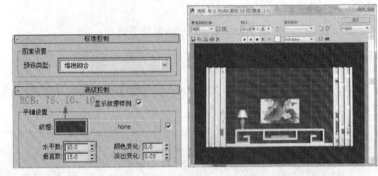

图 9-28　平铺参数设置及渲染效果

步骤 06　在【砖缝设置】下，调整砖缝纹理的颜色、平铺的沟道间距以及砖缝的粗糙度。如图 9-29
　　　　所示。

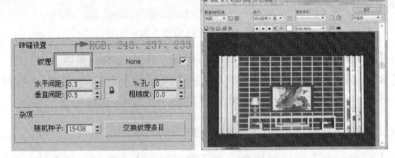

图 9-29　砖缝参数设置及渲染效果

在【杂项】下，可以使用【随机种子】选项改变平铺的颜色，此项一般很少调整。

步骤 07　将【%孔】设置为一个大于 0 的值，这样就可以在贴图上创建一些丢失的砖块。此时，
　　　　快速渲染一下透视图，制作的砖墙效果如图 9-30 所示。

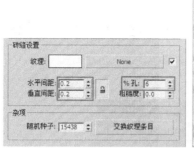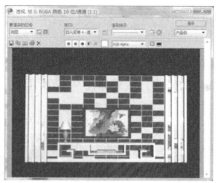

图 9-30　砖缝穿过孔的参数设置及效果

主要选项解析如下：

- 【预设类型】：列出定义的建筑平铺砌合、图案、自定义图案，这样可以通过选择【高级控制】和【堆垛布局】卷展栏中的选项来设计自定义的图案，常见预设类型效果如图 9-31 所示。

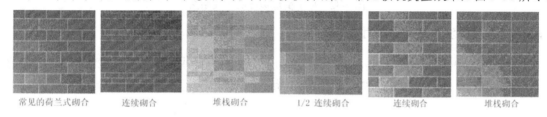

图 9-31　不同的砌合方式

- 【平铺设置】
  - 【纹理】：控制用于平铺的当前纹理贴图的显示。启用此选项后，纹理将作为平铺图案使用而不是用作色样。禁用此选项后，显示平铺的颜色；单击色样显示颜色选择器。
  - None 按钮：充当一个目标，可以为平铺拖放贴图。
  - 【水平数】：控制行的平铺数。
  - 【垂直数】：控制列的平铺数。
  - 【颜色变化】：控制平铺的颜色变化。
  - 【淡出变化】：控制平铺的淡出变化。
- 【砖缝设置】
  - 【纹理】：控制砖缝的当前纹理贴图的显示。启用此选项后，纹理将作为砖缝图案使用而不是用作色样。禁用此选项后，显示砖缝的颜色，单击色样显示颜色选择器。
  - None 按钮：充当一个目标，可以为砖缝拖放贴图。
  - 【水平间距】：控制平铺间的水平砖缝的大小。在默认情况下，将此值锁定给垂直间距，因此当其中的任一值发生改变时，另外一个值也将随之改变。单击锁定图标，将其解锁。
  - 【垂直间距】：控制平铺间的垂直砖缝的大小。在默认情况下，将此值锁定给水平间距，因此当其中的任一值发生改变时，另外一个值也将随之改变。单击锁定图标，将其解锁。
  - 【%孔】：设置由丢失的平铺所形成的孔占平铺表面的百分比。砖缝穿过孔显示出来。
  - 【粗糙度】：控制砖缝边缘的粗糙度。

9.3.5 噪波贴图

【噪波】贴图可以通过两种颜色的随机混和，产生一种噪波效果，它是使用比较频繁的一种贴图，常用于无序贴图效果的制作。效果如图 9-32 所示。

图 9-32   用于街道边缘的噪波贴图

【例题 5】：【噪波】贴图的应用

步骤 01   单击快捷工具栏中的 📄（打开文件）按钮，打开随书配套光盘【第 9 章】目录下的【噪波贴图.max】线架文件，如图 9-33 所示。

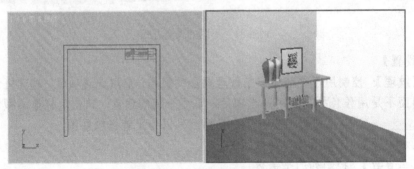

图 9-33   打开的场景文件

接下来，运用【噪波】贴图为场景中的陶罐调配材质。

步骤 02   打开【材质编辑器】对话框，从中选择一个空白的示例球，然后单击【材质编辑器】对话框中的 🔲（将材质指定给选定对象）按钮，将材质赋给选择的造型。再单击 🔲（在视图口显示标准贴图）按钮，查看使用的贴图。

步骤 03   在【Blinn 基本参数】卷展栏中，单击【漫反射】颜色框，设置漫反射的颜色为黄色（RGB：200、170、80）。

步骤 04   在【贴图】卷展栏中，单击【凹凸】贴图通道后的 None 按钮，在弹出的【材质/贴图浏览器】对话框中，双击【噪波】贴图类型，为该通道指定【噪波】贴图。

步骤 05   在【噪波参数】卷展栏中，设置【噪波类型】为【分形】，【大小】为 15，如图 9-34 所示。

步骤 06   单击工具栏中 🔲（返回父对象）按钮返回到上一级，再设置【凹凸】贴图通道的【数量】

为 100。此时，快速渲染下透视图，渲染效果如图 9-35 所示。

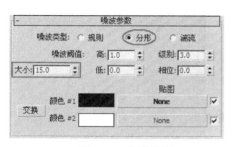

图 9-34　参数设置　　　　图 9-35　制作的陶罐效果

主要选项解析如下：

- 【噪波类型】：选择不同的噪波类型，可以产生不同的噪波效果。【规则】生成普通噪波；【分形】是使用分形算法生成噪波；【湍流】生成应用绝对值函数来制作故障线条的分形噪波，不同噪波类型的效果如图 9-36 所示。

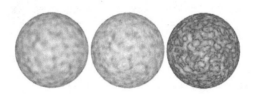

图 9-36　规则、分形、湍流

- 【大小】：以 3ds Max 为单位设置噪波函数的比例。默认设置为 25。
- 【噪波阈值】：如果噪波值高于【低】阈值而低于【高】阈值，动态范围会拉伸到填满 0 到 1。这将在阈值过渡时创建较小的不连续（实际上，1 阶而不是 0 阶），因此，会减少可能产生的锯齿。【高】设置高阈值。默认设置为 1。【低】设置低阈值。默认设置为 0。
- 【级别】：决定有多少分形能量用于分形和湍流噪波函数。您可以根据需要设置确切数量的湍流，也可以设置分形层级数量的动画。默认设置为 3。
- 【相位】：控制噪波函数的动画速度。使用此选项可以设置噪波函数的动画。默认设置为 0。
- 交换：切换两个颜色或贴图的位置。【颜色#1、颜色#2】显示颜色选择器，以便可以从两个主要噪波颜色中进行选择。将通过所选的两种颜色生成中间颜色值。
- None：选择以一种或其他噪波颜色显示的位图或程序贴图。启用复选框可使贴图处于激活。

9.3.6　薄壁折射贴图

【薄壁折射】贴图模拟缓进或偏移效果。这种贴图的速度快，所用内存少，并且提供的视觉效果要优于【反射/折射】贴图，如图 9-37 所示。

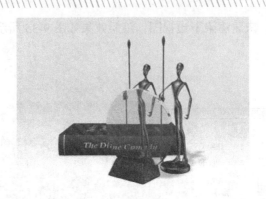

图 9-37　薄壁折射效果

【例题 6】:【薄壁折射】贴图的应用

步骤 01　单击快捷工具栏中的 ☞（打开文件）按钮，打开随书配套光盘【第 9 章】目录下的【薄壁折射.max】线架文件，如图 9-38 所示。

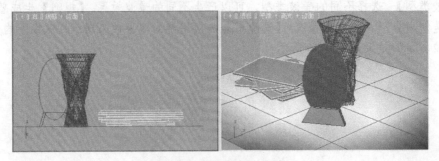

图 9-38　打开的场景文件

步骤 02　选择场景中的代表镜子的椭圆造型。按键盘中的【M】键，打开【材质编辑器】对话框，选择一个未用的示例球。单击【材质编辑器】对话框中的 🎨（将材质指定给选定对象）按钮，将该材质赋给选择的造型，再单击 🖼（在视图口显示标准贴图）按钮，以查看使用的贴图。

步骤 03　在【Blinn 基本参数】卷展栏中，设置【漫反射】颜色为淡蓝色（RGB：150、210、255）。

步骤 04　在【贴图】卷展栏中，单击【折射】贴图通道后的 None 按钮，在弹出的【材质/贴图浏览器】对话框中，双击【薄壁折射】贴图类型，弹出【薄壁折射参数】卷展栏，如图 9-39 所示。

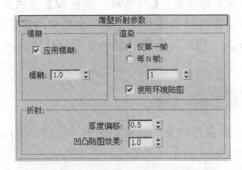

图 9-39　【薄壁折射参数】卷展栏

主要选项解析如下：

- 【模糊】选项组：用于抗锯齿。
  - 【应用模糊】：对贴图进行模糊处理。
  - 【模糊】：根据生成的贴图与对象的距离，影响贴图的锐度或模糊程度。
- 【渲染】选项组：影响折射在动画中的行为方式。
  - 【仅第一帧】：通知渲染器只在第一帧创建折射图像。
  - 【每 N 帧】：通知渲染器根据微调器设置的帧速率重新生成折射图像。
  - 【使用环境贴图】：处于禁用状态时，在渲染期间折射会忽略环境贴图。如果在场景中出现折射，并且您正在根据平面屏幕环境贴图进行对位，则将其关闭很有用。空间中其他环境贴图类型的行为方式不同，屏幕环境贴图在 3D 空间中不存在，也不会正确渲染。默认设置为启用。
- 【折射】选项组：是【薄壁反射】效果的特定参数。
  - 【厚度偏移】：影响折射偏移的大小或缓进效果。值为 0 时，没有偏移，在渲染的场景中看不到该对象。值为 10 时，偏移的效果最强。范围在 0 到 10 之间；默认设置为 0.5。如图 9-40 所示。

图 9-40 【厚度偏移】值为 0（左）、0.5（中）、10（右）的渲染效果

  - 【凹凸贴图效果】：由于存在凹凸贴图，影响折射的数量级。此参数会乘以父级材质中的当前凹凸贴图量。减小此值会降低二次折射的效果；增大此值会提高二次折射的效果。如果没有指定凹凸贴图，此值没有效果，默认设置为 1。

在【贴图】卷展栏中，设置【折射】贴图通道的【数量】值为 50，此时渲染透视图，效果如图 9-41 所示。

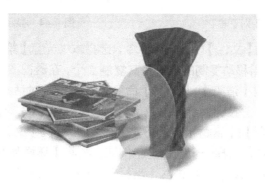

图 9-41 渲染效果

步骤 06　单击 ■ （应用程序）按钮，在弹出的下拉菜单中选择【另存为】|【另存为】命令，将制作的效果另存为【渐变 A.max】文件。

9.4　综合范例——给场景环境添加背景

下面练习使用【贴图】，为环境添加背景图片效果，如图 9-42 所示。

图 9-42　为环境添加背景效果

操作过程：

步骤 01　重新设置系统。

步骤 02　激活透视图，按键盘中的 Alt+B 键，弹出【视口配景】对话框，选择【背景】选项，然后设置参数，如图 9-43 所示。

步骤 03　单击 ■ 按钮，确定操作，视图显示环境贴图的效果如图 9-44 所示。

图 9-43　【视口配置】对话框

图 9-44　显示背景的形态

步骤 04　单击菜单栏中的【文件】|【合并】命令，选择本书光盘【第 9 章】|【模型】目录下的【路灯.max】文件，用移动复制的方法将其复制 2 个，在透视图中调整其位置如图 9-45 所示。

步骤 05　单击菜单栏中的【渲染】|【环境】命令，在弹出的对话框中单击【环境和贴图】下的 ██████ 无 ██████ 按钮，在弹出的【材质/贴图浏览器】对话框中双击【位图】，选择本书光盘【第 9 章】|【素材】目录下的【环境贴图.jpg】文件，如图 9-46 所示。

步骤 06　打开材质编辑器，选择一个空白的示例球。再将【环境和贴图】下的通道贴图文件拖动复制到空白的示例球上，再进入【坐标】卷展栏，设置参数如图 9-47 所示。

图 9-45　合并路灯

图 9-46　【环境和贴图】对话框

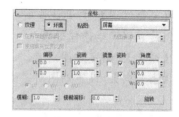

图 9-47　【坐标】卷展栏

步骤07　激活透视图，按键盘中的 Ctrl+C 键，使摄影机匹配当前视图创建摄影机。单击■按钮，渲染摄影机视图。

步骤08　最后，单击菜单栏中的【文件】|【另存为】命令，将文件另存为【第9章】|【模型】目录下的【环境添加背景.max】。

9.5　贴图坐标

对于附有贴图材质的物体，必须依据物体自身的 UVW 轴向进行贴图坐标指定。3ds Max 中绝大多数的标准几何体都有【生成贴图坐标】复选框，开启它就可以使用物体默认的贴图坐标。在使贴图在场景中显示或进行渲染时，拥有【生成贴图坐标】的物体会自动开启这个选项。

但是，对于那些没有自动建立贴图坐标设置的物体，如【编辑多边形】、【编辑网格】等，就需要对其使用【贴图缩放器（WSM）】或【UVW 贴图】修改命令进行贴图坐标的指定。

9.5.1　贴图缩放器

保持物体的贴图坐标在整个空间中恒定不变，不受物体本身形态变化的影响。这个工具最早是专用于建筑造型的，它可以保证所有建筑物的砖贴图比例相同，不会因墙的增高、降低而改变，如图 9-48 所示。

下面了解一下它的参数设置，如图 9-49 所示。

图 9-48　修改前后的形态　　　　　　　　图 9-49　【参数】卷展栏

主要选项解析如下：

- 【比例】：设置整个贴图比例的缩放。
- 【包裹纹理】：打开此选项，系统将尽可能严密地把贴图包裹在物体表面，虽然运算会慢一些，但是可以产生最佳效果。
- 【通道】：指定贴图通道。
- 【上方向】：设置贴图对齐的方向。

9.5.2　UVW 贴图坐标

在 3ds Max 中，贴图坐标一般分为两种，一种是内置的贴图坐标，这是一个三维造型自带的贴图坐标；另一种是外置的贴图坐标，就是指【UVW 贴图】修改命令。内置的贴图坐标比较容易理解，在创建对象的过程中系统将自动为创建对象创建贴图坐标，如图 9-50 所示。但是，如果内置贴图坐标不能满足用户的需要的话，这时就需要用到外置的贴图坐标了，也就是【UVW 贴图】修改命令。

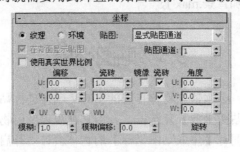

图 9-50　内置【坐标】卷展栏

当对场景中的对象指定材质贴图后，为了使其贴图效果符合设计需要，可以在修改命令面板内的编辑集下拉列表框中为其应用【UVW 贴图】修改器。【UVW 贴图】修改器是一个很灵活的编辑修改工具，可以放置在堆栈栏内的任意一个层次间，对堆栈栏中的所有东西起调整作用。

物体在指定了贴图坐标后，会自动覆盖以前的坐标指定，包括建立时的坐标指定，这时最好进入建立层，关闭坐标指定，这样可以节省一定的内存。贴图坐标【参数】卷展栏，如图 9-51 所示。

图 9-51　【参数】卷展栏

（1）贴图

为物体添加了【贴图坐标】修改器后，能够通过面板上的【长度】、【宽度】、【高度】参数调节贴图【坐标框】的尺寸并控制贴图的形状。

- 【平面】：将贴图沿平面映射到物体表面，适用于平面的贴图，通过下面的【长度】、【宽度】的调节，改变贴图框的大小，它适用于一些平面物体，如纸张、墙壁、地板等，如图 9-52 所示。
- 【柱形】：使用圆柱投影的方式向物体贴图，使图片如圆筒一样卷曲紧贴在物体上，这种投影方式会产生接缝。打开【封口】选项，圆柱的底面和顶面会放置平面贴图，如图 9-53 所示。

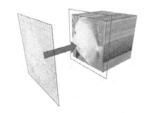

图 9-52　【平面】贴图方式

图 9-53　【柱形】贴图方式

- 【球形】：围绕对象以球形投影方式贴图，它是从中心点向外面的所有方向投射它的坐标，这有点象泛光灯的照明。它同样会产生接缝，图像的上下边缘会在顶底汇合成点，左右的边缘在物体的背面汇合成一条线，如图 9-54 所示。
- 【收缩包裹】：将整个图像从上向下包裹住整个物体表面，它适用于球体或不规则物体贴图，优点是不产生接缝和中央裂隙，在模拟环境反射的情况下使用较多，如图 9-55 所示。

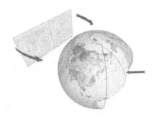

图 9-54　【球形】贴图方式

图 9-55　【发缩包裹】贴图方式

- 【长方体】：该类型以六个面的方式向物体投影，这是最广泛的贴图方式，它给复杂造型提供了一种快速贴图方式，如图 9-56 所示。

- 【面】：可以把贴图指定到对象表面的每一个片面上，片面越多，贴图的数量也就随之增加，如图 9-57 所示。

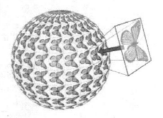

图 9-56 【长方体】贴图方式　　　　　　　　图 9-57 【面】贴图方式

- 【XYZ 到 UVW】：适配 3D 程序贴图坐标到 UVW 贴图坐标。这个选项有助于将 3D 程序贴图锁定到物体表面。如果拉伸表面，3D 程序贴图也会被拉伸，不会造成贴图在表面流动的错误动画效果。如图 9-58 所示，中央为没有适配的拉伸效果，右侧为适配后的拉伸效果，它不能应用到 NURBS 物体。

图 9-58 【XYZ 到 UVW】贴图方式

（2）通道

当需要在一个物体上附着多张图片时，就要在物体上准备多个贴图坐标，这里可以设置坐标与贴图的对应关系，为贴图坐标贴图指定一个通道号码，使其与材质中的某一贴图相对应。

（3）对齐

这是一些十分快捷的工具，它有八个对齐按钮：

- 【适配】：根据物体自身的尺寸自动调节【边界盒】的大小，当你对 Gizmo 框进行了变换调节后，想要重新设置时，【拟合】按钮便可以快速达到目的。
- 【中心】：将贴图坐标自动对齐到选择集的中心。
- 【位图适配】：利用外部图片的尺寸比例来约束贴图坐标的长宽比例。在对物体应用如标志、人物等不能扭曲的位图时非常有用。注意，此命令引入的只是图片的尺寸信息，色彩信息依然需要通过材质编辑器输入。
- 【法线对齐】：激活此选项，在物体上单击确定一个点，你会发现贴图的【边界盒】按照这个点所在面的法线方向调整了自己的位置和方向。如果按住左键不放并拖动鼠标，【边界盒】也会跟随鼠标在物体表面移动。
- 【视图对齐】：将贴图【边界盒】的垂直方向对齐于当前视图，并且不改变它的尺寸。如果摄相机视图为当前视图，那么图片将对着摄相机。
- 【区域适配】：能够通过在物体表面拖曳来画出贴图框的区域，它不会影响贴图框的方向。
- 【重置】：可以将贴图坐标还原为初始状态。

- 【获取】：有时，场景中的多个物体使用的是相同材质，而且我们往往要求相同材质的物体表面贴图效果一致，这种情况下，只需要调整一个物体的贴图坐标，然后在其他物体的贴图坐标设置中使用此命令，用鼠标单击设置好的物体，会弹出对话框，其中的【相对查询】选项能够产生与目标物体完全相同的贴图坐标。使用【绝对查询】获取目标物体的贴图坐标设置后，其自身的贴图坐标与目标物体的贴图坐标重合。

9.6　思考与总结

9.6.1　知识点思考

思考题一

贴图丢失怎么解决？

思考题一

为什么使用平面镜贴图时，没有反射效果产生？

9.6.2　知识点总结

本章详细介绍了 3ds Max 中的各种标准贴图以及贴图坐标的调整方式。学习完本章否，对有关材质、贴图的知识就已经了解了一大半，往后的学习任务就是灵活应用这些基础知识，并将它们合理地整合在一起，制作出优美的材质贴图效果。读者在学习时应结合课堂指导的内容重点掌握贴图类型的灵活应用。

（1）【位图】贴图是最常用的贴图类型，需要好好把握。

（2）二维、三维以及其他贴图在真正做的时候都是穿插使用的，因此，大家要灵活运用。

9.7　上机操作题

9.7.1　操作题一

通过实例使用【位图】为装饰品赋予材质，如图 9-59 所示。本作品参见本书光盘【第 9 章】|【操作题】目录下的【装饰品.max】文件。

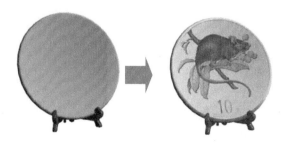

图 9-59　为装饰品赋予材质的效果

9.7.2 操作题二

通过实例学习【UVW 贴图】命令的应用，制作如图 9-60 所示的材质。本作品参见本书光盘【第 9 章】|【操作题】目录下的【屋瓦.max】文件。

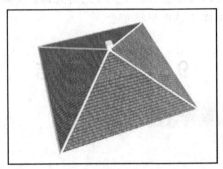

图 9-60 制作屋瓦材质

第 10 章　摄影机与灯光设置

　　光是一种能量的形态，它可以从一个物体传播到另一个物体，其中无需任何物质作媒介。光线对于我们的视觉来说至关重要。我们之所以能够看到五颜六色的物体，就是因为这些物体反射了光的不同光波，没有光线我们的眼前将是一片漆黑。3ds Max 所营造的三维空间与实际生活场景一样，造型、材料质感通过照明得到体现。由此可见，灯光效果的设置是非常重要的，光线的强弱、颜色、投射方式都可以明显地影响空间感染力，照明的设计要和整个空间的性质相协调，要符合空间的总体艺术要求，形成一定的环境气氛。

　　如果大家能科学地掌握光和色彩的基本知识，然后结合空间大小、家具的组合，各种房间功能需求、灯光明暗色调的相互搭配等条件，进行精心设计安排，一定会给居室增添无限的情趣和许多意想不到的艺术效果。

本章内容如下：

- 创建摄影机
- 标准灯光
- 综合范例一——落地灯发光效果
- 光度学灯光及其常用参数设置
- VRay 灯光
- 综合范例二——直线形灯槽
- 综合范例三——圆形灯槽
- 思考与总结
- 上机操作题

10.1　创建摄影机

　　3ds Max 提供了两种类型的摄影机，分别是【目标】摄影机和【自由】摄影机。单击 ▦（创建命令）面板上的 ▦（摄影机）按钮，弹出摄影机命令面板，如图 10-1 所示。

　　【目标】摄影机用于观察目标点附近的场景内容，与【自由】摄影机相比，它更易于定位，只需直接将目标点移动到需要的位置上就可以了。【自由】摄影机用于观察所指方向内的场景内容，多应用于轨迹动画制作，它的方向能够随着路径的变化而变化。两种摄影机的显示形态如图 10-2 所示。

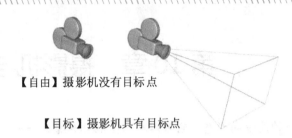

【自由】摄影机没有目标点

【目标】摄影机具有目标点

图 10-1　摄影机命令面板　　　　　图 10-2　两种摄影机的显示形态

在制图过程中，如果某个视图（透视图、灯光视图或其他视图）的显示形态比较理想，适合用作出图视角，这时就可以使用相关命令使摄影机与视图匹配。

【例题 1】　将摄影机与视图匹配

步骤 01　在视图中选择摄影机。

步骤 02　激活透视图，选择【视图】|【从视图创建摄影机】命令（快捷键：Ctrl+C）。使摄影机与视图匹配。

步骤 03　在视图区将光标移至左上角并单击视图显示名称，在弹出的右键菜单中选择【摄影机】|【Camera001】视图，或者直接敲击键盘上的 C 键。

10.2　标准灯光

灯光是 3ds Max 中模拟自然光照效果最重要的手段，称得上是 Max 场景的灵魂。如图 10-3 所示客厅在设置灯光前（缺乏层次）、灯光后（真实感）的效果。但是，复杂的灯光设置，多变的运用效果，却是让很多操作者成为极为困扰的一大难题。如何得到令人满意的照明效果，使很多朋友感到头痛不已而又无可奈何。下面我们将深入了解一下 3ds Max 中的灯光设置。

图 10-3　设置灯光前、后的效果

3ds Max 默认系统中提供了两种类型的光源：标准灯光和光度学灯光，所有类型在视口中显示为灯光对象。共享相同的参数，包括阴影生成器。

单击 ▓（创建）选项卡中的 ◁（灯光）按钮，弹出【光度学】命令面板。单击 光度学 ▾ ，在下拉列表中选择【标准】灯光，如图 10-4 所示。

图 10-4　【光度学】命令面板

10.2.1　标准灯光共同参数设置

无论是标准灯光系统还是光度学灯光系统。大部分的参数选项都是相同或相似的，我们将在这一节中对这些共同的参数逐一进行介绍。

1.常规参数

所有标准灯光都会产生阴影效果，模拟真实环境下的物体阴影。灯光的【常规参数】卷展栏适用于除【天光】之外的其他各种灯光的设置，这些设置包括控制灯光的开启与关闭、排除或包含场景中的物体、选择阴影方式等。在修改命令面板上，【常规参数】还可以用于控制灯光目标物体、改变灯光类型。

【例题 2】　启用阴影

步骤 01　单击快捷菜单中的　按钮，打开本书配套光盘【第 10 章】目录下的【基本灯光属性.Max】命令，在视图场景中简单的创建了一个小场景。

步骤 02　在视图中选择创建的目标聚光灯，单击　按钮，在【常规参数】中勾选阴影中的【启用】，然后，在阴影列表中选择不同的阴影，如图 10-5 所示。

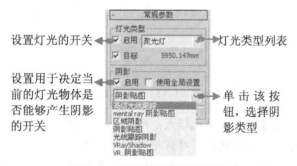

图 10-5　【常规参数】卷展栏

步骤 03　Max 中的灯光默认情况下并不进行投影，但是可以根据需要设定成投影或不投影。阴影的质量、强度甚至颜色都是可调整的。在 Max 中有【高级光线跟踪】、【mental ray 阴影贴图】、【区域阴影】、【阴影贴图】、【光线追踪阴影】五种方式可供选择。常用几种阴影特点如图 10-6 所示。

 优点: 产生柔和阴影, 如果不存在对象动画, 则只处理一次, 这是最快的阴影类型。
缺点: 不支持使用透明度或不透明度贴图的对象。

阴影贴图

 优点: 支持透明度和不透明度。
缺点: 比阴影贴图慢, 不支持柔和阴影, 需处理每一帧。

区域阴影

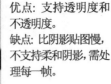

 优点: 支持透明度和不透明度贴图。如果不存在动画, 则只处理一次。
缺点: 可能比阴影贴图更慢, 不支持柔和阴影。

光线跟踪阴影

 优点: 支持透明度和不透明度贴图。
缺点: 比阴影贴图慢, 不支持柔和阴影; 需处理每一帧。

高级光线跟踪阴影

图 10-6　常用阴影特点

一般情况下, 如果场景灯光设置了阴影效果, 那么, 场景中凡是被该灯光照射的物体都会产生阴影, 如果用户不想让某一个物体产生阴影, 可以在场景中选择该物体, 单击鼠标右键, 选择【属性】命令, 在打开的【对象属性】对话框单击【常规】选项卡, 在【渲染控制】选项下取消【投影阴影】选项的勾选, 关闭该对话框, 此时, 被选择的物体不会再产生阴影。【排除/包含】对话框如图 10-7 所示。

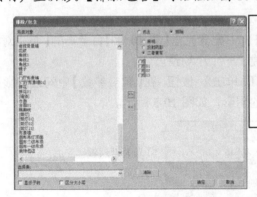

通过 >> << 按钮可以将场景中的物体加入（或取回）到右侧排除框中, 作为排除物体, 它将不再受到这盏灯光的照射影响, 对于【明度】和【投影】影响, 可以分别予以排除。

图 10-7　【排除/包含】对话框

缺省系统使用的是【排除】灯光模式, 所以右侧对话框中的物体都会排除在当前灯光的照明或投影之外, 但如果选择了对话框右上角的【包含】模式, 所有在右侧对话框中的物体将成为受灯光单独照明或投影的物体, 而左侧对话框的所有物体都不会受到此灯光的任何影响。【包含】模式最有用的地方是专门为某个物体指定特殊的灯光, 这样只要将这个物体指定到右侧对话框就行了, 场景中的其他物体都不会受到该灯光的影响, 这盏灯只照明选择的物体。

步骤 04　打开【阴影参数】卷展栏, 在【对象阴影】选项组中设置不同的阴影密度值, 产生的阴影效果也不相同, 如图 10-8 所示。一般在制作效果图过程中, 将【密度】值设置为 0.65 左右, 这样比较符合现实。

密度=0.1　　　　密度=0.5　　　　密度=1.0

图 10-8　设置不同密度值效果

步骤 05　打开【阴影贴图参数】卷展栏，设置阴影偏移值，将阴影移向或移离投射阴影的对象，如图 10-9 所示。

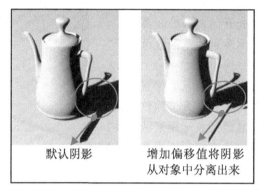

默认阴影　　　增加偏移值将阴影
　　　　　　　从对象中分离出来

图 10-9　渲染效果

技巧提示　如果【偏移】值太低，阴影可能在无法到达的地方【泄露】，从而生成叠纹图案或在网格上生成不合适的黑色区域。如果偏移值太高，阴影可能从对象中【分离】。在任何一方向上如果偏移值是极值，则阴影根本不可能被渲染。因此，此值取决于是启用还是禁用【绝对贴图偏移】。

2．强度/颜色/衰减

【强度/颜色/衰减】卷展栏如图 10-10 所示。

图 10-10　【强度/颜色/衰减】卷展栏

- 【倍增】：对灯光的照射强度进行倍增控制，标准值为 1，如果设为 2，则光倍增加一倍；如果设为负值，将产生吸收光的效果，如图 10-11 所示。
- 色块：显示灯光的颜色，单击色块，可弹出【颜色】对话框（默认为白色）。用来调整灯光的颜色。

倍增值=1.0 　　　　倍增值=2.0 　　　　倍增值=-10

图 10-11　不同灯光倍增值效果

- 衰退
  - ◆ 【类型】：在设置衰退方式时，有【无】、【倒数】、【反向平方】三个选项可供选择。
  - ◆ 【开始】：设置灯光开始淡入的距离。
  - ◆ 【显示】：用来显示衰退的范围线框。
- 近距衰减
  - ◆ 【开始】：设置灯光开始淡入的位置。
  - ◆ 【结束】：设置灯光达到最大值的位置。
  - ◆ 【使用】：用来开启近距或远距衰减开关。
  - ◆ 【显示】：用来显示近距或远距衰减的范围线框。
- 远距衰减
  - ◆ 【开始】：设置灯光开始淡出的位置。
  - ◆ 【结束】：设置灯光降为 0 的位置。
  - ◆ 【使用】：用来开启近距或远距衰减开关。
  - ◆ 【显示】：用来显示近距或远距衰减的范围线框。

　【近衰减】一般不常使用，它其实是光线减增的效果，【远衰减】常用来制造景深效果，使画面产生立体的层次和深远的感觉。当前的参数是系统默认的灯光参数，大家在设置灯光时可以对其进行调整，想要使设置起作用，必须勾选【使用】和【显示】选项，以求达到满意的效果。

【例题3】　光线衰减分析

步骤01　单击菜单栏中的【文件】|【打开】命令，打开本书配套光盘【第 10 章】目录下的【灯光衰减.max】文件，渲染摄像机视图，其效果如图 10-12 所示。

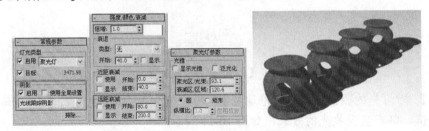

图 10-12　未开启衰减的参数设置及渲染效果

步骤02　在视图中选择目标聚光灯，在修改列表中勾选【远距衰减】下的【使用】选项，设置其

【开始】值为 2848，【显示】值为 4671，渲染摄像机视图，其效果如图 10-13 所示。

图 10-13　开启衰减的参数设置及渲染效果

3．阴影参数

【阴影参数】卷展栏如图 10-14 所示。

图 10-14　阴影参数卷展栏

- 【对象阴影】
  - 【颜色】：设置阴影的颜色，默认设置是黑色。单击色块，可弹出【颜色】对话框。
  - 【密度】：调整阴影的浓度。增加阴影浓度的值可使阴影更重或更亮，减小阴影浓度的值可使影子变淡。默认值为 1.0。
  - 【贴图】：为阴影指定贴图。左侧的复选框用于设置是否使用阴影贴图，贴图的颜色将与阴影颜色相混；右侧的按钮用于打开贴图浏览器进行贴图的选择。为椅子的阴影指定单色和【棋盘】程序贴图的效果如图 10-15 所示。

图 10-15　为阴影分别指定单色和贴图的效果

  - 【灯光影响阴影颜色】：勾选时，阴影颜色显示为灯光颜色和阴影固有色（或阴影贴图颜色）的混合效果，默认为关闭。
- 【大气阴影】
  - 【启用开】：设置大气是否对阴影产生影响。开启它，当灯光穿过大气时，大气效果能够产生阴影。

- 【不透明度】：调节阴影透明程度的百分比，默认值为 100。
- 【颜色量】：调节大气颜色与阴影颜色混合程度的百分比。默认值为 100。

高级效果

【高级效果】卷层栏如图 10-16 所示。

图 10-16 【高级效果】卷展栏

- 【对比度】：调节物体高光区与过渡区之间表面的对比度，值为 0 时是正常效果，对有些特殊效果如外层空间中刺目的反光，需要增大对比度值。
- 【柔化漫反射边】：柔化过渡区与阴影区表面之间的边缘，避免产生清晰的明暗分界。
- 【漫反射、高光反射】：缺省的灯光设置是对整个物体表面产生照射影响，包括表面色和高光色，这里可以控制灯光单独对其中一个区域进行影响，对某些特殊光效调节非常有用。
- 【仅环境光】：勾选时，灯光仅以环境照明的方式影响物体表面的颜色，近似给模型表面均匀的涂色。如果使用场景的环境光，会对场景中所有的物体都产生影响，而使用灯光的此项控制，可以灵活地为物体指定不同的环境光照明影响。

10.2.2 目标聚光灯的应用

目标聚光灯是一种平行光源，它向目标投射光线，目标和光源都可被独立移动。目标点和光源照射物体的距离对光线亮度和衰减是没有影响的。目标聚光灯一般用于设置场景局部照明，例如壁灯照明等。

【例题 4】目标聚光灯的应用

步骤 01 单击快捷工具栏中的 ☞ 按钮，打开随书光盘【第 10 章】目录下的【聚光灯-ready.max】文件，如图 10-17 所示。

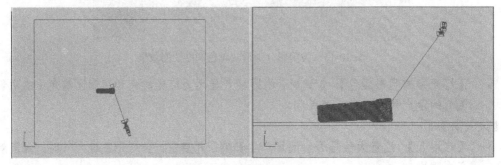

图 10-17 打开的场景文件

步骤 02　单击 （渲染产品）按钮，渲染摄影机视图，效果如图 10-18 所示。

图 10-18　渲染后的效果

步骤 03　单击 目标聚光灯 按钮，在顶视图中的壁灯位置创建目标聚光灯，调整灯光位置如图 10-19 所示。

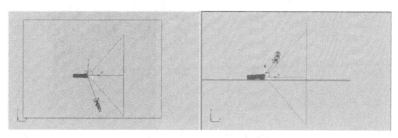

图 10-19　创建目标聚光灯

步骤 04　单击（修改）按钮，在【强度/颜色/衰减】卷展栏中设置灯光【倍增】为 3，在【聚光灯参数】卷展栏中设置聚光灯参数，如图 10-20 所示。

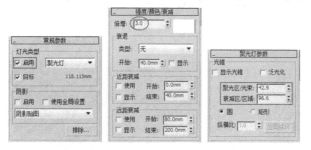

图 10-20　灯光参数设置

步骤 05　单击工具栏中的（渲染产品）按钮，渲染摄像机视图，渲染后的效果如图 10-21 所示。

图 10-21　渲染后的效果

10.2.3 泛光灯的应用

【泛光灯】属于点光源（如同在电线上吊着的发光灯泡一样），从其所在的位置向所有面向它的表面进行全方向投射光线。【泛光灯】的主要用途是用作场景主光源以及填充光源。另外，【泛光灯】也有其他的用途，如在建筑玻璃墙附近设置【泛光灯】以创建玻璃幕墙高光；如果设置【泛光灯】的【倍增】值为负值，就可以将其作为吸光灯吸收光线或创建物体的【假阴影】效果。下面通过一个实例学习使用【泛光灯】创建室内筒灯的光照效果。

【例题 5】泛光灯的应用

步骤 01　单击快捷工具栏中的 ☞（打开文件）按钮，打开本书光盘【第 10 章】目录下的【泛光灯-ready.max】文件，这是一个简单的吊顶模型\一架摄影机和一盏泛光灯，如图 10-22 所示。

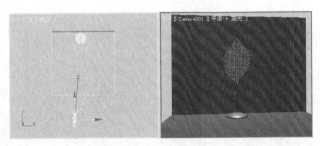

图 10-22　打开的场景文件

步骤 02　单击 ▣（渲染产品）按钮，渲染摄影机视图，其效果如图 10-23 所示。

步骤 03　单击 ✳（创建）命令面板中的 ◁（灯光）按钮，在【对象类型】展卷栏中单击 天光 按钮，在正面视图中创建一盏天光。如图 10-24 所示。

图 10-23　渲染效果

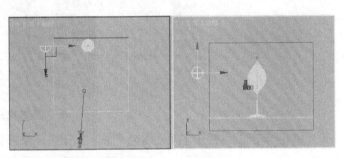

图 10-24　创建天光

步骤 04　单击菜单栏中的【渲染】|【光跟踪器】命令，在弹出的【渲染设置：默认扫描线渲染器】对话框中设置参数，如图 10-25 所示。

图 10-25　【渲染设置：默认扫描线渲染器】对话框

步骤 05　单击 泛光灯 按钮，在顶视图中筒灯的位置创建一盏泛光灯，在修改命令面板中设置灯光强度为 10，勾选【远距衰减】下的【使用】选项，设置【开始】值为 0、【结束】值为 153，再单击工具栏中的 按钮，在前视图中将灯光照射范围沿 Y 轴缩放，调整灯光大小，如图 10-26 所示。

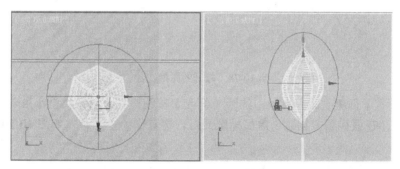

图 10-26　创建泛光灯

步骤 06　单击 （渲染产品）按钮，渲染摄影机视图，其效果如图 10-27 所示。

图 10-27　渲染效果

10.2.4　天光的应用

【天光】主要用来模拟天空中的漫反射光，为了表现漫反射光是没有方向性的，它模拟了一个罩在场景上空的圆形天空，光线从天空的各个方向射出，因此，天光也是一种面光源，天光渲染效果如图 10-8 所示。

【例题6】天光的应用

步骤 01　重新设置系统。

步骤 02　单击快捷工具栏中的 ☞ （打开文件）按钮，打开随书光盘【第 10 章】目录下的【天光-ready.max】文件，如图 10-28 所示。

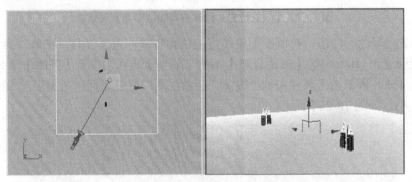

图 10-28　打开的图形文件

步骤 03　单击 ⚙ （创建）命令面板中的 ◁ （灯光）按钮，在【对象类型】展卷栏中单击 目标聚光灯 按钮，在顶视图中创建一盏目标聚光灯，将其作为主光源，如图 10-29 所示。

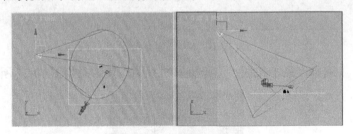

图 10-29　创建聚光灯的位置

步骤 04　单击 ✎ （修改）按钮，设置聚光灯的参数，如图 10-30 所示。

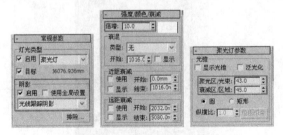

图 10-30　聚光灯参数的设置

步骤 05　单击 ⚙ （创建）命令面板中的 ◁ （灯光）按钮，在【对象类型】展卷栏中单击 天光按钮，在正面视图中创建一盏天光。如图 10-31 所示。

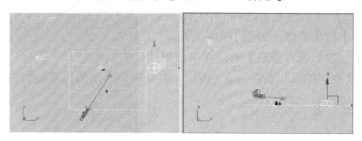

图 10-31　天光的位置

步骤 06　单击菜单栏中的【渲染】|【光跟踪器】命令，在弹出的【渲染设置：默认扫描渲染器】
对话框中设置参数，如图 10-32 所示。

步骤 07　单击工具栏中的 ◎（渲染产品）按钮，渲染摄像机视图，渲染后的效果如图 10-33 所示。

图 10-32　【渲染设置：默认扫描渲染器】对话框

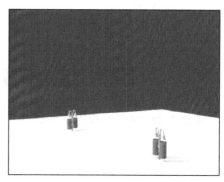

图 10-33　渲染后的效果

步骤 08　将摄影机视图处于当前，按 Alt+B 键，打开【视口背景】对话框，单击【背景源】下的
文件... 按钮，在弹出的【选择背景图像】对话框中选择本书光盘【第 10 章】目录下的
【环境.jpg】文件，勾选【显示背景】选项，然后单击 确定 按钮。

步骤 09　单击菜单栏中的【渲染】|【环境】命令，单击【环境】选项组中的的长按钮，同样为其
选择本书光盘【第 10 章】目录下的【环境.jpg】文件，如图 10-34 所示。

步骤 10　单击工具栏中的 ◎（渲染产品）按钮，渲染摄像机视图，渲染后的效果如图 10-35 所示。

图 10-34　添加环境贴图

图 10-35　渲染后的效果

步骤 11　单击工具栏中的 按钮，打开材质编辑器，选择一个空白的示例球，将其命名为【无光投影材质】，单击命名窗口右侧的标准按钮，弹出【材质/贴图浏览器】对话框，选择【无光/投影】材质类型，如图 10-36 所示。

步骤 12　在【无光/投影基本参数】对话框中采用默认值即可。

步骤 13　单击工具栏中的 （渲染产品）按钮，渲染摄像机视图，渲染后的效果如图 10-37 所示。

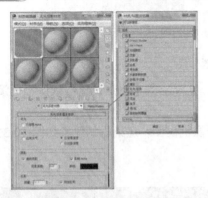
图 10-36　材质编辑器

图 10-37　渲染后的效果

10.3　综合范例——落地灯发光效果

本例通过 VRay 光源来模拟落地灯的光效，如图 10-38 所示。

图 10-38　落地灯发光效果

操作过程：

步骤 01　单击快捷工具栏中的 按钮，打开本书光盘【第 10 章】|【模型】目录下的【落地灯.Max】文件。如图 10-39 所示。

步骤 02　在这个场景中只有简单的几个模型，单击 VR_光源 按钮，在前视图中创建 VRay 灯光，调整位置如图 10-40 所示。

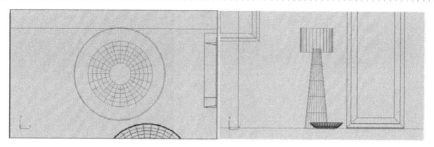

图 10-39 打开的场景文件

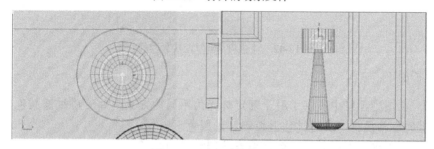

图 10-40 打开的场景文件

步骤 03 单击 按钮，在【参数】卷展栏中设置灯光颜色为黄色（RGB：236、167、59），其他
参数的设置如图 10-41 所示。

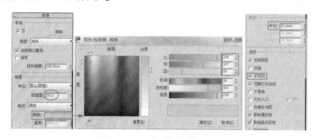

图 10-41 灯光参数设置

步骤 04 单击 按钮，渲染视图，其效果如图 10-38 所示。

10.4 光度学灯光及其常用参数设置

光度学灯光就像真实世界中的灯光一样，可以精确地定义。可以设置它们的分布情况、灯光的强
度、色温和其他真实世界灯光的特性。还可以导入灯具制造商的光域网文件，来设计真实的灯光照射
效果。将光度学灯光与光能传递解决方案结合起来使用，可以使三维作品更具有真实感。接下来学习
光度学灯光基本参数。

10.4.1 灯光的强度和颜色

在光度学灯光的【强度/颜色/衰减】卷展栏中，可以设置灯光的强度和颜色等基本参数，其面板
如图 10-42 所示。

图 10-42　【强度/颜色/衰减】卷展栏

主要参数解析如下：

- 【颜色】：在该选项组中提供了用于确定灯光的不同的方式，如使用过滤颜色，或选择下拉列表中提供的灯具规格，或通过色温控制灯光颜色。
- 【强度】：在该选项中提供了三个选项来控制灯光的强度。
- 【暗淡】：这是 3ds Max 2010 的新增功能，在保持强度的前提下以百分比的方式控制灯光的强度。

10.4.2　光度学灯光分布方式

光度学灯光提供了 4 种不同的分布方式，用于描述光源发射的光线的方向。在【常规参数】卷展栏中可以选择不同的分布方式。

1．光度学 Web

光度学 Web 分布方式是以 3D 的形式表示灯光的强度，通过该方式可以调用光域网文件，产生异形的灯光强度分布效果，如图 10-43 所示。

当选择光度学 Web 分布方式时，在相应的卷展栏中，可以选择光域网文件并预览灯光的强度分布图，如图 10-44 所示。

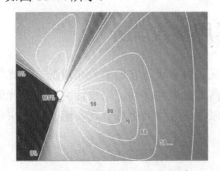

图 10-43　光度学 Web 分布方式

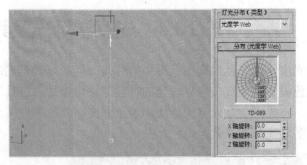

图 10-44　灯光的强度分布图

2．聚光灯分布

聚光灯分布以灯光光束角度，强度衰减到 50%，以其区域角度，强度衰减到零，所有聚光区的强度为 100%，聚光灯分布的原理如图 10-45 所示。

3.统一漫反射

统一漫反射分布仅在半球体中投射漫反射灯光，就如同从某个表面发射灯光一样。统一漫反射分布遵循 Lambert 余弦定理：从各个角度观看灯光时，它都具有相同明显的强度。统一漫反射分布的原理如图 10-46 所示。

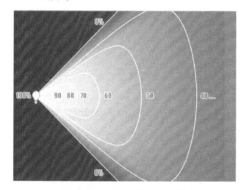

图 10-45　聚光灯分布原理

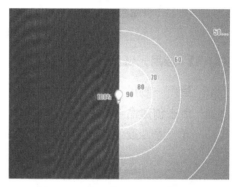

图 10-46　统一漫反射分布原理

4．统一球形

统一球形分布，如其名称所示，可在各个方向上均匀投射灯光。统一球形分布的原理如图 10-47 所示。

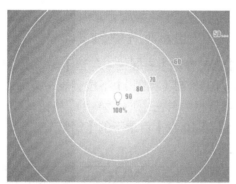

图 10-47　统一球形分布原理

10.4.3　光域网的使用

光域网是灯光的一种物理性质，确定光在空气中发散的方式，不同的灯，在空气中的发散方式是不一样的，比如手电筒、它会发一个光束，还有一些壁灯、台灯，它们发出的光又是另外一种形状，就是由于灯自身特性的不同。现实生活中不同光的表现，如图 10-48 所示。之所以光域网有不同的图案，是因厂家对每个灯都指定了不同的光域网。在三维软件里，如果给灯光指定一个特殊的文件，就可以产生与现实生活相同的发散效果，这特殊的文件，标准格式是.IES。

图 10-48   现实生活中不同光的表现

【例题 7】   应用光域网

步骤 01   单击 长方体 按钮，在前视图中创建一个长方体作为【墙体】。

步骤 02   单击创建命令面板中的 按钮，在【光度学】选项下单击 目标灯光 按钮，在前视图中创建一盏光度学灯光。调整位置如图 10-49 所示。

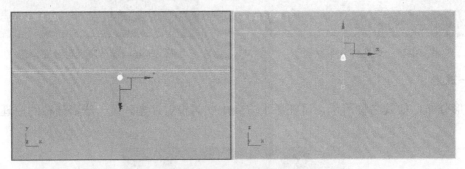

图 10-49   创建光度学灯光

步骤 03   单击 按钮，在【常规参数】卷展栏中勾选【阴影】中的【启用】选项，选择光线跟踪阴影，选项，在【灯光分布（类型）】下拉列表中选择【光度学 Web】，然后，在【分布（光度学 Web）】卷展栏中单击 <选择光度学文件> 按钮，打开【打开光域网 Web 文件】对话框，选择本书光盘【第 10 章】目录下的【筒灯.IES】文件，再设置灯光强度为 3，其他参数设置如图 10-50 所示。

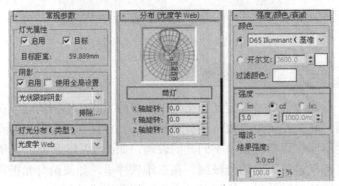

图 10-50   灯光参数设置

步骤 04   单击工具栏中的 按钮，渲染视图，光域网照射效果如图 10-51 所示。

图 10-51　光域网效果

10.5　VRay 灯光

VRay 自带的灯光能模拟灯箱、发光片自然光等效果，在 3ds Max 中使用 VRay 灯光时几乎不用进行太多设置就可以自动产生无与伦比的真实光影效果。

【例题 8】　聚光灯的应用

步骤 01　单击快捷工具栏中的 ☞ 按钮，打开本书光盘【第 10 章】|【模型】目录下的【VRay 灯光.max】文件。

步骤 02　在这个场景中只有简单的几个模型，单击 VR_光源 按钮，在前视图中创建 VRay 灯光，调整位置如图 10-52 所示。

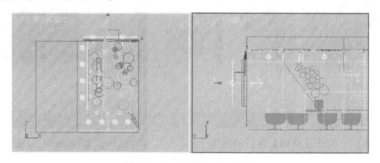

图 10-52　创建 VRay 灯光

步骤 03　单击 ☑ 按钮，在【参数】卷展栏中设置灯光颜色为黄色（RGB：253、255、119），其他参数的设置如图 10-53 所示。

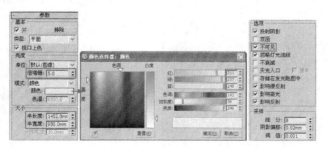

图 10-53　灯光参数设置

步骤 04　单击 ⟳ 按钮，渲染视图，其效果如图 10-54 所示。

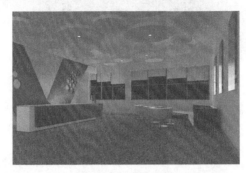

图 10-54　渲染效果

主要参数解析如下：

- 【开】：控制 VRay 灯光的开关与否。
- 【类型】：设置灯光类型。
- 【颜色】：设置灯光的颜色。
- 【倍增器】：设置灯光颜色的倍增值。
- 【双面】：在灯光被设置为平面类型的时候，这个选项决定是否在平面的两边都产生灯光效果。这个选项对球形灯光没有作用。如图 10-55 所示勾选【双面】后对场景产生的影响。
- 【不可见】：设置在最后的渲染效果中光源开头是否可见，如图 10-56 所示是勾选【不可见】复选框后对场景产生的影响。

图 10-55　勾选【双面】前后的效果　　　　　图 10-56　勾选【不可见】后的效果

- 【细分】：设置在计算灯光效果时使用的样本数量，较高的取值将产生平滑的效果，但是会耗费更多的渲染时间。不同细分值的对比效果如图 10-57 所示。

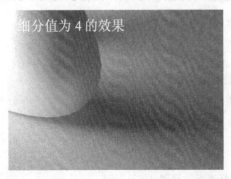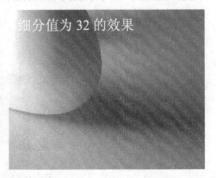

图 10-57　不同细分值的对比效果

步骤 05 单击 目标聚光灯 按钮，在顶视图中创建目标聚光灯，如图 10-58 所示。

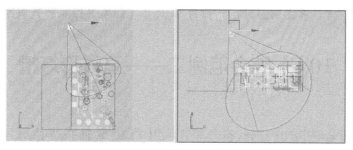

图 10-58　创建目标聚光灯

步骤 06 单击 ✐ 按钮，在【常规参数】卷展栏中打开阴影选项，设置阴影方式为【VRay Shadow】，其他参数设置如图 10-59 所示。

步骤 07 单击 ✿ 按钮，渲染视图，效果如图 10-60 所示。

图 10-59　聚光灯参数设置

图 10-60　渲染效果

步骤 08 在【VRayShadows params】卷展栏中勾选【区域阴影】选项，设置 U/V/W 向尺寸大小值，如图 10-61 所示。

步骤 09 单击 ✿ 按钮，渲染视图，投影更加真实、逼真了，如图 10-62 所示。

图 10-61　VRay 阴影参数设置

图 10-62　设置阴影尺寸的阴影效果

主要参数解析如下：

- 【透明阴影】：当物体的阴影是由一个透明物体产生时，该选项十分有用。当打开该选项时，VRay 会忽略 Max 的物体阴影参数。当你需要使用 Max 的物体阴影参数时，关闭该选项。
- 【偏移】：指定物体与影子之间的距离值，也可以避免表面形成斑点的现象。
- 【区域阴影】：可以根据影子的距离，从外围开始柔和地散播开来。
- 【U 向尺寸】：当计算面阴影时，光源的 U 尺寸（如果光源是球形的话，该尺寸等于该球形的半径）。

- 【V 向尺寸】：当计算面阴影时，光源的 V 尺寸（如果选择球形光源的话，该选项无效）。
- 【W 向尺寸】：当计算面阴影时，光源的 W 尺寸（如果选择球形光源的话，该选项无效）。

10.6 综合范例二——直线形灯槽

操作过程：

步骤 01　单击快捷菜单中的 按钮，打开本书光盘【第 10 章】【模型】目录下的【直线型灯槽.Max】文件。如图 10-63 所示。

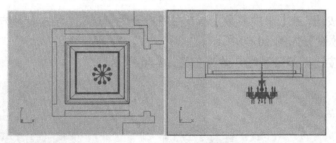

图 10-63　打开的场景文件

步骤 02　场景基本材质和渲染设置已经完成。单击 按钮，渲染视图，其效果如图 10-64 所示。

图 10-64　渲染效果

步骤 03　单击 VR_光源 按钮，在顶视图中创建一盏 VRay 灯光，再单击 按钮，旋转调整位置如图 10-65 所示。

图 10-65　创建 VRay 灯光

步骤 04　单击 按钮，在【参数】卷展栏中设置灯光【倍增器】值为 16，其他参数设置如图 10-66 所示。

步骤 05　在顶视图中选择创建的 VRay 灯光，用旋转复制的方法复制 3 盏并调整灯光位置，如图 10-67 所示。

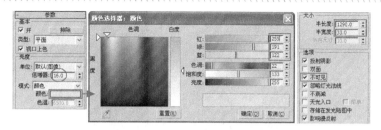

图 10-66　灯光参数设置

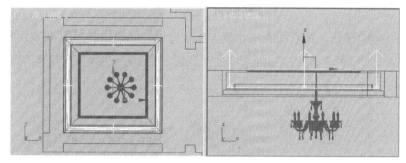

图 10-67　复制灯光

步骤 06　单击 🍵 按钮，渲染视图，其效果如图 10-68 所示。

图 10-68　直线型灯槽效果

10.7　综合范例三——圆形灯槽

操作过程：

步骤 01　单击快捷菜单中的 📁 按钮，打开本书光盘【第 10 章】|【模型】目录下的【圆形灯槽.Max】文件。如图 10-69 所示。

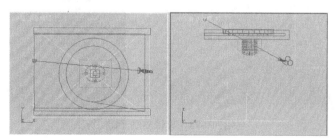

图 10-69　打开的场场景文件

步骤 02　场景基本材质和渲染设置已经完成。单击 🍵 按钮，渲染视图，其效果如图 10-70 所示。

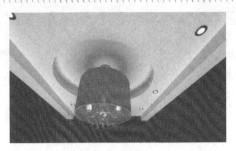

图 10-70　渲染效果

步骤 03 单击 VR_光源 按钮，在前视图中创建 VRay 光源，调整位置如图 10-71 所示。

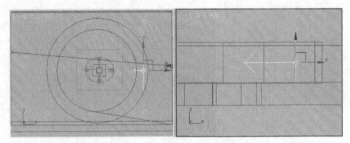

图 10-71　创建 VRay 光源

步骤 04 单击 按钮，在【参数】卷展栏中设置灯光【倍增器】值为 5，其他参数设置如图 10-72 所示。

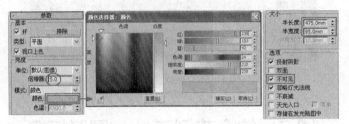

图 10-72　灯光参数设置

步骤 05 在顶视图中选择 VRay 光源，单击工具栏中的 按钮，将其以【实例】方式旋转复制 7 盏，调整位置如图 10-73 所示。

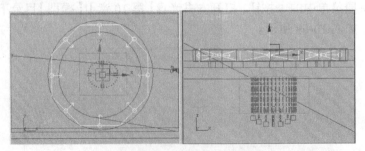

图 10-73　旋转复制光源

步骤 06 在视图中选择挤出后的造型，单击 按钮，将调好的材质赋给它。单击 按钮，渲染视图，其效果如图 10-74 所示。

图 10-74 圆形灯槽渲染效果

10.8 思考与总结

10.8.1 知识点思考

思考题一

如何根据需要来设置灯光的颜色？

思考题二

在 VRay 中怎样使用光域网？又怎样使用 VRay 灯做灯带？

思考题三

为什么使用 VRay 打光放在窗外,窗口有玻璃，室内却进不来光？

10.8.2 知识点总结

灯光是画面中的灵魂，灯光设置也是效果图制作中的难点部分，要想设置好灯光就应先了解真实灯光的变化，灯光与真实光源之间的差别。

灯光的设置方法会根据每个人的布光习惯以及审美观点的不同而有很大的区别，因此，灯光的设置没有一个固定的原则，这也是灯光布置难以掌握的原因之一。

VRay 摄影机较标准摄影机功能要强大一些，虽然在设置方面有一点麻烦，但其先在调正色溢、灯光强度等都有一定功能。在 3ds Max 中要学会 VRay 摄影机一定要弄清光圈、快门、胶片之间的互动关系。其次，要熟悉 Max 灯光的特性及不足，还要了解现实中光源的特性及光能传递的特点，这样才能把握好灯光的设置原则，处理好光与影的关系，创建出更加真实的效果图。希望读者通过本章的学习，能够掌握灯光的基本功能、特性，并能灵活掌握灯光在场景中的运用。

通过本章的学习，重点需要掌握的以下知识：

（1）灯光设置之前明确光线的类型，以及光线和阴影的方向。

（2）明确光线的明暗透视关系。不要将灯光设置太多、太亮，使整个场景没有一点层次和变化。

（3）灯光的设置不要太过随意，随意地摆放灯光，致使成功率非常低。明确每一盏灯的控制对象是灯光布置中的首要因素。

（4）在布光时，不要滥用排除、衰减，这会加大对灯光控制的难度。

10.9 上机操作题

10.9.1 操作题一

综合运用所学知识，为小型会议室空间设置灯光，效果如图 10-75 所示。本作品参见本书光盘【第 10 章】|【操作题】目录下的【小会议室.max】文件。

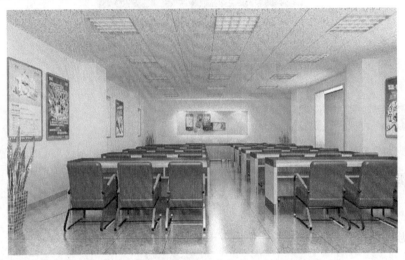

图 10-75 操作题一

10.9.2 操作题二

综合运用所学知识，为餐厅设置灯光，效果如图 10-76 所示。本作品参见本书光盘【第 10 章】|【操作题】目录下的【餐厅.max】文件。

图 10-76 操作题二

第 11 章　效果图渲染输出

渲染是生成图像的过程。3ds Max 使用扫描线、光线追踪和光能传递相结合的渲染器。扫描线渲染方法的反射和折射效果不是十分理想，而光线追踪和光能传递可以提供真实的反射和折射效果。由于 3ds Max 是一个混合的渲染器，因此可以给指定的对象应用光线追踪方法，而给另外的对象应用扫描线方法，这样可以在保证渲染效果的情况下，得到较快的渲染速度。

本章内容如下：

- 默认渲染器
- VRay 渲染器
- 综合范例 —— 电梯间渲染输出
- 思考与总结
- 上机操作题

11.1　默认渲染器

本节主要学习【移动】、【旋转】、【缩放】、【对齐】四个命令，以方便调整图形的位置及大小。

11.1.1　渲染设置对话框

在渲染设置对话框中，不仅可以设定场景的输出时间范围、输出大小，也可以选择输出文件格式等等。

【例题 1】打开【渲染设置】对话框的方法

步骤 01　单击菜单栏【渲染】|【渲染设置】命令，打开【渲染设置】对话框，也可以通过单击工具栏中的 ▧（渲染设置）按钮（或按键盘中的 F10 键），快速地打开该对话框。

步骤 02　通过渲染参数的设置来生成静态图像和动态的动画文件。【渲染设置】对话框如图 11-1 所示。

主要参数解析如下：

- 【单帧】：仅当前帧。
- 【活动时间段】：显示在时间滑块内的当前帧范围。
- 【每 N 帧】：帧的规则采样。
- 【范围】：指定两个数字之间（包括这两个数）的所有帧。
- 【帧】：可以指定非连接帧，帧与帧之间用逗号隔开或连接的帧范围，用连字符相连。
- 【输出大小】：选择一个预定义的大小或在【宽度】和【高度】字段（像素为单位）中输入的另一个大小，这些参数影响图像的纵横比。

- 【渲染输出】: 勾选【保存文件】选项后，进行渲染时软件将渲染后的图像或动画保存到磁盘。单击 文件... 按钮，指定输出文件名、格式以及路径（勾选【保存文件】才可以用）。
- 【电子邮件通知】: 使用此卷展栏可使渲染作业发送电子邮件通知，如网络渲染那样。如果启用冗长的渲染（如动画），并且不需在系统上花费所有时间，这种通知非常有用。

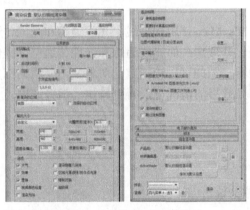

图 11-1   【渲染设置】对话框

11.1.2   静态图像文件输出

我们所制作的图形文件格式根据使用目的与表现类型的不同分为静态图像文件格式和动画文件格式，不同文件格式包含不同的信息。

【例题2】 静态图像文件输出的方法

步骤 01 单击 ▓（应用程序）按钮，选择【重置】命令，重新设置系统。

步骤 02 单击工具栏中的 ▓（渲染设置）按钮，在弹出的【渲染设置】对话框中选择【公用】选项卡，单击【渲染输出】中的 文件... 按钮。

步骤 03 在弹出的【渲染输出文件】对话框中，为要渲染输出的图像指定一个文件名并确定文件的保存路径，然后在【保存类型】右侧的选项窗口中选择保存格式，如图 11-2 所示。

图 11-2   渲染输出文件

常用文件格式如下：

- .JPEG 文件：它是最常用的图像文件格式，由一个软件开发联合会组织制定，是一种有损压缩格式，能够将图像压缩在很小的储存空间，图像中重复或不重要的资料会被丢失，因此容易造成图像数据的损伤。尤其是使用过高的压缩比例，将使最终解压缩后恢复的图像质量明显降低，如果追求高品质图像，不宜采用过高压缩比例。但是 JPEG 压缩技术十分先进，它用有损压缩方式去除冗余的图像数据，在获得极高的压缩率的同时能展现十分丰富生动的图像，换句话说，就是可以用最少的磁盘空间得到较好的图像品质。
- TIF 图像文件：它是使用较广泛的一种位图格式，也是桌面印刷系统通用格式。TIF 格式文件占用空间较大，但图像质量非常好，主要用于分色印刷和打印输出等用途。
- Targa 图像文件：它是一种通用性很强的图形文件格式。从三维软件、平面软件到视频软件，都可以识别.tga 格式，它非常适合在多种软件中传递数据。此外，.tga 格式还可以保留 Alpha 通道。
- PNG 图像文件：它可以是灰阶的（位深可达 16bit）或彩色的（位深可达 48bit），为缩小文件尺寸，它还可以是 8bit 的索引色。

步骤 04 在【渲染输出文件】对话框中，单击 保存(S) 按钮，如果保存【 *.tif 】文件，在弹出的【TIF 图像控制】对话框中勾选【存储 Alpha 通道】选项，如图 11-3 所示。如果保存【 *.tga 】文件，则在弹出的【Targa 图像控制】对话框中勾选【预乘 Alpha 】选项，如图 11-4 所示。

图 11-3　【TIF 图像控制】对话框　　图 11-4　【Targa 图像控制】对话框

步骤 05 设置完成后，在【渲染设置】对话框中单击 渲染 按钮，渲染图像自动保存一个 Alpha 通道。

11.1.3　动态图像文件输出

动态的图像文件一般用于动画浏览的输出，通过动画的设置我们可以全方位地观看到不同的位置。

【例题 3】　动态图像文件输出的方法

步骤 01 打开【渲染设置】对话框，在【公用】卷展栏中选择渲染帧的范围，然后在【渲染输出】中单击 文件… 按钮，在弹出的【渲染输出文件】对话框中，为要渲染输出的图像指定一个文件名，然后在【保存类型】右侧的选项窗口中选择格式，如图 11-5 所示。

图 11-5　动态图像文件输出

步骤 02　最后，在【渲染设置】中单击 ▇▇▇渲染▇▇▇ 按钮，系统便进行动画渲染。渲染完成后，可以使用菜单栏中的【渲染】|【RAM 播放器】播放动画，观看动画效果。

11.2　VRay 渲染器

本书案例全部采用功能比较完善的 V-Ray Adv2.40.03 版本和 3ds Max 2014 中文版，因为 3ds Max 2014 在渲染时使用的是自身默认的渲染器，所以要手动设置 VRay 渲染器为当前渲染器。接下来，学习渲染器参数。

11.2.1　VRay 渲染器的优势

1. VRay 渲染器在速度上的优势

出图速度快是 VRay 渲染器的一大特点，作为使用核心 Quasi-MonteCarlo 算法的渲染器，其渲染速度本身比采用 Radiosity 算法的 Lightscape 渲染器要快得多。

除了渲染速度快，VRay 渲染器还提供了发光贴图供使用者调用。简单地说，发光贴图就是可以对低像素图像（如：600×480）的光源照射进行运算，加载到高像素（如：3200×2400）的图像中去，从而高像素图像无需再进行复杂的光照运算，使渲染速度以几何倍提高。

2. VRay 渲染器兼容及模型优势

VRay 渲染器是直接作为 3ds Max 的一个插件开发成型，所以和 3ds Max 中的模型、材质、灯光等都可以非常好地兼容，即可以直接在 3ds Max 软件中建立模型，然后激活 VRay 渲染器开始渲染，非常方便。不再像 Lightscape 渲染器无法直接识别 3ds Max 的文件，而必须通过 3ds Max 导成 Lightscap 渲染特定的文件，这无疑大大增加了工作时间。

其次，VRay 渲染器核心的 Global Illumination 技术可以智能化地识别模型和模型之间的面相交，并且只计算可见面的受光影响。

3. VRay 渲染器其他优势

使用 Lightscape 渲染器的读者都知道，虽然 Lightscape 支持 3ds Max 的部分材质，但对于 3ds Max 的凹凸材质、混合材质、透明材质等几乎是不支持的，因此制作具有凹凸效果或透明效果时非常不方便。

VRay 渲染器作为 3ds Max 的插件，不仅可以兼容所有 3ds Max 材质，而且还特别加入了 VRay 专用材质、灯光和阴影。使用这些材质、灯光和阴影，再用 VRay 渲染器渲染时，不仅可以获得更好的效果，还可以使渲染速度相应地得到提高。

11.2.2　V-Ray：帧缓冲区与渲染窗口

帧缓冲区的渲染窗口功能强大，作图的时候用的较多，在完成渲染的时候还可以直接对图像的曝光进行控制、单独设置渲染的窗口大小、进行图片格式的转换等。

【例题 4】启用内置帧缓冲区渲染

步骤 01　单击快捷工具栏中的 ☞（打开文件）按钮，调用本书光盘中的【第 11 章】目录下的【帧.max】文件。

步骤 02　单击工具栏中的 ☞（渲染设置）按钮，打开【渲染设置:V-Ray Adv2.40.03】对话框。选择【V-Ray】选项卡。在【V-Ray:帧缓冲区】卷展栏中勾选【启用内置帧缓冲区】选项，其他参数采用已经设置好的默认值，如图 11-6 所示。

步骤 03　单击 ☞（渲染产品）按钮，渲染场景，效果如图 11-7 所示。

图 11-6　【启用内置帧缓冲区】选项

图 11-7　V-Ray 帧缓冲区窗口

11.2.3　图像采样器（抗锯齿）

VRay 采用几种方法来进行图像的采样。所有图像采样器均支持 Max 的标准抗锯齿过滤器，尽管这样会增加渲染的时间。

1.【图像采样器】：包括固定、自适应 DMC、自适应细分类型。

- 【固定】：这是 VRay 中最简单的一种采样器，对每一个像素采用一个固定数量的样本，它只有一个参数。细分值为 1 时，就是 1 个像素采用一个样本。细分值加大渲染时间会成倍的增加，效果当然也会好些（在测试渲染时，为了节省时间，多数选用这一功能），如图 11-8 所示。

图 11-8　【固定】采样器

通常进行测试渲染时使用此选项。

- 【自适应 DMC】：这是一个比较高级的采样器，有负值采样。在没有景深模糊等场景中比较好，因为它可以得到一个最快的渲染速度和最佳的渲染质量，但占用更多的内存。选择此选项后，出现与其相关的【V-Ray::自适应 DMC 图像采样器】卷展栏，如图 11-9 所示，通过控制其中的参数可以控制成品品质。

图 11-9 【自适应 DMC】采样器

- 【自适应细分】：在没有 VRay 模糊特效（直接 GI、景深、运动模糊等）的场景中，它是最好的首选采样器。选择此选项后，出现与其相关的卷展栏，如图 11-10 所示，通过控制其中的参数可以控制成品品质。

图 11-10 【自适应细分】采样器

2.【抗锯齿过滤器】：除了不支持 Plate Match 类型外，VR 支持所有 Max 内置的抗锯齿过滤器。

- 【开启】：这一选项决定是否使用【抗锯齿过滤器】选项。在右侧的下拉列表框中可以选择抗锯齿过滤器。下面介绍一些常用的抗锯齿过滤器。
- 【区域】：这是一种通过模糊边缘来达到抗锯齿效果的方法，使用区域的大小设置来设置边缘的模糊程度。区域值越大，模糊程度越强烈。测试渲染时最常用的过滤器，默认参数效果如图 11-11 所示。

图 11-11 区域

- 【Blackman】：可以得到非常锐利的边缘（常被用于最终渲染），默认参数下抗锯齿效果如图

11-12 所示。

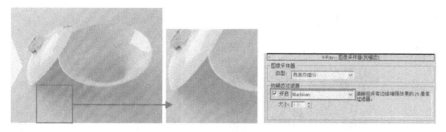

图 11-12 Blackman

- 【Mitchell-Netravali】：可以得到较平滑的边缘（非常实用的过滤器），默认参数下抗锯齿效果如图 11-13 所示。

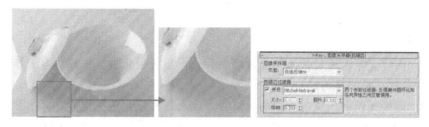

图 11-13 Mitchell-Netravali

- 【大小】：这一选项决定要使用的过滤的大小。根据所选择的过滤器，有时候不能使用大选项，因为其大小已经固定了。指定的过滤有自带的大小值。

是否开启抗锯齿参数，对于渲染时间的影响非常大，所以通常在制作效果图时，要在灯光、材质调整完成后，先在未开启抗锯齿的情况下渲染一张大图，等所有细节都确认没有问题的情况下，再使用较高的抗锯齿参数渲染最终大图。

11.2.4 间接照明（全局光照）

全局光照（GI）全称是 Global Illumination，是一种高级照明技术，它能模拟真实世界的光线反弹照射的现象。它实际上是通过将一束光线投射到物体后被打散成 n 条不同方向带有不同该物体信息的光线继续传递、反射、照射其他物体，当这条光线再次照射到物体之后，每一条光线再次被打散成 n 条光线继续传递光能信息，照射其他物体，如此循环，直至达到用户所设定的要求效果或者说最终效果达到用户要求时，光线将终止传递，而这一传递过程就是被成为光能传递，也就是全局光照（GI）。【间接照明】控制面板是 VRay 全局光照明的重要组成部分，其参数控制对 VRay 的全局光照明起着决定性作用，如图 11-14 所示。

图 11-14 【V-Ray::间接照明（全局照明）】卷展栏

主要参数解析如下：

1.【开启】：打开或关闭全局照明。

开启全局照明的前、后效果，如图 11-15 所示。

图 11-15　开启全局照明的前、后效果

2.【全局照明焦散】

● **【折射】：** 间接光穿过透明物体（如玻璃）时会产生折射焦散。注意这与直接光穿过透明物体而产生的焦散不是一样的。

● **【反射】：** 间接光照射到镜射表面的时候会产生反射焦散，能够让其外部阴影部分产生光斑，可以使阴影内部更加丰富。默认情况下，这是关闭的，不仅因为它对最终的 GI 计算贡献很小，而且还会产生一些不希望看到的噪波。

3.【后期处理】

这里主要是对间接光照明在增加到最终渲染图像前进行引起额外的修正。这些默认的设定值可以确保产生物理精度效果，当然用户也可以根据自己需要进行调节。建议一般情况下使用默认参数值。

● **【饱和度】：** 可以控制场景色彩的浓度，值调小降低浓度，可避免出现溢色现象，可取 0.11-0.9；物体的色溢比较严重的话，就在它的材质上加个包裹器，调小它的产生 GI 值。设置不同饱和度值的不同效果如图 11-16 所示。

图 11-16　设置不同饱和度值的不同效果

 在 VRay 渲染中，控制色溢的方法有很多，这里通过降低【饱和度】值，来降低全部物体颜色的饱和度来控制色溢，一般效果图中通过此方法控制色溢时，将【饱和度】值设置为 0.5 就可以了。这是最简单、最方便的方法之一。

● **【对比度】：** 可使明暗对比更为强烈。亮的地方越亮；暗的地方越暗。如图 11-17 所示。

默认参数的渲染效	【对比度】增强的效	通过调整【饱和度】、【对
		比度】合理渲染的效果

图 11-17　设置不同对比度和饱和度值的不同效果

- 【对比度基准】：主要控制明暗对比的强弱，其值越接近对比度的值，对比越弱。

4.【首次反弹】

- 【倍增】：这个参数决定为最终渲染图像贡献多少初级漫反射反弹。注意默认的取值为 1 时，可以得到一个很好的效果。其他数值也是允许的，但是没有默认值精确。
- 【全局光引擎】下拉列表：初级漫反射反弹方法选择列表 发光贴图 。

5.【二次反弹】

- 【倍增】：确定在场景照明计算中次级漫反射反弹的效果。
- 【全局光引擎】下拉列表：次级漫反射反弹方法选择列表 灯光缓存 ，其中选择【灯光缓存】，在时间与质量方面能够取得平衡。

11.2.5　发光贴图

发光贴图仅计算场景中某些特定点的间接照明，然后对剩余的点进行插值计算。其优点是速度要快于直接计算，特别是具有大量平坦区域的场景，产生的噪波较少；它不但可以保存，也可以调用，特别是在渲染相同场景的不同方向的图像或动画的过程中可以加快渲染速度，还可以加速从面光源产生的直接漫反射灯光的计算。

【V-Ray::发光贴图】卷展栏参数面板如图 11-18 所示。

图 11-18　【V-Ray::发光贴图】卷展栏

主要参数解析如下：

1.【内建预置】

系统提供了 8 种系统预设的模式可供选择，如无特殊情况，以下这几种模式应该可以满足一般需要。

- 【非常低】：这个预设模式仅仅对预览目的有用，只表现场景中的普通照明。
- 【低】：一种低品质的用于预览的预设模式。
- 【中】：一种中等品质的预设模式，如果场景中不需要太多的细节，大多数情况下可以产生好的效果。
- 【高】：高品质的预设模式，可以应用在最多的情形下，即使是具有大量细节的动画。

几种预置模式渲染效果如图 11-19 所示。

- 【非常高】：一种极高品质的预设模式，一般用于有大量极细小的细节或极复杂的场景。

图 11-19　几种预置模式渲染效果

- 【自定义】：选择这个模式可以根据自己需要设置不同的参数，这也是默认的选项。

2.【基本参数】

- 【最小采样比】：该值决定每个像素中的最少全局照明采样数目。通常应当保持该值为负值，这样全局照明计算能够快速计算图像中大的和平坦的面。
- 【最大采样比】：主要控制场景中细节比较多弯曲较大的物体表面或物体交汇处的质量。
- 【颜色阈值】：确定发光贴图算法对间接照明变化的敏感程度。较大的值意味着较小的敏感性，较小的值将使发光贴图对照明的变化更加敏感。
- 【法线阈值】：确定发光贴图算法对表面法线变化的敏感程度。
- 【间距阈值】：确定发光贴图算法对两个表面距离变化的敏感程度。
- 【半球细分】：确定单独的 GI 样本的品质。较小的取值可以获得较快的速度，但是也可能会产生黑斑，较高的取值可以得到平滑的图像。需要注意的是它并不代表被追踪光线的实际数量，光线的实际数量接近于这个参数的平方值，并受 QMC 采样器相关参数的控制。
- 【插值采样值】：定义被用于插值计算的 GI 样本的数量。较大的值会趋向于模糊 GI 的细节，虽然最终的效果很光滑，较小的取值会产生更光滑的细节，但是也可能会产生黑斑。

3.【选项】

- 【显示计算过程】：勾选的时候，VR 在计算发光贴图的时候将显示发光贴图的传递。同时会减慢一点渲染计算，特别是渲染大的图像的时候。
- 【显示直接照明】：只在【显示计算相位】勾选的时候才能被激活。它将促使 VR 在计算发光贴图的时候，显示初级漫反射反弹除了间接照明外的直接照明。

- 【显示采样】：勾选的时候，VRay 将在 VFB 窗口以小原点的形态直观显示发光贴图中使用的样本情况。

4.【高级选项】

- 【插补类型】：系统提供了 4 种类型。
- 【采样查找方式】：这个选项在渲染过程中使用，它决定发光贴图中被用于插补基础的合适的点的选择方法。系统提供了 3 种方法供选择。

5.【光子图使用模式】

这个选项组允许用户选择使用发光贴图的方法。

- 【块模式】：在这种模式下，一个分散的发光贴图被运用在每一个渲染区域（渲染块）。
- 【单帧】：在这种模式下对于整个图像计算一个单一的发光贴图，每一帧都计算新的发光贴图。
- 【多帧累加】：这个模式在渲染仅摄影机移动的帧序列的时候很有用。VRay 将会为第一个渲染帧计算一个新的全图像的发光贴图，而对于剩下的渲染帧，VRay 设法重新使用或精炼已经计算了的存在的发光贴图。
- 【从文件】：每个单独帧的光照贴图都是同一张图。渲染开始时，它从某个选定的文件中载入，任何此前的光照贴图都被删除。
- 【添加到当前贴图】：在这种模式下，VRay 将计算全新的发光贴图，并把它增加到内存中已经存在的贴图中（对于第一帧，先前的光照贴图可以是先前最后一次渲染留下的图像）。
- 【增量添加到当前贴图】：在这种模式下，VRay 将使用内存中已存在的贴图，仅仅在某些没有足够细节的地方对其进行精炼。

6.【渲染结束时光子图处理】

这个选项组控制 VRay 渲染器在渲染过程结束后如何处理发光贴图。

- 【不删除】：这个选项默认是勾选的，意味着发光贴图存在内存中直到下一次渲染前，如果不勾选，VRay 会在渲染任务完成后删除内存中的发光贴图。
- 【自动保存】：如果这个选项勾选，在渲染结束后，VRay 将发光贴图文件自动保存到用户指定的目录。如果你希望在网络渲染的时候每一个渲染服务器都使用同样的发光贴图，这个功能尤其有用。
- 【切换到保存的贴图】：这个选项只有在自动保存勾选的时候才能被激活，勾选的时候，VRay 渲染器也会自动设置发光贴图为【从文件】模式。

11.2.6　环境

VRay 渲染器的环境选项用来指定使用全局照明和反射以及折射时使用的环境颜色和环境贴图。VRay 渲染器的环境面板中的全局照明反射以及折射的环境颜色和环境贴图设置完全相同，在此不进行单独的介绍。如果没有指定环境颜色和环境贴图，那么 3dsx Max 的环境颜色和环境贴图将会被采用。【V-Ray::环境】控制面板如图 11-20 所示。

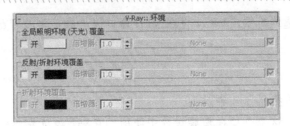

图 11-20　【V-Ray::环境】卷展栏

- 全局照明环境（天光）覆盖
  - ◆ 【开】：当选择该项时，VRay 将使用指定的颜色和纹理贴图进行全局照明和反射折射计算。开启【全局照明环境】的前、后效果如图 11-21 所示。

图 11-21　开启天光的前、后效果

  - ◆ 颜色：允许用户指定背景颜色，如图 11-22 所示分别是将颜色设置为蓝色和白色的效果。

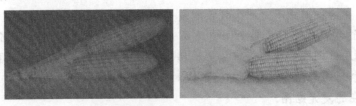

设置【天光】颜色为蓝色　　　　　　　　　　　　　渲染效果

设置【天光】颜色为白色　　　　　　　　　　　　　渲染效果

图 11-22　设置天光颜色的前后效果

  - ◆ 【倍增器】：指定颜色的亮倍增值。如图 11-23 所示分别是将倍增器分别设置为 0.5、1 和 2 时的效果。

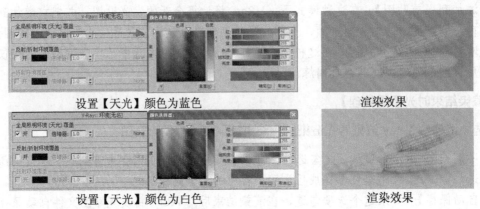

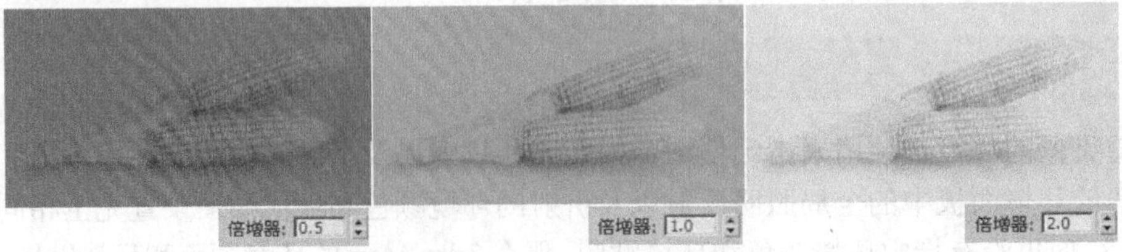

倍增器：0.5　　　　　　　　倍增器：1.0　　　　　　　　倍增器：2.0

图 11-23　不同倍增器值渲染效果

- 【反射/折射环境覆盖】：在计算反射/折射的时候替代 3ds Max 自身的环境设置。

- ◆ 【开】：只有在这个选项勾选后，其下的参数才会被激活。
- ◆ 颜色：指定反射/折射颜色。物体的背光部分和折射部分会反映出设置的颜色。
- ◆ 【倍增器】：指定颜色的亮倍增值。改变受影响部分的整体亮度和受影响的程度。
- ◆ None：指定反射/折射贴图。
- ● 【折射环境覆盖】：在计算折射的时候替代已经设置的参数对折射效果的影响，只受此选项区域参数的控制。
    - ◆ 颜色：指定折射部分的颜色。物体的背光部分和反射部分不受该颜色的影响。
    - ◆ 【倍增器】：上面指定的颜色的亮倍增值。改变折射部分的亮度。

11.2.7　颜色贴图

在效果图制作中，颜色贴图卷展栏中主要使用曝光方式，其中最为常用的有三种：VR_线性倍增、VR-指数、VR-HSV 指数。

- ● 在类型中包含了 7 种曝光方式，这里重点介绍其中的三种。
    - ◆ 【VR-线性倍增】：这种曝光方式的特点是能让画面的白色更明亮，所以该模式容易出现局部曝光现象。效果如图 11-24（左）所示。
    - ◆ 【VR 指数】：在相同的设置参数下，使用这种曝光方式不会出现局部蝎光现象，但是会使图面色彩的饱和度降低，效果如图 11-24（中）所示。
    - ◆ 【VR-HSV 指数】：这种模式与【VR 指数】类似，但是与【VR 指数】不同的是将白色透明化，透过这个透明化的白色，保持原本的颜色，进行混合，如图 11-24（右）所示。

VR-线性倍增　　　　　　VR 指数　　　　　　VR-HSV 指数

图 11-24　不同曝光指定渲染效果

- ◆ 【暗倍增】：用来对暗部进行亮度倍增。当该值设置为 3 时，渲染效果如图 11-25（中）所示。
- ◆ 【亮倍增】：用来对亮部进行亮度倍增。将暗倍增恢复为 1，设置亮倍增值为 3 时，渲染效果如图 11-25（右）所示。
- ◆ 【伽玛值】：用于把色彩溢出的部分校验掉，使得颜色局限为 0 到 1 之间。如图 11-26 所示。
- ◆ 【影响背景】：勾选时，当前灯光将可以影响到背景色或背景贴图。
- ◆ 【不影响颜色】（仅自适应）：它不影响最终的渲染图像。

默认参数的渲染效果　　　　【暗倍增】值为 3 的渲染效果　　　　【亮倍增】值为 3 的渲染效果

图 11-25　设置【暗/亮倍增】效果

【伽玛值】=0.5　　　　　　【伽玛值】=1　　　　　　　【伽玛值】=2

图 11-26　设置伽玛值的前、后效果

11.2.8　系统

在这部分用户可以控制多种 VRay 参数，包括光线投射参数、渲染区域分割、分布式渲染、物体和灯光的局部设置、还有渲染印记和信息控制等。

【例题 5】渲染控制面板中系统参数的应用

步骤 01　单击快捷工具栏中的 ☞（打开文件）按钮，调用本书光盘中的【第 11 章】目录下的【渲染帧标签.max】文件。

步骤 02　在【V-Ray::系统】参数卷展栏中选择【从左->右】左-右区域排序，勾选帧标签，如图 11-27 所示。

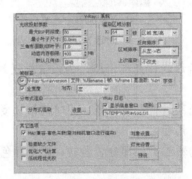

图 11-27　【V-Ray::系统】参数设置

步骤 03　设置完成后渲染场景，渲染过程如图 11-28 所示，渲染效果如图 11-29 所示。

 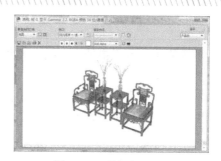

图 11-28 【棋格】渲染方式 图 11-29 帧标签显示效果

主要参数解析如下：

1.【光线投射参数】

- 【最大 BSP 树深度】：二元空间划分树的最大深度。
- 【最小叶片尺寸】：叶片绑定框的最小尺寸。小于该值将不会进行进一步细分。
- 【三角形面数/级叶子】：控制一个叶片中三角面最大的数量。

2.【渲染区域分割】

- 【X】：以像素为单位来决定最大渲染块的宽度(在选择了【区域宽/高】的情况下) 或者水平方向上的区块数量(在选择了【区域计算】的情况下)。
- 【Y】：以像素为单位来决定最小渲染块的宽度(在选择了【区域宽/高】的情况下) 或者垂直方向上的区块数量(在选择了【区域计算】的情况下)。
- 【区域宽/高】：当选择区域宽高时，X、Y 的长度会以像素为单位。

3.【帧标签】

这个选项组用来设置显示每一帧当中的印记，显示的内容根据不同的代码决定。

11.3 综合范例——电梯间渲染输出

本例通过电梯间实例来重点学习渲染输出的方法，效果如图 11-30 所示。

图 11-30 电梯间渲染效果

操作过程：

步骤 01 单击快捷工具栏中的 📂（打开文件）按钮，打开本书光盘【第 11 章】|【模型】目录下的【渲染输出.max】文件。

步骤 02 打开【渲染】设置对话框，在【要渲染的区域】选项组中选择【区域】选项，然后在视图中对范围框进行调整，如图 11-31 所示。

图 11-31 选择要渲染的区域及对范围框的调整

步骤 03 单击工具栏中的 ○（渲染产品）按钮，渲染视图，可以观察到渲染图像中只有范围框内的场景被渲染，其余部分则保留黑色，如图 11-32 所示。

图 11-32 渲染场景

步骤 04 在【要渲染的区域】选项组中，选择【裁剪】选项，如图 11-33 所示。

图 11-33 选择【裁剪】选项

步骤 05 单击工具栏中的 ○（渲染产品）按钮，渲染视图，可以观察到范围框设定的大小成为了渲染图像的最终大小，如图 11-34 所示。

图 11-34　渲染场景

步骤 06　在【要渲染的区域】选项组中，选择【放大】选项，执行【渲染】命令后，可以对范围框进行调整，如图 11-35 所示。

图 11-35　选择要渲染的区域及对范围框的调整

步骤 07　单击工具栏中的 （渲染产品）按钮，渲染视图，可以观察到设定的范围框大小被放大至渲染输出大小，范围框内的场景显示比例也会产生相应的变化，如图 11-36 所示。

图 11-36　渲染场景

11.4　思考与总结

11.4.1　知识点思考

思考题一

为什么在 VRay 渲染时，总是产生噪点，该如何去除？

思考题二

影响 VRay 渲染质量和速度主要是哪些？如何提高渲染速度？

思考题二

为什么渲染的图总是溢色，如何解决？

11.4.2　知识点总结

渲染是依据所指定的材质、灯光以及诸如背景与大气等环境的设置，将在场景中创建的几何体生成图像的过程。通过本章 VRay 渲染与输出参数介绍，重点掌握 VRay 渲染器中主要参数的作用与应用。

11.5　上机操作题

综合运用所学知识，将如图 11-37 所示的模型渲染输出。本作品参见本书光盘【第 11 章】|【操作题】目录下的【台球室.max】文件。

图 11-37　操作题

第 **3** 部分

案例篇

▶ 第12章　标准间效果图表现

▶ 第13章　现代客厅效果的表现

▶ 第14章　日景别墅效果图的表现

▶ 第15章　简欧客厅效果图的表现

第12章   标准间效果图表现

客房标准间是酒店宾馆中必备的空间，是提供旅客休息的场所，大型的宾馆客房中心往往有多种的户型，里面的家具布置形式也随空间的变化而不同。本案标准间效果图如图 12-1 所示。

图 12-1   标准间效果图

本章内容如下：

- 制作标准间场景模型
- 主体框架材质的设置
- 合并家具
- 设置灯光
- 渲染设置
- 后期处理
- 思考与总结
- 上机操作题

12.1   制作标准间场景模型

本例标准间模型主要使用【挤出】、【编辑多边形】命令来完成，下面先来练习制作框架模型。

12.1.1   制作框架模型

操作过程：

步骤 01   启动 3ds Max 软件。单击菜单栏中的【自定义】|【单位设置】命令，设置系统单位为【毫米】。

步骤 02 单击 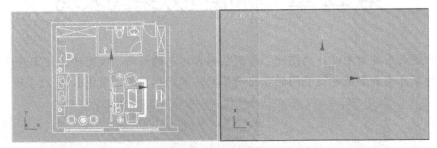（应用程序）按钮，在弹出的下拉菜单栏中选择【导入】|【导入】命令，打开本书光盘【第 12 章】|【模型】目录下的【平面图.dwg】文件，导入后的图纸文件如图 12-2 所示。

图 12-2　导入图纸

步骤 03 单击工具栏中的 按钮，并在该按钮上单击鼠标右键，在弹出的【栅格和捕捉设置】对话框中选择【选项】选项卡，然后勾选【捕捉到冻结对象】，如图 12-3 所示。

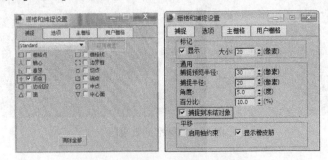

图 12-3　【栅格和捕捉设置】对话框

步骤 04 单击 线 按钮，在顶视图中参照图纸绘制二维线形，如图 12-4 所示。

步骤 05 单击 按钮，选择修改命令面板中的【挤出】命令，设置挤出数量为 2800，如图 12-5 所示。

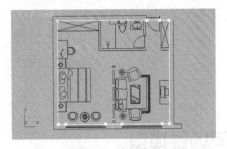

图 12-4　绘制线形

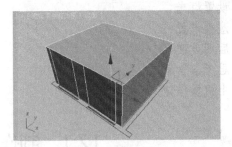

图 12-5　挤出后的形态

步骤 06 选择修改命令面板中的【编辑多边形】命令，按 5 键，激活【编辑元素】子对象，选择上面挤出后的造型，单击【编辑元素】中的 翻转 按钮，翻转法线，如图 12-6 所示。

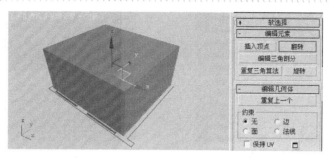

图 12-6　翻转法线

步骤07　在物体上单击鼠标右键，在弹出的右键菜单中单击【对象属性】命令，在弹出的对话框中勾选【背面消隐】选项，如图 12-7 所示。

步骤08　背面消隐后的效果，如图 12-8 所示。

图 12-7　【对象属性】对话框

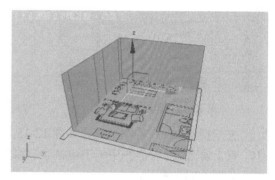

图 12-8　背面消隐后的效果

步骤09　按快捷键 2，在视图中选择窗口中的两条线段，如图 12-9 所示。

步骤10　在【编辑边】卷展栏中单击 连接 右侧的□按钮，在弹出的【连接边】对话框中设置参数，如图 12-10 所示。

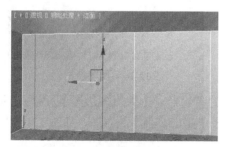

图 12-9　选择的两条线段

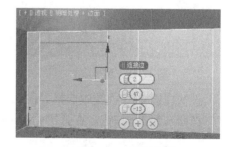

图 12-10　设置参数

步骤11　按快捷键 4，在视图中选择多边形，如图 12-11 所示。

步骤12　在【编辑多边形】卷展栏中单击 挤出 按钮右侧的□按钮，在弹出的对话框中设置【挤出高度】为-280，如图 12-12 所示。

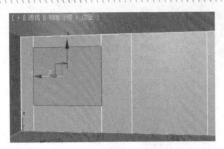

图 12-11 选择的多边形

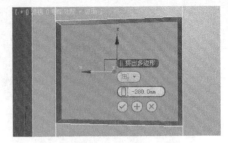

图 12-12 挤出多边形

步骤 ⑬ 按键盘中的 Delete 键，删除多边形，效果如图 12-13 所示。

步骤 ⑭ 用相同的方法将扣出另一边的窗洞，效果如图 12-14 所示。

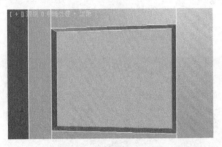

图 12-13 删除多边形

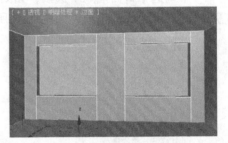

图 12-14 扣出另一边的窗洞

步骤 ⑮ 按快捷键 2，在视图中选择如图 12-15 所示两条边。

步骤 ⑯ 在【编辑边】卷展栏中单击 连接 右侧的 按钮，在弹出的【连接边】对话框中设置参数，如图 12-16 所示。

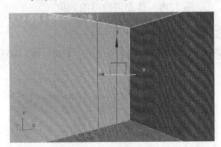

图 12-15 选择边

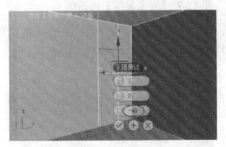

图 12-16 设置参数

步骤 ⑰ 按快捷键 4，在视图中选择如图 12-17 所示的多边形。在【编辑多边形】卷展栏中单击 挤出 按钮右侧的 按钮，在弹出的对话框中设置【挤出高度】为-280，如图 12-18 所示。

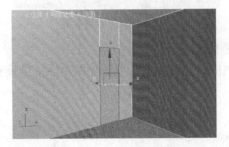

图 12-17 选择的多边形

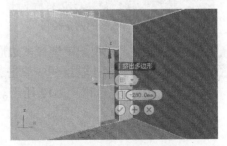

图 12-18 挤出多边形

步骤 18　按快捷键 2，进入【边】子对象层级，在【编辑几何体】卷展栏中勾选【分割】选项，单击 切片平面 按钮，这时在视图中会显示剪切控制线，单击工具栏中的 ◈ 按钮，并在其上单击鼠标右键，弹出【移动变换输入】对话框，输入 Y 值为 80，然后再单击 切片 按钮，如图 12-19 所示。

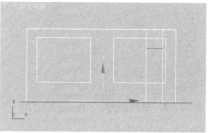

图 12-19　切片平面

步骤 19　按快捷键 4，进入【多边形】子对象层级，在透视图中选择如图 12-20 所示的多边形。

步骤 20　在【编辑多边形】卷展栏中单击 挤出 按钮右侧的 ▫ 按钮，在弹出的对话框中设置【挤出高度】为 10。

步骤 21　按快捷键 4，进入【多边形】子对象层级，选择顶面，在【编辑几何体】卷展栏中单击 分离 右侧的 ▫ 按钮，弹出【分离】对话框，将分离的多边形分离为【地面】，如图 12-21 所示。再选择如图 12-22 所示的多边形，在【编辑几何体】卷展栏中单击 分离 右侧的 ▫ 按钮，弹出【分离】对话框，将分离的多边形分离为【踢脚线】。

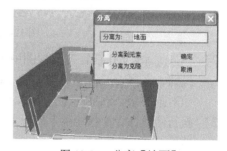

图 12-20　挤出多边形的形态　　　　　　　图 12-21　分离【地面】

步骤 22　用同样的方法将顶面分离，如图 12-23 所示。

图 12-22　分离【踢脚线】　　　　　　　图 12-23　分离【顶面】

步骤 23　单击 矩形 按钮，在前视图中创建【长度】为 320、【宽度】为 80 的辅助矩形，再单击 线 按钮，在辅助矩形内绘制封闭的二维线形作为【放样图形】，如图 12-24 所示。

步骤 24 继续在前视图中绘制【长度】为 320、【宽度】为 80 的矩形作为【放样路径】，如图 12-25 所示。

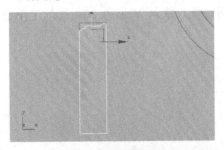

图 12-24 放样图形

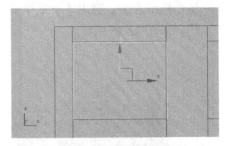

图 12-25 放样路径

步骤 25 在视图中选择放样路径，单击 ✳ （创建）命令面板下的 ○ （几何体），在 [标准基本体 ▼] 下选择【复合物体】，选择修改命令面板中的【放样】命令，单击 获取图形 按钮，然后 拾取场景中的放样截面，放样后的效果如图 12-26 所示。将其作为【窗框】并调整位置。

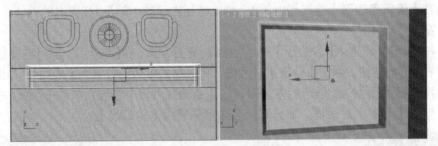

图 12-26 放样后的形态

步骤 26 单击 矩形 按钮，在前视图中创建【长度】为 1930、【宽度】为 1189 的矩形，单击 ⟋ 按钮，选择修改命令面板中的【编辑样条线】命令，再按快捷键 3 键，进入【样条线】 子对象层级，然后在【几何体】卷展栏中设置轮廓值为 60，效果如图 12-27 所示。

步骤 27 执行修改命令面板中的【挤出】命令，设置挤出数量为 100，命名为【窗格】，如图 12-28 所示。

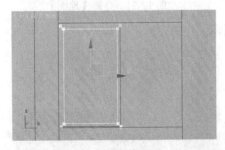

图 12-27 绘制线形

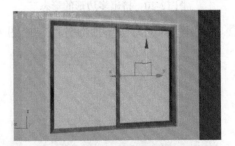

图 12-28 挤出后的效果

步骤 28 在前视图中选择【窗格】，用移动复制的方法将其复制一个，调整位置如图 12-29 所示。

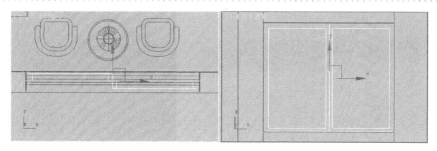

图 12-29 复制后的形态

步骤 29 单击 矩形 按钮，在顶视图中创建【长度】为 310、【宽度】为 2800 的矩形，执行修改命令面板中的【挤出】命令，设置挤出数量为 100，将其命名为【窗台板】，调整位置如图 12-30 所示。

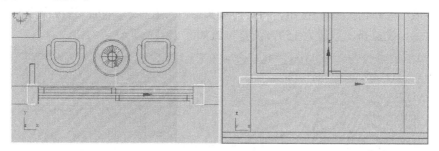

图 12-30 制作【窗台板】

步骤 30 在前视图中选择【窗框】、【窗格】、【窗台板】造型，用移动复制的方法将其复制，调整位置如图 12-31 所示。

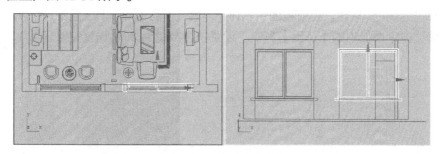

图 12-31 复制后的形态

12.1.2 制作吊顶

吊顶主要使用【挤出】、【倒角剖面】命令来完成。

操作过程：

步骤 01 单击 长方体 按钮，在顶视图中创建【长度】为 6200、【宽度】为 350、【高度】为 350 的长方体，将其命名为【大梁】，调整位置如图 12-32 所示。

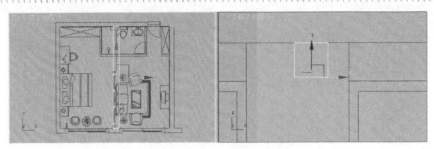

图 12-32　创建长方体

步骤 02　单击 矩形 按钮,在顶视图中创建【长度】为 5819、【宽度】为 3063 的矩形,单击 圆 按钮,继续在顶视图中创建【半径】为 1270 的圆形,并调整位置。

步骤 03　选择矩形,再单击 按钮,选择修改命令面板中的【编辑样条线】命令,在【几何体】卷展栏中单击 附加 按钮,将矩形和圆形附加在一起,执行修改命令面板中的【挤出】命令,设置挤出数量为 150,调整位置如图 12-33 所示。

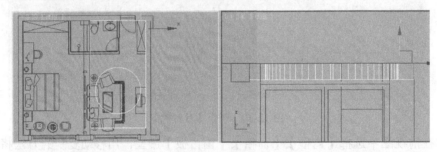

图 12-33　挤出

步骤 04　单击 圆环 按钮,在顶视图中创建【半径 1】为 1260、【半径 2】为 700 的圆环,执行修改命令面板中的【挤出】命令,设置挤出数量为 80,调整位置如图 12-34 所示。

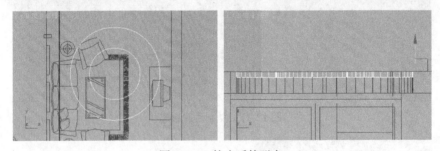

图 12-34　挤出后的形态

步骤 05　单击 矩形 按钮,在顶视图中绘制【长度】为 5270、【宽度】为 5146 的矩形作为倒角路径,如图 12-35 所示。

步骤 06　继续在前视图中创建【长度】为 53、【宽度】为 63 的辅助矩形,然后单击 线 按钮,在辅助矩形内绘制封闭的二维线形作为倒角截面,如图 12-36 所示。

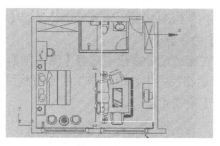
图 12-35　绘制倒角路径

图 12-36　绘制倒角截面

步骤 07　在视图中选择倒角路径，单击 ☑ 按钮，在修改命令面板中选择【倒角剖面】命令，在【参数】卷展栏中单击 ▣拾取剖面 按钮，然后在视图中拾取场景中的倒角截面线形，倒角剖面后的效果如图 12-37 所示，并命名为【角线】。

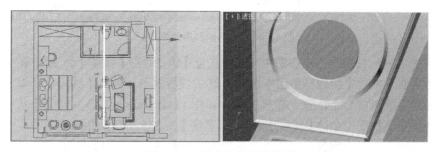
图 12-37　倒角剖面后的效果

步骤 08　用同上的方法制作圆形角线，调整位置如图 12-38 所示。

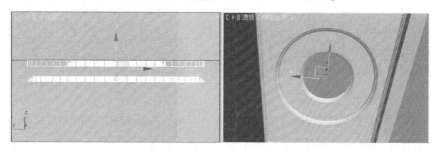
图 12-38　制作角线

步骤 09　单击 ▣矩形 按钮，在顶视图中绘制【长度】为 5820、【宽度】为 3433 和【长度】为 2676、【宽度】为 2370 的矩形，单击 ☑ 按钮，执行修改命令面板中的【挤出】命令，设置挤出数量为 150，将其作为【吊顶 2】，调整位置如图 12-39 所示。

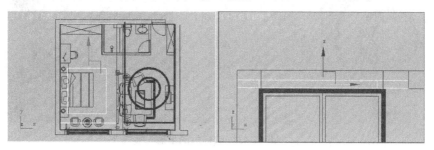
图 12-39　挤出后的形态

步骤 10 选择上面挤出的【吊顶 2】造型，按键盘中的 Ctrl+V 键，将其在原位置以【复制】的方式复制一个，在堆栈编辑器中将【挤出】命令删除。

步骤 11 在视图中选择上面的线形，单击 按钮，在修改命令面板中选择【倒角剖面】命令，在【参数】卷展栏中单击 拾取剖面 按钮，然后在视图中拾取场景中的倒角截面线形，倒角剖面后的效果如图 12-40 所示，并命名为【角线 4】。

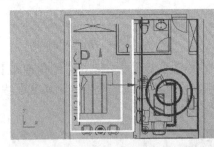

图 12-40 倒角剖面后的形态

步骤 12 单击 矩形 按钮，在左视图中创建【长度】为 2873、【宽度】为 2473 的矩形，选择修改命令面板中的【编辑样条线】命令，然后快捷键 2，进入【线段】子对象层级，选择下面的线段，按 Delete 键，将其删除，如图 12-41 所示，并将其作为【放样路径】。

步骤 13 继续在顶视图中创建【长度】为 78、【宽度】为 336 的辅助矩形，然后单击 线 按钮，在辅助矩形内绘制封闭的二维线形作为放样截面，如图 12-42 所示。

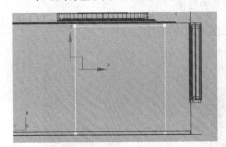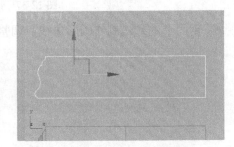

图 12-41 制作放样路径   图 12-42 制作放样截面

步骤 14 在视图中选择放样路径，单击 （创建）命令面板下的 （几何体），在 标准基本体 下选择【复合物体】，选择修改命令面板中的【放样】命令，单击 获取图形 按钮，然后拾取场景中的放样截面，放样后的效果如图 12-43 所示。将其作为【装饰线】并调整位置。

图 12-43 放样后的形态

步骤 ⑮ 单击 长方体 按钮，在左视图中创建【长度】为 6200、【宽度】为 350、【高度】为 350 的长方体，将其命名为【壁纸】，调整位置如图 12-44 所示。

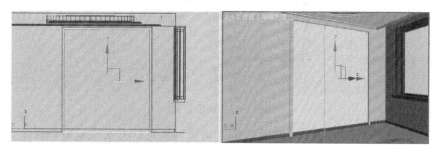

图 12-44 创建长方体

步骤 ⑯ 在顶视图中选择上面创建的装饰线和壁纸造型，单击工具栏中的 ⚙ 按钮，在弹出的【镜像：屏幕 坐标】对话框中选择 X 轴，以【复制】的方式复制一组，再选择修改命令面板中的【FFD 2×2×2】命令，进入【控制点】子对象层级，调整控制点，效果如图 12-45 所示。

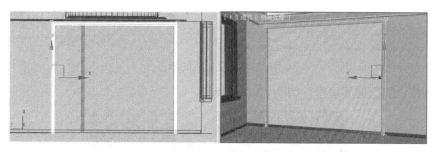

图 12-45 调整后的形态

步骤 ⑰ 单击 矩形 按钮，在前视图中绘制【长度】为 80、【宽度】为 200 的矩形，执行修改命令面板中的【挤出】命令，设置挤出数量为 2950，然后再用移动复制的方法将其复制一个，调整位置如图 12-46 所示。

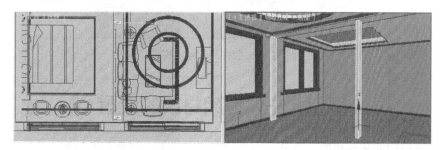

图 12-46 挤出后的形态

步骤 ⑱ 单击 矩形 按钮，在前视图中绘制【长度】为 2952、【宽度】为 800 的矩形，单击 ☑ 按钮，选择修改命令面板中的【编辑样条线】命令，单击【几何体】卷展栏中设置轮廓值为 60，再单击 轮廓 按钮。

步骤 ⑲ 执行修改命令面板中的【挤出】命令，设置挤出数量为 80，将其作为【隔断】，调整位置如图 12-47 所示。

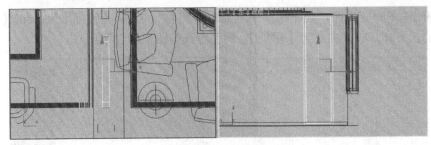

图 12-47　调整位置

步骤 20　在左视图中选择挤出后的隔断造型，用移动复制的方法将其复制两个，调整位置如图 12-48 所示。

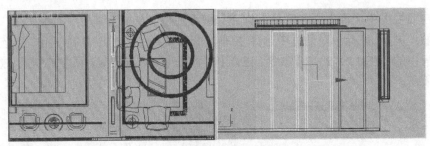

图 12-48　复制后的形态

步骤 21　制作后的标准间模型，如图 12-49 所示。

图 12-49　制作后的场景模型

12.2　主体框架材质的设置

材质是三维表现中非常重要的一部分，如果说模型是骨架，材质就是皮肤，它决定了建筑的外观效果。建筑材质相对来说还是比较简单的，这一节重点学习玻璃材质、铺装材质的编辑等，这些内容都是建筑材质中使用比较频繁的。下面我们就来设置场景中的主要材质，首先来看室外墙体涂料材质。

在室外建筑中，外墙以涂料、砖墙材质比较常见，下面来学习墙体材质的设置。

操作过程：

步骤 01　【白色乳胶漆】材质。选择一个空白的示例球，将其命名为【白色乳胶漆】并为其指定

VRayMtl 材质类型。在【基本参数】卷展栏中单击【漫反射】右侧的色钮，设置表面颜色为白色，如图 12-50 所示。

图 12-50　【白色乳胶漆】材质参数设置

步骤 02　在视图中选择【墙体】、【窗格】、【吊顶】、【包边】、【包边 2】及所有【窗格】和【窗框】造型，单击 按钮，将材质赋给它。

步骤 03　选择一个空白的示例球，将其命名为【地板】并为其指定 VRayMtl 材质类型。在【基本参数】卷展栏中单击【漫反射】右侧的 按钮，在弹出的【材质/贴图浏览器】中双击【位图】，选择本书光盘【第 12 章】目录下的【PUQS37261_1.jpg】文件，其他参数设置如图 12-51 所示。

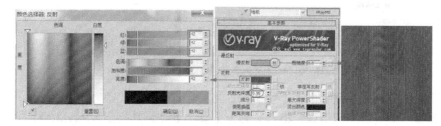

图 12-51　【地板】材质参数设置

步骤 04　在视图中选择【地面】造型，单击 按钮，将材质赋给它。单击 按钮，选择修改命令面板中的【UVW 贴图】命令，在【参数】卷展栏中设置参数，如图 12-52 所示。

图 12-52　贴图坐标参数设置

步骤 05　选择一个空白的示例球，将其命名为【木纹】并为其指定 VRayMtl 材质类型。在【基本参数】卷展栏中单击【反射】右侧的颜色按钮，设置反射颜色，然后单击【漫反射】右侧的按钮，在弹出的【材质/贴图浏览器】中双击【位图】，选择本书光盘【第 12 章】|【素材】目录下的【PUQS37231_1.jpg】文件，其他参数设置如图 12-53 所示。

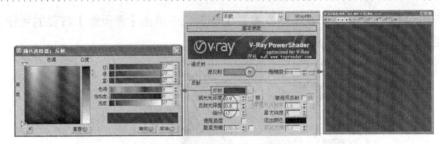

图 12-53 【木纹】材质参数设置

步骤 06 在视图中选择【装饰框】、【边】、【边 1】、【踢脚线】造型，单击 按钮，将材质赋给它。

步骤 07 选择一个空白的示例球，将其命名为【米色乳胶漆】并为其指定 VRayMtl 材质类型。在【基本参数】卷展栏中单击【漫反射】右侧的色钮，设置表面颜色，如图 12-54 所示。

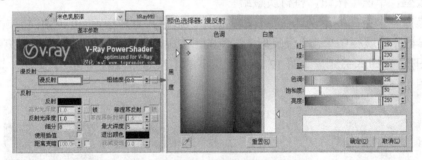

图 12-54 【黄色乳胶漆】材质参数设置

步骤 08 在视图中选择【壁纸】、【吊顶 2】造型，单击 按钮，将材质赋给它。

步骤 09 选择一个空白的示例球，将其命名为【壁纸】并为其指定 VRayMtl 材质类型。在【基本参数】卷展栏中单击【漫反射】右侧的按钮，在弹出的【材质/贴图浏览器】中双击【位图】，选择本书光盘【第 12 章】|【素材】目录下的【001.jpg】文件，如图 12-55 所示。

图 12-55 【壁纸】材质参数设置

步骤 10 在视图中选择【顶面】造型，单击 按钮，将材质赋给它。

步骤 11 选择一个空白的示例球，将其命名为【壁纸 2】并为其指定 VRayMtl 材质类型。在【基本参数】卷展栏中单击【漫反射】右侧的按钮，在弹出的【材质/贴图浏览器】中双击【位图】，选择本书光盘【第 12 章】|【素材】目录下的【B0001094.jpg】文件。如图 12-56 所示。

步骤 12 在视图中选择所有【壁纸】造型，单击 按钮，将材质赋给它。

图 12-56　【壁纸 2】材质参数设置

12.3　合并家具

至此，场景中的框架材质都赋予好了，下面合并家具模型。

操作过程：

步骤 01　单击 (应用程序) 按钮，在弹出的下拉菜单中选择【导入】|【合并】命令，在弹出的
【合并文件】对话框中选择本书光盘【第 12 章】|【模型】目录下的【雕刻.max】文件，
调整位置如图 12-57 所示。

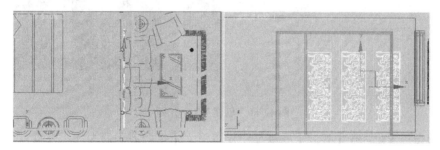

图 12-57　合并【雕刻】模型

步骤 02　再次使用【合并】命令选择本书光盘【第 12 章】|【模型】目录下的【家具.max】文件，
调整位置如图 12-58 所示。

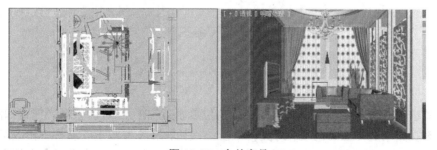

图 12-58　合并家具

步骤 03　再次使用【合并】命令选择本书光盘【第 12 章】|【模型】目录下的【家具 2.max】文件，
调整位置如图 12-59 所示。

图 12-59　合并家具

12.4　设置灯光

接下来学习场景灯光的设置。

操作过程：

步骤 01　单击创建命令面板中的 按钮，在【标准】下拉列表中选择 VRay 选项，单击 VR_光源 按钮，在前视图窗口的位置创建 VR 光源，调整灯光如图 12-60 所示。

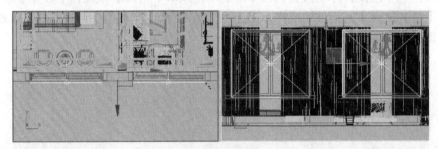

图 12-60　创建 VRay 光源

步骤 02　单击 按钮，在【参数】卷展栏中设置灯光【倍增器】值为 8，设置灯光颜色为蓝色，其他参数设置如图 12-61 所示。

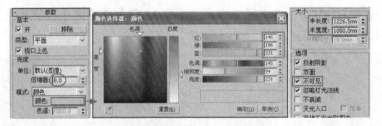

图 12-61　灯光参数设置

步骤 03　单击 VR_光源 按钮，在顶视图中吊顶的位置创建 VR 光源，调整灯光位置如图 12-62 所示。

步骤 04　在视图中选择上面创建的灯光，单击 按钮，在【参数】卷展栏中修改灯光【倍增器】值为 10，调整灯光颜色为暖色，设置灯光大小，然后勾选【选项】中的【不可见】复选框，参数设置如图 12-63 所示。

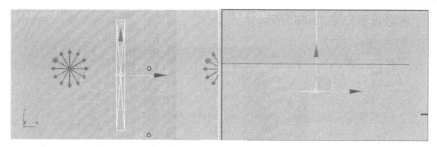

图 12-62　创建 VR_光源

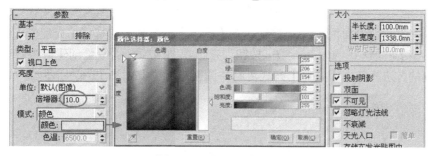

图 12-63　灯光参数设置

步骤 05　在顶视图中选择创建的 VR_光源，用旋转复制的方法以【实例】方式复制并调整位置，如图 12-64 所示。

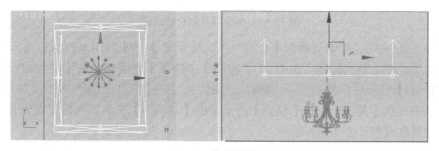

图 12-64　复制灯光

步骤 06　单击 VR_光源 按钮，在顶视图中圆形吊顶的位置创建 VR 光源，调整灯光位置，再用旋转复制的方法将其以【实例】方式旋转复制，调整位置如图 12-65 所示。

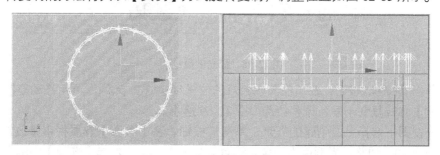

图 12-65　创建及复制 VR_光源

步骤 07　在视图中选择上面创建的灯光，单击 按钮，在【参数】卷展栏中修改灯光【倍增器】值为 20，调整灯光颜色为暖色，设置灯光大小，然后勾选【选项】中的【不可见】复选框，参数设置如图 12-66 所示。

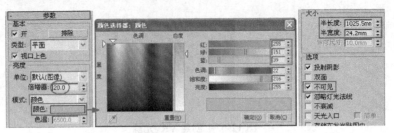

图 12-66　灯光参数设置

步骤 08　单击创建命令面板中的 ⚹ 按钮，在【标准】下拉列表中选择【光度学】选项。在【对象类型】卷展栏中单击 自由灯光 按钮，在顶视图中筒灯的位置创建自由灯光，再用移动复制的方法将其以【实例】方式复制并调整灯光位置如图 12-67 所示。

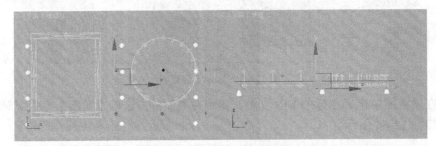

图 12-67　创建及复制自由灯光

步骤 09　单击 ⚹ 按钮，在【常规参数】卷展栏中勾选【阴影】中的【启用】复选框，选择【VRayShadow】选项，在【灯光分布（类型）】下拉列表中选择【光度学 Web】，然后在【分布（光度学 Web）】卷展栏中单击 <选择光度学文件> 按钮，打开【打开光域网 Web 文件】对话框，选择本书光盘【第 12 章】|【模型】目录下的【10.IES】文件，再设置灯光强度为 3000，其他参数设置如图 12-68 所示。

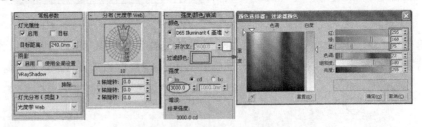

图 12-68　灯光参数设置

步骤 10　单击 VR_光源 按钮，在顶视图中台灯的位置创建 VR 光源，再用移动复制的方法以【实例】方式复制一盏，调整位置如图 12-69 所示。

步骤 11　在视图中选择上面创建的灯光，单击 ⚹ 按钮，在【参数】卷展栏中修改灯光【倍增器】值为 10，调整灯光颜色为暖色，设置灯光大小，然后勾选【选项】中的【不可见】复选框，参数设置如图 12-70 所示。

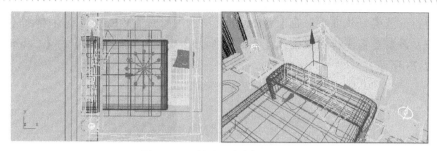

图 12-69　创建及复制 VR 光源

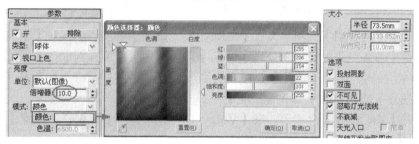

图 12-70　灯光参数设置

步骤 12　单击 VR_光源 按钮，在左视图中电视的位置创建 VR 光源，调整位置如图 12-71 所示。

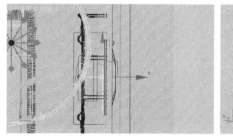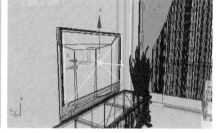

图 12-71　创建 VR 光源

步骤 13　单击 按钮，在【参数】卷展栏中修改灯光【倍增器】值为 8，调整灯光颜色为蓝色，设置灯光大小，然后勾选【选项】中的【不可见】复选框，参数设置如图 12-72 所示。

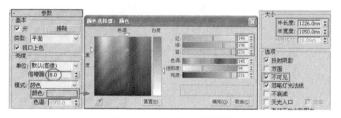

图 12-72　灯光参数设置

12.5　渲染设置

接下来进行渲染输出的设置。

操作过程：

步骤 01 再打开渲染场景面板。在【V-Ray】选项卡中打开【V-Ray::图像采样器（反锯齿）】卷展栏，设置图像采样器类型为【自适应细分】，【抗锯齿过滤器】为【Catmull-Rom】，如图12-73所示。

图 12-73　【V-Ray::图像采样器（反锯齿）】卷展栏

步骤 02 打开【间接照明】选项卡，在【V-Ray::发光贴图】卷展栏中设置【当前预置】为【中】，勾选【渲染结束时光子图处理】中的【自动保存】、【切换到保存的贴图】选项，再单击 浏览 按钮，将光子图保存到相应的目录下，然后在【V-Ray::灯光缓存】卷展栏中设置【细分】值为1000，如图12-74所示。

步骤 03 打开【VR_设置】选项卡，在【V-Ray::DMC 采样器】卷展栏中设置【最少采样】值为16、【噪波阈值】为0.01，如图12-75所示。

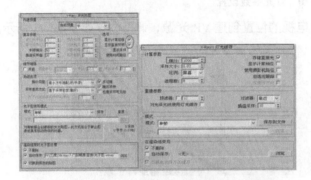

图 12-74　【V-Ray::发光贴图】选项卡参数设置　　　图 12-75【VR_设置】选项卡参数设置

步骤 04 渲染完成后，系统自动弹出【加载发光图】对话框，然后加载前面保存的光子图，如图12-76所示。

图 12-76　加载光子图

激活发光贴图的【切换到保存的贴图】选项，当渲染结束之后，当前的发光贴图模式将自动转换为【从文件】类型，并直接调用之前保存的发光贴图文件。

步骤 05　再返回到【公用】选项卡，设置渲染输出的图像大小为 1500×1125，单击【渲染输出】中的 [文件...] 按钮，将渲染的图像保存，如图 12-77 所示。

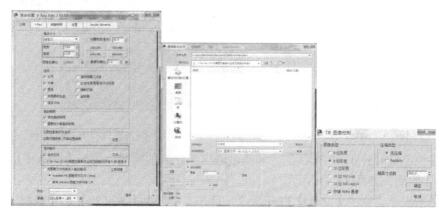

图 12-77　设置渲染输出

步骤 06　单击 ▣（渲染产品）按钮，渲染摄影机视图，效果如图 12-78 所示。

图 12-78　渲染后的效果

步骤 07　单击 ▣（应用程序）|【保存】命令，将图像另存为【标准间.max】文件。用户可以在随书配套光盘【第 12 章】|【模型】文件夹下找到。

12.6　后期处理

下面，我们来学习本案标准间图像的后期处理技法。

操作过程：

步骤 01　启动 Photoshop 软件，单击菜单栏中的【文件】|【打开】命令，打开本书光盘【第 12 章】|【后期处理】目录下的【标准间.tif】文件。

步骤 02　打开图层面板，双击背景图层，将其转换为【图层 0】，如图 12-79 所示。

步骤 03　打开【通道】面板，按住键盘中的 Ctrl 键的同时单击 Alpha1 通道，通过通道选择区域，如图 12-80 所示。

图 12-79　新建图层　　　　　　　　　　图 12-80　通过通道选择区域

步骤 04　按快捷键 Ctrl+J，将选择的区域通过通道建立新的图层，生成【图层 1】，然后将【图层 0】隐藏，如图 12-81 所示。

步骤 05　单击菜单栏中的【文件】打开命令，打开本书光盘【第 12 章】|【素材】目录下的【环境.jpg】文件，如图 12-82 所示。

图 12-81　隐藏背景的效果　　　　　　　　图 12-82　打开的图像文件

步骤 06　单击 工具，将图片拖至图像中，调整位置如图 12-83 所示。

图 12-83　添加背景的效果

步骤 07　在图层面板中单击 （创建新的填充或调整图层）按钮，在弹出的快捷菜单中选择【曝光度】命令，调整亮度及效果如图 12-84 所示。

图 12-84　调整图像亮度

步骤 08　在图层面板中单击 ◔（创建新的填充或调整图层）按钮，在弹出的快捷菜单中选择【色相/饱和度】命令，调整图像饱和度参数，如图 12-85 所示。

步骤 09　处理后的效果如图 12-86 所示。

图 12-85　调整图像饱和度　　　　　　　　图 12-86　调整后的效果

步骤 10　在图层面板中单击 ◔（创建新的填充或调整图层）按钮，在弹出的快捷菜单中选择【亮度/对比度】命令，参数设置如图 12-87 所示。

步骤 11　调整后的效果如图 12-88 所示。

图 12-87　【亮度/对比度】参数设置　　　　　图 12-88　处理后的效果

步骤 ⑫ 按键盘中的【Ctrl+Alt+Shift+E】键，拼合新建可见图层 3。单击菜单栏中的【滤镜】|【其他】|【高反差保留】命令。

步骤 ⑬ 在弹出的【高反差保留】对话框中设置【半径】为 2.0，如图 12-89 所示。

图 12-89　设置【高反差保留】参数及效果

步骤 ⑭ 确定操作后在图层面板中设置图层的混合模式为【叠加】方式，处理后的效果如图 12-90 所示。

图 12-90　设置混合模式及处理效果

步骤 ⑮ 单击工具箱中的 （裁剪工具），然后手动调整图像大小，如图 12-91 所示。

步骤 ⑯ 调整完成后，按回车键，确定操作，效果如图 12-92 所示。

图 12-91　剪切图像　　　　　　　　　　图 12-92　处理后的效果

步骤 17　单击菜单栏中的【文件】|【存储为】命令，将图像另存为【标准间.psd】文件。

12.7　本章小结

本章主要学习了标准间效果图的制作。通过学习，读者可以从中领悟到，室内空间的结构、使用性质不同，其材质和灯光的设计也应该有所侧重。本例材质多运用壁纸、布纹以及木纹作为主要材质，灯光主要是以暖色光照射为主，结合吊顶的灯带和筒灯的暖色灯光照明表现标准间的豪华、大方效果。

12.8　上机操作题

综合运用所学知识，制作如图 12-93 所示的会议室效果图。本作品参见本书光盘【第 12 章】|【操作题】目录下的【会议室.max】文件。

图 12-93　会议室效果图

第13章 现代客厅效果的表现

现代设计追求的是空间的实用性和灵活性。空间组织不再是以房间组合为主，空间的划分也不再局限于硬质墙体，而是更注重会客、餐饮、学习、睡眠等功能空间的逻辑关系。通过家具、吊顶、地面材料、陈列品甚至光线的变化来表达不同功能空间的划分，而且这种划分又随着不同的时间段表现出灵活性、兼容性和流动性。

本方案为一居室中户型方案，适用于现代年轻夫妇居住，室内整体为暖色调，整体设计通过现代、简洁、大方的吊灯及电视背景墙，充分体现出现代式的简约风格，具有高贵、华丽之美。本案现代客厅效果图如图13-1所示。

图 13-1 现代客厅效果图

本章内容如下：

- 制作客厅场景模型
- 制作材质
- 设置客厅灯光
- 后期处理
- 思考与总结
- 上机操作题

13.1 制作客厅场景模型

首先根据客厅设计风格分析本例客厅需要重点表现的对象，以及整个场景应该是一种什么样的气氛，然后再根据图纸创建模型。

13.1.1　制作框架模型

在制作模型时，先导出图纸，再从制作客厅大框模型入手。

操作过程：

步骤 01　启动 3ds Max 软件。单击菜单栏中的【自定义】|【单位设置】命令，设置系统单位为【毫米】。

步骤 02　单击 ▦（应用程序）按钮，在弹出的下拉菜单栏中选择【导入】|【导入】命令，打开本书光盘【第 13 章】|【模型】目录下的【平面图.dwg】文件，导入后的图纸文件如图 13-2 所示。

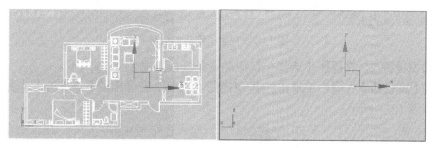

图 13-2　导入图纸

步骤 03　单击工具栏中的 ▦ 按钮，并在该按钮上单击鼠标右键，在弹出的【栅格和捕捉设置】对话框中选择【捕捉】选项卡，然后勾选【顶点】，如图 13-3 所示。

图 13-3　【栅格和捕捉设置】对话框

步骤 04　单击 线 按钮，在顶视图中参照图纸绘制二维线形。

步骤 05　单击 ▦ 按钮，选择修改命令面板中的【挤出】命令，设置挤出数量为 2800，如图 13-4 所示。

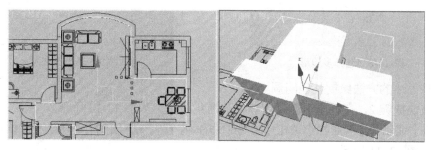

图 13-4　绘制线形及挤出后的形态

步骤 06 选择修改命令面板中的【编辑多边形】命令，按快捷键 5，激活【元素】子对象，选择创建的长方体，单击【元素】下的 翻转 按钮，翻转法线。

步骤 07 在物体上单击鼠标右键，在弹出的右键菜单中选择【对象属性】命令，在弹出的对话框中勾选【背面消隐】选项，效果如图 13-5 所示。

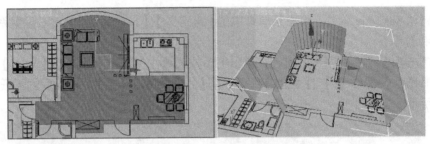

图 13-5　背面消隐后的效果

步骤 08 按快捷键 2，在视图中选择门口中的两条线段，如图 13-6 所示。

步骤 09 在【编辑边】卷展栏中单击 连接 右侧的 按钮，在弹出的【连接边】对话框中设置参数，如图 13-7 所示。

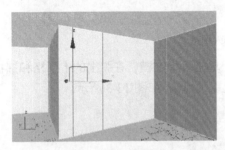　　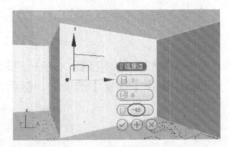

图 13-6　选择线段　　　　　　　　　　图 13-7　连接边

步骤 10 按快捷键 4，在视图中选择多边形，如图 13-8 所示。

步骤 11 在【编辑多边形】卷展栏中单击 挤出 按钮右侧的 按钮，在弹出的对话框中设置【挤出高度】为-280，效果如图 13-9 所示。

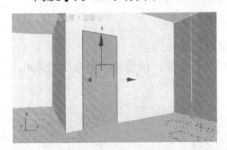　　

图 13-8　选择多边形　　　　　　　　　图 13-9　挤出多边形

步骤 12 用上述的方法绘制其他门洞。

步骤 13 按快捷键 2，在视图中选择窗口中的两条线段，如图 13-10 所示。

步骤 14 在【编辑边】卷展栏中单击 连接 右侧的 按钮，在弹出的【连接边】对话框中设置参数，如图 13-11 所示。

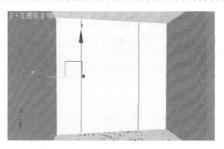

图 13-10　选择的两条线段

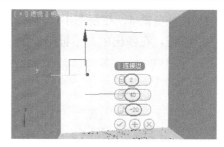

图 13-11　连接边

步骤 15　按快捷键 4，在视图中选择多边形，如图 13-12 所示。

步骤 16　在【编辑多边形】卷展栏中单击 挤出 按钮右侧的□按钮，在弹出的对话框中设置【挤出高度】为-240，如图 13-13 所示。

图 13-12　选择的多边形

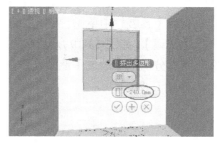

图 13-13　挤出高度

步骤 17　按键盘中的 Delete 键，删除多边形，效果如图 13-14 所示。

步骤 18　用相同的方法绘制出其他的窗口，效果如图 13-15 所示。

图 13-14　删除多边形

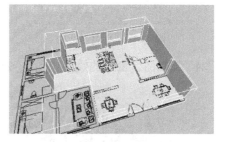

图 13-15　绘制窗口的效果

步骤 19　按快捷键 2，在视图中选择如图 13-16 所示阳台位置的边。

步骤 20　在【编辑边】卷展栏中单击 连接 右侧的□按钮，在弹出的【连接边】对话框中设置参数，如图 13-17 所示。

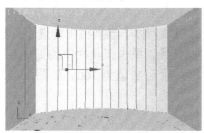

图 13-16　选择边

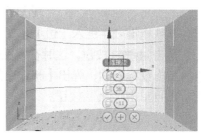

图 13-17　连接边

步骤 21 按快捷键 4，在视图中选择多边形，在【编辑多边形】卷展栏中单击 挤出 按钮右侧的 🔲 按钮，在弹出的对话框中设置【挤出高度】为-240，如图 13-18 所示。

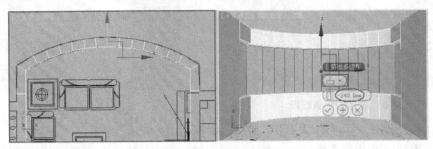

图 13-18 挤出多边形

步骤 22 按快捷键 4，进入【多边形】子对象层级，在透视图中选择挤出的多边形，在【编辑几何体】卷展栏中单击 分离 右侧的 🔲 按钮，弹出【分离】对话框，将分离的多边形分离为【玻璃】，如图 13-19 所示。

步骤 23 选择分离的【玻璃】造型，单击工具栏中的 🔳（选择并均匀缩放）按钮，缩放后的效果如图 13-20 所示。

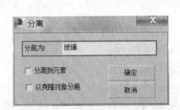

图 13-19 分离多边形

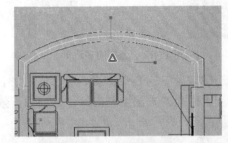

图 13-20 缩放后的效果

步骤 24 编辑门、窗洞的效果如图 13-21 所示。

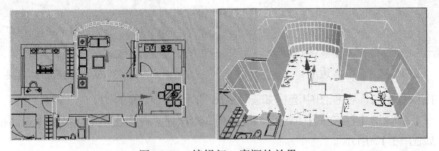

图 13-21 编辑门、窗洞的效果

步骤 25 按快捷键 2，进入【边】子对象层级，在【编辑几何体】卷展栏中勾选【分割】选项，单击 切片平面 按钮，这时在视图中会显示剪切控制线，单击工具栏中的 🔳 按钮，并在其上单击鼠标右键，弹出【移动变换输入】对话框，输入 Y 值为 100，如图 13-22 所示。然后再单击 切片 按钮。

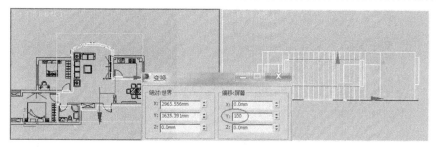

图 13-22　【移动变换输入】对话框

步骤26　按快捷键 4，进入【多边形】子对象层级，在透视图中选择如图 13-23 所示的多边形。在【编辑多边形】卷展栏中单击　挤出　按钮右侧的□按钮，在弹出的对话框中设置【挤出高度】为 10。

步骤27　用相同的方法将角线多边形挤出。

步骤28　按快捷键 4，进入【多边形】子对象层级，选择如图 13-24 所示的顶面，在【编辑几何体】卷展栏中单击　分离　右侧的□按钮，弹出【分离】对话框，将分离的多边形分离为【顶面】。

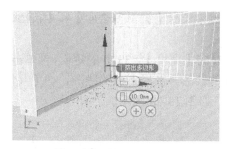

图 13-23　挤出多边形

图 13-24　分离【顶面】

步骤29　再选择如图 13-25 所示的地面，在【编辑几何体】卷展栏中单击　分离　右侧的□按钮，弹出【分离】对话框，将分离的多边形分离为【地面】。

图 13-25　分离【地面】

步骤30　单击按钮，在顶视图中创建目标摄影机，单击按钮，在【参数】卷展栏中设置参数，如图 13-26 所示。

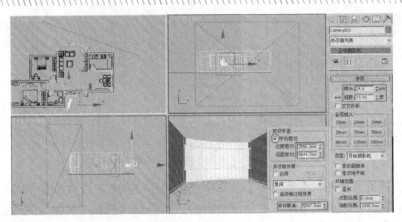

图 13-26   创建摄影机

13.1.2   制作吊顶

客厅吊顶主要使用【挤出】、【放样】命令来完成。

操作过程：

步骤 01   在视图中选择挤出的墙体造型，在堆栈编辑器中删除【编辑多边形】和【挤出】命令，保留线形，如图 13-27 所示。

步骤 02   单击 矩形 按钮，在顶视图中创建【长度】为 3660、【宽度】为 3390 的矩形，再单击 圆 按钮，继续在顶视图中创建【半径】为 850 的圆形，选择上面的线形，在【几何体】卷展栏中单击 附加 按钮，附加场景中的矩形，如图 13-28 所示。

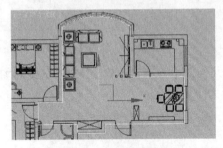

图 13-27   调整后的形态

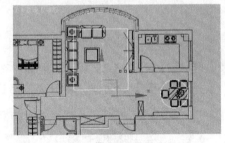

图 13-28   附加图形

步骤 03   执行修改命令面板中的【挤出】命令，设置挤出数量为 100。在前视图中调整位置如图 13-29 所示。

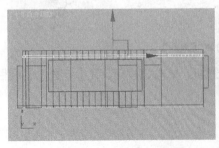

图 13-29   调整后的位置

步骤 04 单击 矩形 按钮，在顶视图中绘制【长度】为 312、【宽度】为 80 的矩形，如图 13-30 所示。

步骤 05 单击 按钮，选择修改命令面板中的【编辑样条线】命令，在【几何体】卷展栏中设置轮廓值为 60，再单击 轮廓 按钮，轮廓后的形态如图 13-31 所示。

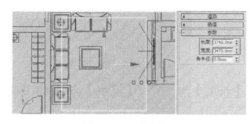
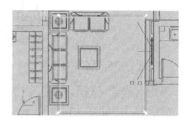

图 13-30　绘制矩形　　　　　　　　　　　图 13-31　轮廓后的形态

步骤 06 单击 圆 按钮，在顶视图中绘制【半径】为 890 的圆形，如图 13-32 所示。

步骤 07 单击 按钮，选择修改命令面板中的【编辑样条线】命令，在【几何体】卷展栏中设置轮廓值为-60，再单击 轮廓 按钮，效果如图 13-33 所示。

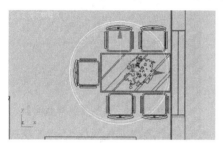
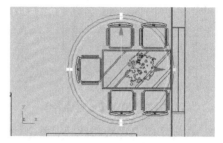

图 13-32　绘制圆形　　　　　　　　　　　图 13-33　设置轮廓

步骤 08 在【几何体】卷展栏中单击 附加 按钮，将前面轮廓后的矩形附加在一起，单击 按钮，选择修改命令面板中的【挤出】命令，设置挤出数量为 116，调整位置如图 13-34 所示。

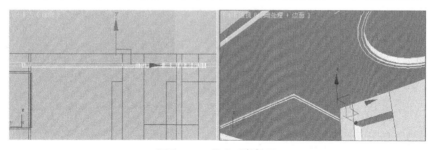

图 13-34　挤出后的形态

步骤 09 选择一级吊顶造型，按快捷键 Ctrl+V 键，弹出【克隆选项】对话框，选择【复制】，然后单击 确定 按钮，将一级吊顶在原位置复制一个，并重命名为【内边线】。在修改器列表中将【挤出】命令拖至 按钮上，将该命令从堆栈中移除修改器。进入【样条线】子对象层级，选择外侧的样条线，按 Delete 键将其删除，保留如图 13-35 所示的线形。

步骤 10 单击 按钮，选择修改命令面板中的【挤出】命令，设置挤出数量为 85，调整位置如图 13-36 所示。

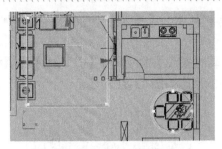

图 13-35　保留的样条线

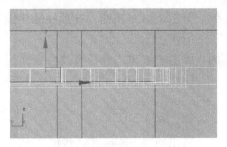

图 13-36　挤出后的形态

步骤⑪　单击 矩形 按钮，在顶视图中绘制【长度】为 2070、【宽度】为 2008 的矩形作为【放样路径】，如图 13-37 所示。

步骤⑫　单击 矩形 按钮，在顶视图中绘制【长度】为 20、【宽度】为 50 的矩形，再单击 线 按钮，在辅助矩形内绘制二维线形作为【放样截面】，如图 13-38 所示。

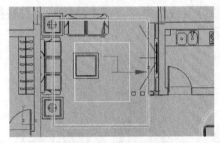

图 13-37　绘制【放样路径】

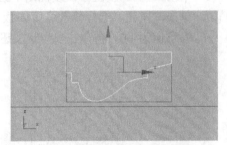

图 13-38　绘制【放样截面】

步骤⑬　在视图中选择放样路径，单击 （创建）命令面板中的 （几何体），在 标准基本体 中选择【复合物体】，选择修改命令面板中的【放样】命令，单击 获取图形 按钮，然后拾取场景中的放样截面，放样后的效果如图 13-39 所示。将其作为【装饰线】并调整位置。

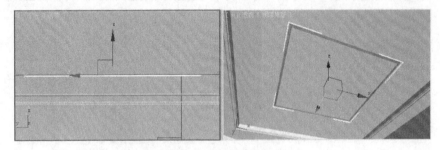

图 13-39　放样后的效果

步骤⑭　单击 矩形 按钮，在顶视图中绘制【长度】为 2860、【宽度】为 240 的矩形，执行修改命令面板中的【挤出】命令，设置挤出数量为 220，命名为【梁】，调整位置如图 13-40 所示。

步骤⑮　单击 矩形 按钮，在顶视图中创建【长度】为 2627、【宽度】为 3112 的矩形，单击 按钮，选择修改命令面板中的【编辑样条线】命令，再按快捷键 3，进入【样条线】子对象层级，然后在【几何体】卷展栏中设置轮廓值为 20，效果如图 13-41 所示。

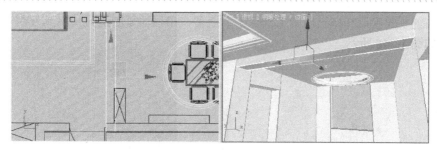

图 13-40　调整后的位置

步骤16　执行修改命令面板中的【挤出】命令，设置挤出数量为 230，命名为【角线 2】，如图 13-42 所示。

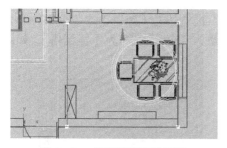

图 13-41　设置轮廓后的矩形

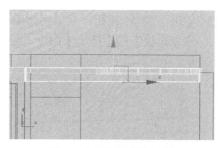

图 13-42　挤出后的形态

步骤17　单击 线 按钮，在顶视图中绘制二维线形，如图 13-43 所示。

步骤18　再按快捷键 3，进入【样条线】子对象层级，然后在【几何体】卷展栏中勾选【中心】，设置轮廓值为 100，效果如图 13-44 所示。

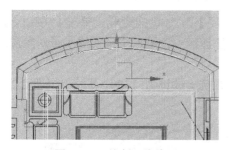

图 13-43　绘制二维线形

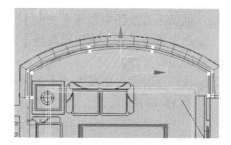

图 13-44　轮廓后的形态

步骤19　执行修改命令面板中的【挤出】命令，设置挤出数量为 60，命名为【横窗格】，如图 13-45 所示。

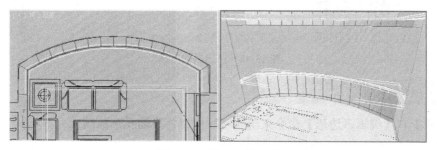

图 13-45　挤出后的形态

297

步骤 20 在前视图中选择挤出后的【横窗格】造型，用移动复制的方法将其复制一个，调整位置如图 13-46 所示。

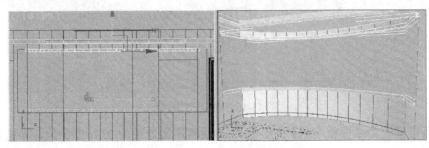

图 13-46　复制后的位置

步骤 21 单击 矩形 按钮，在顶视图中创建【长度】为 100、【宽度】为 100 的矩形，执行修改命令面板中的【挤出】命令，设置挤出数量为 1380，命名为【竖窗格】，如图 13-47 所示。

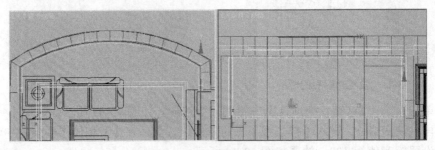

图 13-47　挤出后的形态、位置

步骤 22 继续在顶视图中创建【长度】为 100、【宽度】为 100 的矩形，单击 按钮，选择修改命令面板中的【编辑样条线】命令，再按快捷键 3，进入【样条线】子对象层级，然后将矩形复制。

步骤 23 执行修改命令面板中的【挤出】命令，设置挤出数量为 1380，命名为【竖窗格 2】，如图 13-48 所示。

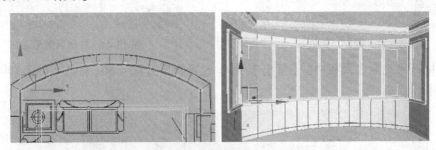

图 13-48　挤出后的效果

13.1.3　制作背景墙及电视墙

使用【放样】和【编辑多边形】命令来绘制客厅电视背景墙及形象墙。
操作过程：

步骤 01　单击 ▢矩形 按钮，在左视图中绘制【长度】为 2407、【宽度】为 3916 的矩形作为【放样路径】，选择修改命令面板中的【编辑样条线】命令，再按快捷键 2，进入【线段】子对象层级，选择下面的线段，按 Delete 键将其删除，如图 13-49 所示。

步骤 02　单击 ▢矩形 按钮，在顶视图中绘制【长度】为 25、【宽度】为 64 的矩形，再单击 ▢线 按钮，在辅助矩形内绘制二维线形作为【放样截面】，如图 13-50 所示。

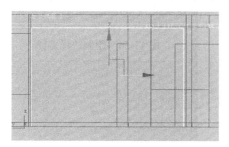
图 13-49　绘制【放样路径】

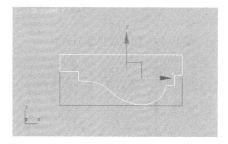
图 13-50　绘制【放样截面】

步骤 03　在视图中选择放样路径，单击 ☀（创建）命令面板下的 ◯（几何体），在 标准基本体 ∨ 中选择【复合物体】，选择修改命令面板中的【放样】命令，单击 获取图形 按钮，然后拾取场景中的放样截面，放样后的效果如图 13-51 所示。将其作为【装饰线】并调整位置。

步骤 04　在视图中选择墙体造型，按快捷键 4，进入【多边形】子对象层级，选择如图 13-52 所示的多边形，在【编辑几何体】卷展栏中单击分离右侧的按钮，弹出【分离】对话框，将其命名为【电视墙】。

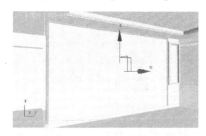
图 13-51　放样后的形态

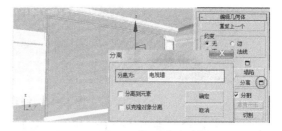
图 13-52　分离多边形

步骤 05　单击 ▢矩形 按钮，在顶视图中绘制【长度】为 25、【宽度】为 64 的矩形，再单击 ▢线 按钮，在辅助矩形内绘制二维线形作为【放样截面】，如图 13-53 所示。

步骤 06　单击 ▢矩形 按钮，在左视图中绘制【长度】为 2385、【宽度】为 530 的矩形作为【放样路径】，选择修改命令面板中的【编辑样条线】命令，再按快捷键 2，进入【线段】子对象层级，选择下面的线段，按 Delete 键将其删除，如图 13-54 所示。

步骤 07　在视图中选择放样路径，单击 ☀（创建）命令面板下的 ◯（几何体），在 标准基本体 ∨ 下选择【复合物体】，选择修改命令面板中的【放样】命令，单击 获取图形 按钮，然后拾取场景中的放样截面，放样后的效果如图 13-55 所示。将其作为【装饰线 01】并调整位置。

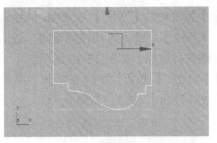

图 13-53　绘制放样截面图形

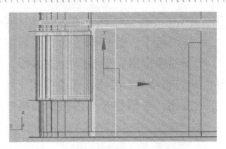

图 13-54　绘制放样路径

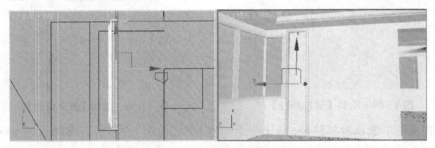

图 13-55　放样后的效果

步骤 08　单击 长方体 按钮，在左视图中创建【长度】为 62000、【宽度】为 2000、【高度】为 0 的长方体，命名为【镜子】，调整位置如图 13-56 所示。

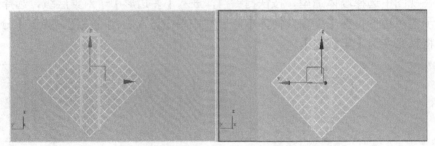

图 13-56　创建长方体

步骤 09　选择修改命令面板中的【编辑多边形】命令，按快捷键 4，在视图中选择所有的多边形。在【编辑多边形】卷展栏中单击 倒角 按钮右侧的□按钮，在弹出的对话框中设置参数，如图 13-57 所示。

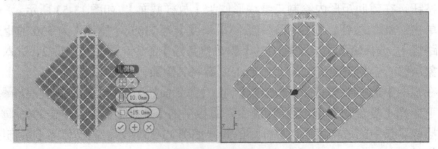

图 13-57　倒角后的形态

步骤 10　按快捷键 2，进入【边】子对象层级，在【编辑几何体】卷展栏中勾选【分割】选项，单击 切片平面 按钮，这时在视图中会显示剪切控制线，单击工具栏中的□按钮，旋转切割线，然后再单击 [切片] 按钮，如图 13-58 所示。

步骤⑪ 用相同的方法进行切割，效果如图 13-59 所示。

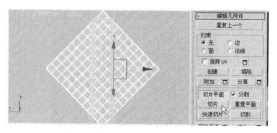

图 13-58　切片平面

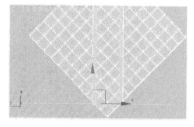

图 13-59　切片后的效果

步骤⑫ 按快捷键 4，进入【多边形】子对象层级，在透视图中选择如图 13-60 所示的多边形。按 Delete 键，将其删除，效果如图 13-61 所示。

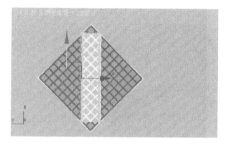

图 13-60　选择多边形

图 13-61　删除后的效果

步骤⑬ 在视图中选择【装饰线 01】和【镜子】，用移动复制的方法将其复制一组，调整位置如图 13-62 所示。

图 13-62　复制后的效果

步骤⑭ 用同上的方法放样制作横装饰线，如图 13-63 所示。

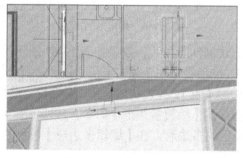

图 13-63　放样后的效果

步骤 15　单击 长方体 按钮，在左视图中创建【长度】为 2550、【宽度】为 1500、【高度】为 10 的长方体，将其命名为【形象墙】，调整位置如图 13-64 所示。

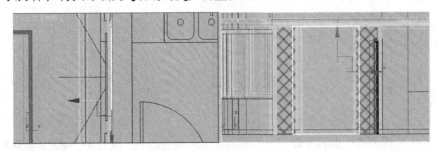

图 13-64　创建长方体

步骤 16　继续在顶视图中创建【长度】为 109、【宽度】为 395、【高度】为 80 的长方体，将其命名为【板】，调整位置如图 13-65 所示。

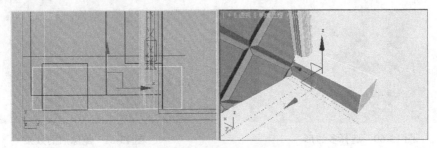

图 13-65　创建长方体

步骤 17　单击 矩形 按钮，在顶视图中创建【长度】为 80、【宽度】为 60 的矩形，选择修改命令面板中的【编辑样条线】命令，再按快捷键 3，进入【样条线】子对象层级，选择矩形，用移动复制的方法将其复制 2 个，再选择修改命令面板中的【挤出】命令，设置挤出数量为 2700，调整位置如图 13-66 所示。

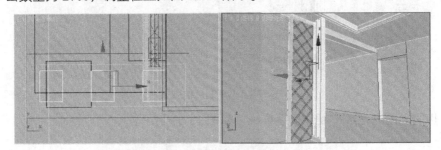

图 13-66　挤出后的形态

步骤 18　使用前面学习的方法制作阳角线，效果如图 13-67 所示。

步骤 19　单击 管状体 按钮，在顶视图中创建【半径 1】为 50、【半径 2】为 35、【高度】为 2、【高度分段】为 1、【边数】为 12 的管状体，将其命名为【筒灯】，调整位置如图 13-68 所示。

步骤 20　选择修改命令面板中的【编辑多边形】命令，按快捷键 4，进入【多边形】子对象层级，选择如图 13-69 所示的多边形，在【编辑多边形】卷展栏中单击【倒角】右侧的 按钮，设置参数如该图所示。

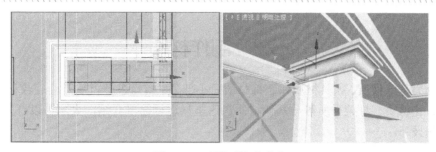

图 13-67　制作【阳角线】

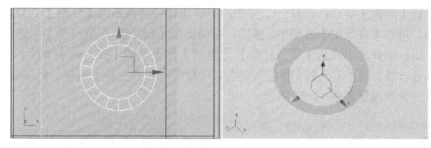

图 13-68　创建管状体

步骤 21　单击 ⬚圆柱体 按钮，在顶视图中创建【半径】为 35、【高度】为 1、【高度分段】为 1、【边数】为 12 的圆柱体，命名为【灯】，调整位置如图 13-70 所示。

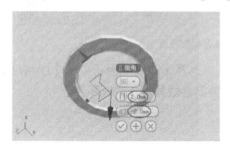

图 13-69　倒角参数及效果

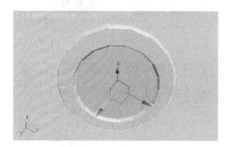

图 13-70　创建圆柱体

步骤 22　在顶视图中选择【筒灯】和【灯】造型，用移动复制的方法复制 13 个，调整位置如图 13-71 所示。

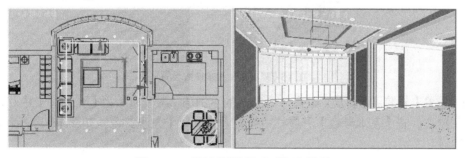

图 13-71　复制【筒灯】和【灯】造型

13.2 制作材质

本节材质分为基础材质、家具材质和装饰材质三小部分，重点讲解材质是乳胶漆材质、墙纸材质、沙发布纹材质、花材质、灯架材质等。其他材质在这里只进行简单介绍，大家可以打开光盘学习其他相关材质的制作技巧。

操作过程：

步骤 01 设置【地板】材质。选择一个空白的示例球，将其命名为【地板】并为其指定 VRay 材质。单击【漫反射】右侧的 ■ 按钮，在弹出的【材质/贴图浏览器】中选择【位图】贴图类型，选择本书光盘【第 13 章】|【素材】目录下的【DD.jpg】文件，单击 按钮，返回上一级，调整【反射】颜色为灰色，让材质对象产生反射效果，然后降低高光光泽度。其他参数设置如图 13-72 所示。

图 13-72 【地板】材质参数设置

步骤 02 选择场景中的【地面】造型，单击 按钮，选择修改命令面板中的【UVW Map】命令，在【参数】卷展栏中选择【长方体】，设置其参数如图 13-73 所示。

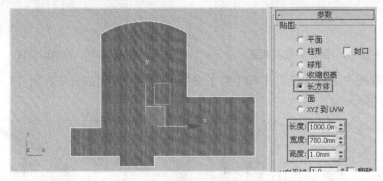

图 13-73 贴图坐标参数设置

步骤 03 设置【乳胶漆】材质。选择一个空白的示例球，将其命名为【乳胶漆】并为其指定 VRay 材质。在【基本参数】卷展栏中设置【漫反射】为浅黄色，如图 13-74 所示。

图 13-74　【乳胶漆】材质参数设置

步骤 04　设置【壁纸】材质。选择一个空白的示例球，将其命名为【壁纸】并为其指定 VRay 材质。单击【漫反射】右侧的▇按钮，在弹出的【材质/贴图浏览器】中选择【位图】贴图类型，选择本书光盘【第 13 章】|【素材】目录下的【buzz-762.jpg】文件，如图 13-75所示。

图 13-75　【壁纸】材质参数设置

步骤 05　【镜子】材质参数设置。选择一个空白的示例球，将其命名为【镜子】并为其指定 VRay材质。在【基本参数】卷展栏中设置【漫反射】RGB 均为 139；设置【反射】的红、绿、蓝值均为 180，如图 13-76 所示。

图 13-76　【镜子】材质参数设置

步骤 06　设置【壁纸 2】材质。选择一个空白的示例球，将其命名为【壁纸 2】并为其指定 VRay材质。单击【漫反射】右侧的按钮，在弹出的【材质/贴图浏览器】中选择【位图】贴图类型，选择本书光盘【第 13 章】|【素材】目录下的【1113810816.jpg】文件，如图 13-77所示。

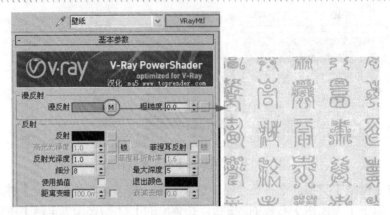

图 13-77 【壁纸 2】材质参数设置

步骤 07 【不锈钢】材质。重新选择一个空白的示例球，将其命名为【不锈钢】并为其指定 VRay 材质。在【基本参数】卷展栏中单击【漫反射】右侧的颜色按钮并调整为灰色，调整反射值参数，如图 13-78 所示。

图 13-78 【不锈钢】材质参数设置

步骤 08 【自发光】材质。重新选择一个空白的示例球，将其命名为【自发光】材质。在【Blinn 基本参数】卷展栏中设置【环境光】【漫反射】颜色为白色，设置【自发光】为 100 如图 13-79 所示。

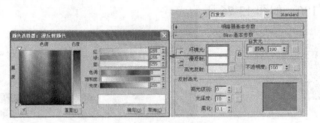

图 13-79 【自发光】材质参数设置

步骤 09 【玻璃】材质。并为其指定 VRay 材质。在【基本参数】卷展栏中设置【漫反射】的颜色为灰色，设置【反射】颜色和【折射】颜色，勾选【影响阴影】选项，让光线穿过玻璃可以射入室内，其他参数的设置如图 13-80 所示。

步骤 10 单击菜单栏中的【文件】|【合并】命令，选择本书光盘【第 13 章】|【模型】目录下的【室内家具模型 1.max】文件，调整位置如图 13-81 所示。

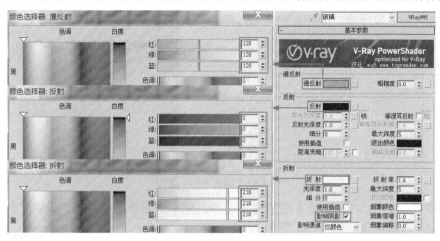

图 13-80　【玻璃】材质参数设置

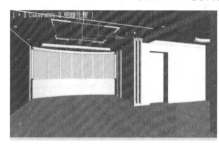

图 13-81　合并家具模型

步骤⑪　继续使用【合并】命令打开本书光盘【第 13 章】|【模型】目录下的【室内家具模型 2.max】文件，调整位置如图 13-82 所示。

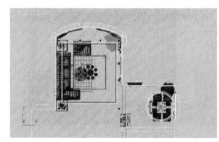

图 13-82　合并家具模型

步骤⑫　单击 按钮，渲染透视图。

步骤⑬　单击菜单栏中的【文件】|【存储为】命令，将图像另存为【现代客厅.max】文件。用户可以在随书配套光盘【第 13 章】|【模型】文件夹下找到。

13.3　设置客厅灯光

操作过程：

步骤①　单击创建命令面板中的 按钮，在【标准】下拉列表中选择 VRay 选项，单击 VR_光源 按钮，在前视图窗口的位置创建 VR 光源，调整灯光如图 13-83 所示。

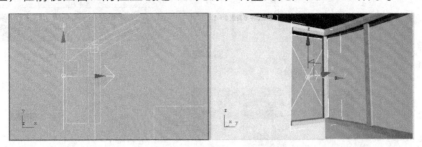

图 13-83   创建 VRay 光源

步骤 02   单击 按钮，在【参数】卷展栏中设置灯光【倍增器】值为 6，设置灯光颜色为蓝色，其他参数设置如图 13-84 所示。

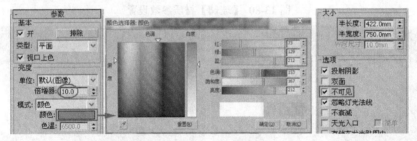

图 13-84   灯光参数设置

步骤 03   在顶视图中选择窗口处的两盏 VRay 光源，单击工具栏中的 按钮，在弹出的【镜像：屏幕 坐标】对话框中选择 Y 轴，以【实例】的方式镜像复制一组，调整位置如图 13-85 所示。

图 13-85   复制 VRay 光源

步骤 04   在顶视图中选择窗口处的一盏 VRay 光源，以【复制】方式将其复制一盏，调整位置如图 13-86 所示。

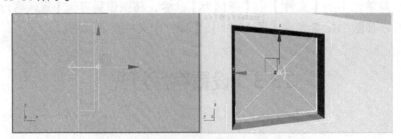

图 13-86   复制灯光

步骤 05 单击 VR_光源 按钮，在顶视图中灯带的位置创建 VR 光源，再用旋转复制的方法将其复制 3 盏，调整位置如图 13-87 所示。

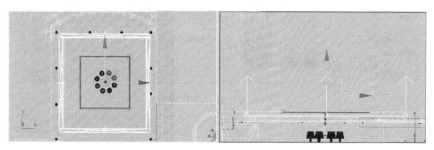

图 13-87　创建及复制光源

步骤 06 在视图中选择上面创建的灯光，单击 ☑（修改）按钮，在【参数】卷展栏中修改灯光【倍增器】值为 8，调整灯光颜色为暖黄色，设置灯光大小，然后勾选【选项】中的【不可见】复选框，参数设置如图 13-88 所示。

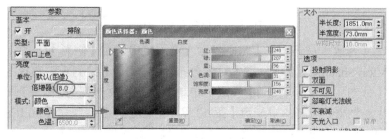

图 13-88　灯光参数设置

步骤 07 单击 VR_光源 按钮，在顶视图中圆形灯带的位置创建 VR 光源，再用旋转复制的方法将其复制，调整位置如图 13-89 所示。

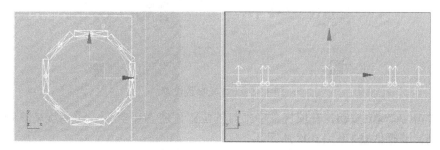

图 13-89　创建及复制光源

步骤 08 在视图中选择上面创建的灯光，单击 ☑（修改）按钮，在【参数】卷展栏中修改灯光【倍增器】值为 10，调整灯光颜色为暖黄色，设置灯光大小，然后勾选【选项】中的【不可见】复选框，参数设置如图 13-90 所示。

步骤 09 单击 ※（创建）命令面板中的 ◁（灯光）按钮，在【标准】下拉列表中选择【光度学】选项。在【对象类型】卷展栏中单击 自由灯光 按钮，在顶视图中筒灯的位置创建自由灯光，然后用移动复制的方法将其复制调整灯光位置如图 13-91 所示。

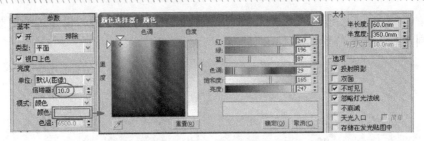

图 13-90　灯光参数设置

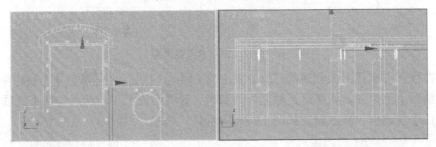

图 13-91　创建及复制灯光

步骤⑩　单击 （修改）按钮，在【常规参数】卷展栏中勾选【阴影】下的【启用】复选框，选择【VRayShadow】选项，在【灯光分布（类型）】下拉列表中选择【光度学 Web】，然后在【分布（光度学 Web）】卷展栏中单击 ＜选择光度学文件＞ 按钮，打开【打开光域网 Web 文件】对话框，选择本书光盘【第 13 章】|【模型】目录下的【30.IES】文件，设置灯光强度为 30000，调整灯光颜色为暖色，其他参数设置如图 13-92 所示。

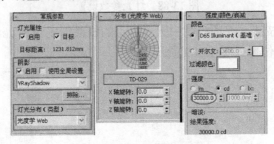

图 13-92　灯光参数设置

步骤⑪　单击 VR_光源 按钮，在顶视图中吊灯的位置创建 VR 光源，再用旋转复制的方法将其复制，调整位置如图 13-93 所示。

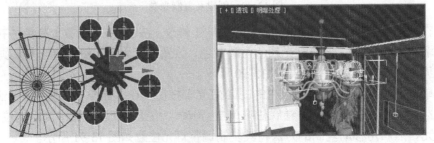

图 13-93　创建及复制灯光

步骤 12　在视图中选择上面创建的灯光，单击 🖉（修改）按钮，在【参数】卷展栏中修改灯光【倍增器】值为 6，调整灯光颜色为暖黄色，设置灯光大小，然后勾选【选项】中的【不可见】复选框，参数设置如图 13-94 所示。

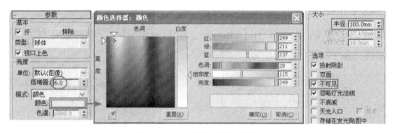

图 13-94　灯光参数设置

步骤 13　继续在顶视图台灯的位置创建 VR 光源，调整灯光位置如图 13-95 所示。

图 13-95　创建及复制灯光

步骤 14　单击 🖉（修改）按钮，在【参数】卷展栏中选择灯光类型为【球体】，设置灯光【倍增器】值为 15，灯光颜色为暖色，其他参数设置如图 13-96 所示。

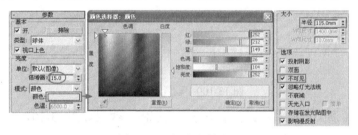

图 13-96　灯光参数设置

为了更快地渲染出比较大尺寸的最终图像，可以先使用小的图像尺寸渲染并保存发光贴图和灯光贴图，然后再渲染大尺寸的最终图像。

步骤 15　打开渲染场景面板。在【V-Ray】选项卡中打开【V-Ray::图像采样器（反锯齿）】卷展栏，设置图像采样器类型为【自适应细分】，抗锯齿过滤器为【Catmull-Rom】，如图 13-97 所示。

图 13-97　【V-Ray::图像采样器（反锯齿）】卷展栏参数设置

步骤 16 打开【间接照明】选项卡,在【V-Ray::发光贴图】卷展栏中设置【当前预置】为【高】,勾选【渲染结束时光子圈处理】中的【自动保存】和【切换到保存的贴图】选项,再单击 浏览 按钮,将光子图保存到相应的目录下,然后在【V-Ray::灯光缓存】卷展栏中设置【细分】值为 1000,如图 13-98 所示。

步骤 17 渲染完成后,系统自动弹出【choose a lightmap file】对话框,然后加载前面保存的光子图,如图 13-99 所示。

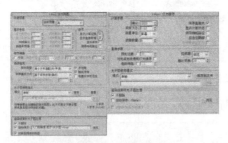

图 13-98　参数设置

图 13-99　加载光子图

激活发光贴图的【切换到保存的贴图】选项,当渲染结束之后,当前的发光贴图模式将自动转换为【从文件】类型,并直接调用之前保存的发光贴图文件。

步骤 18 再返回到【公用】选项卡,设置渲染输出的图像大小为 1500×1125,单击【渲染输出】中的 文件... 按钮,将渲染的图像保存,如图 13-100 所示。

图 13-100　设置渲染输出

步骤 19 单击 ☺（渲染产品）按钮,渲染摄影机视图,效果如图 13-101 所示。

图 13-101　渲染后的效果

步骤 20 单击 ▓（应用程序）|【保存】命令,将图像另存为【客厅.max】文件。用户可以在随书

配套光盘【第 13 章】|【模型】文件夹下找到。

13.4　后期处理

色彩是人们在室内环境中最为重要的视觉感受，同时也是室内设计中最为生动、最为活跃的因素。

在对家居空间进行后期处理之前，应根据主体构思，确定一个住宅室内环境的主色调。例如，作为会客厅、娱乐的场所，客厅多调整为中性，卧室作为私密性很强的空间，更多的强调房的个人偏好，一般设置为紫色或暖色调，突出温馨、舒适的感觉。总之，要根据风格来强调效果图的功能特点。

下面，我们来学习本案客厅图像的后期处理技法。

操作过程：

步骤 01　启动 Photoshop 软件，单击菜单栏中的【文件】|【打开】命令，打开本书光盘【第 13 章】|【后期处理】目录下的【现代客厅.tif】文件。

步骤 02　打开图层面板，双击背景图层，将其转换为【图层 0】，如图 13-102 所示。

图 13-102　新建图层

步骤 03　单击工具箱中的 工具，选择图像中黑色区域，如图 13-103 所示。

图 13-103　通过通道选择背景

步骤 04　按快捷键 Ctrl+Shift+J，将选择的区域通过剪切建立新的图层，生成【图层 1】，然后将【图层 1】隐藏，如图 13-104 所示。

图 13-104　隐藏背景的效果

步骤 05　单击菜单栏中的【文件】打开命令，打开本书光盘【第 13 章】|【后期处理】目录下的【1168509707.jpg】文件，如图 13-105 所示。再单击 工具，将图片拖至图像中，调整位置如图 13-106 所示。

图 13-105　打开的图像　　　　　　　　图 13-106　添加背景

步骤 06　在图层面板中单击 （创建新的填充或调整图层）按钮，在弹出的快捷菜单中选择【曲线】命令，调整参数，如图 13-107 所示。调整后的效果如图 13-108 所示。

图 13-107　调整图像亮度　　　　　　　　图 13-108　调整后的效果

步骤 07　在图层面板中单击 （创建新的填充或调整图层）按钮，在弹出的快捷菜单中选择【曝光度】命令，调整参数，如图 13-109 所示。调整后的效果如图 13-110 所示。

图 13-109　【曝光度】参数设置　　　　　图 13-110　处理后的效果

步骤 08　在图层面板中单击 ⊘.（创建新的填充或调整图层）按钮，在弹出的快捷菜单中选择【色相/饱和度】命令，参数设置如图 13-111 所示。调整后的效果如图 13-112 所示。

图 13-111　调整饱和度

图 13-112　调整后的效果

步骤 09　按键盘中的【Ctrl+Alt+Shift+E】键，拼合新建可见图层。单击菜单栏中的【滤镜】|【其他】|【高反差保留】命令。

步骤 10　在弹出的【高反差保留】对话框中设置【半径】为 2.0，如图 13-113 所示。

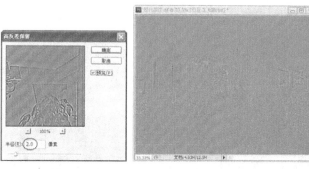

图 13-113　设置【高反差保留】参数及效果

步骤 11　确定操作后在图层面板中设置图层的混合模式为【叠加】方式，处理后的最终效果如图 13-114 所示。

图 13-114　处理后的效果

步骤 12　单击工具箱中的 ⊡ 工具，剪切图像，如图 13-115 所示。

图 13-115　剪切图像

步骤 13　制作后的最终效果如图 13-116 所示。

图 13-116　制作后的最终效果

步骤 14　单击菜单栏中的【文件】|【存储为】命令，将图像另存为【现代客厅.psd】文件。

13.5　本章小结

本章围绕小户型家居空间的主题，选取了具有典型性和代表性的模型、材质、灯光设置、应用实例进行讲解。通过制作来了解完整的制作流程，针对实际应用中应注意的问题作出了实例性的示范，并对部分流程中的操作技巧进行了详细描述，从而使读者对制作流程有清晰的概念。

13.6　上机操作题

综合运用所学知识，制作如图 13-117 所示的简约客厅效果图。本作品参见本书光盘【第 13 章】|【操作题】目录下的【餐厅.max】文件。

图 13-117　简约客厅效果图的表现

第 14 章 日景别墅效果图的表现

本章我们带领大家来制作一幅日景别墅方案效果图，作为本书的第一个室外实例讲解，我们将使用专业的作图思路，从分析图纸开始，经过整理图纸、导入图纸，再到完成建模、赋予材质、设置灯光、使用 VRay 渲染，最终使用 Photoshop 进行后期处理。每一步都做了详细的过程讲述，使大家在学习的过程中有一个由浅入深、逐步掌握的过渡。日景别墅效果图的表现如图 14-1 所示。

图 14-1　日景别墅效果

本章内容如下：

- 制作思路
- 整理图纸及导入图纸
- 制作别墅模型
- 调整材质
- 摄影机及灯光的创建
- VRay 渲染
- 后期处理
- 思考与总结
- 上机操作题

14.1　设计分析

在制作之前，首先要考虑会所的外观造型，以及其整体设计风格与环境规划的合理搭配，重点考虑实际的用地平面规划是否可以得到合理的利用，其次要突出别墅建筑与环境的融合。当做到充分的准备之后，再根据对图纸的理解与个人的体会去做，然后进行艺术上的自由发挥，最终完成一幅优秀的表现效果图。

14.2 别墅制作思路

在制作效果图之前，我们需要先清楚图纸所要表达的外观造型，根据设计提供的图纸进行详细的分析整理，然后再来着手绘制需要的模型。通过分析图纸大家会发现本例别墅结构比较简单，重点要大家来掌握楼体结构的进退关系，然后再根据要表达的效果进行后期效果的制作。

在制作别墅效果时，具体可以遵循如下思路：首先创建摄影机确定角度。然后初步设置渲染参数。再分别为造型赋予材质、灯光。最后提高渲染品质通过光子图渲染大图，并进行后期处理。

14.3 整理图纸及导入图纸

在前面建模过程中我们都将不同的模型赋予了单色，在这里就要仔细调整一下材质了。本案办公楼要着重表现石材、不同颜色的涂料和玻璃质感，以体现建筑的干净、整体感。

14.3.1 分析、导出图纸

操作过程：

步骤 01 首先启动 AutoCAD 2012 软件。

步骤 02 打开本书配套光盘【第 14 章】|【模型】目录下的【别墅图纸.dwg】文件。

从整体结构来看，设计者划分得比较详细，分别将不同的楼层平面图都描绘出来了，包括一层至三层、正立面及侧立面，这样，整个楼体的框架在脑海里就有了大体的轮廓，如图 14-2 所示。

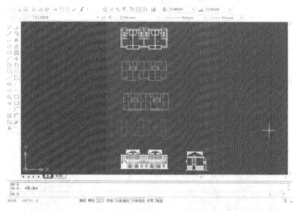

图 14-2 打开的图纸文件

导出 CAD 图纸的方法有两种：一种是将所有图纸导入 3ds Max 场景中，然后进行分割调整；另一种方法是通过选择对象的方法，分别对需要导出的图纸逐一导出。

步骤 03 单击工具栏的 ▧ 按钮，打开图层特性管理器，再单击【新建】按钮，新建三个图层，如图 14-3 所示。

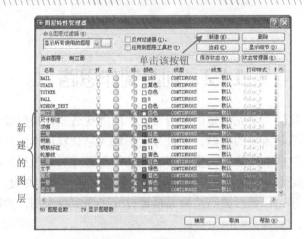

图 14-3　新建图层

步骤 04 选择平面图层，再单击图层列表下的【一层】，这样选择后的图形自动生成在一层中，如图 14-4 所示。

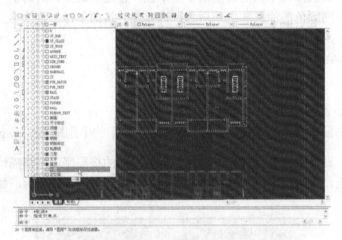

图 14-4　将平面图层放置在【一层】中

步骤 05 用上面同样的方法分别将立面、侧立面分别放置在【二层】和【三层】中，如图 14-5 所示。

图 14-5　建立新的图形样板

步骤 06 单击菜单栏【文件】|【保存】命令，将文件保存。

14.3.2 将 CAD 图纸导入 3ds Max 场景中

我们在 AutoCAD 中将图纸进行整理完毕之后，就可以导入到 3ds Max 中，再对图纸进行位置、方向的调整，就可以使用了。

操作过程：

步骤 01 启动 3ds Max 2014 软件。

步骤 02 按 S 键，激活工具栏中的 （捕捉开关）按钮并单击鼠标右键，在弹出的【栅格和捕捉设置】对话框中设置参数，如图 14-6 所示。

图 14-6 【栅格和捕捉设置】对话框

步骤 03 单击菜单栏【文件】|【导入】命令，在弹出的【选择输入文件】对话框中，选择我们前面处理好后文件，弹出【AutoCAD DWG/DXF 导入选项】对话框并设置参数如图 14-7 所示。

图 14-7 【Auto CAD DWG/DXF 导入选项】对话框

步骤 04 单击【确定】按钮，将图纸导入 3ds Max 场景中。如图 14-8 所示。

步骤 05 在顶视图中选择【南立面】，单击工具栏中的 按钮，并在其上单击鼠标右键，在弹出的【旋转变换输入】对话框中设置 X 轴偏移为 90，旋转后的形态如图 14-9 所示。

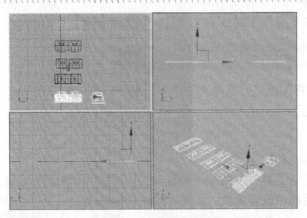

图 14-8　导入场景的图纸

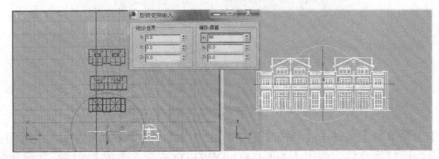

图 14-9　旋转南立面

步骤 06　在顶视图中再选择【东立面】，用同上的方法先将其沿 X 轴旋转 90 度，如图 14-10 所示。

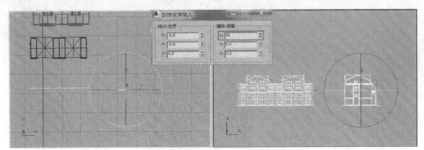

图 14-10　旋转东立面

步骤 07　激活前视图，继续在【旋转变换输入】对话框中设置 Z 轴偏移为-90，旋转后的形态如图 14-11 所示。

图 14-11　继续旋转东立面

步骤 08　导入完成后，用移动工具配合捕捉命令拼好图纸的位置，如图 14-12 所示。

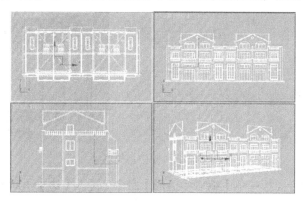

图 14-12　调整图纸位置后的最终形态

步骤 09　激活前视图，按键盘中的 Alt+W 键，将前视图最大化显示。

14.4　制作别墅模型

操作过程：

步骤 01　单击菜单栏中的【自定义】|【单位设置】命令，设置系统单位为【毫米】，如图 14-13 所示。

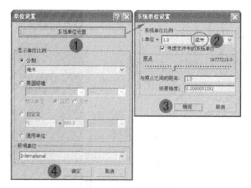

图 14-13　设置系统单位

步骤 02　单击 ✦|◉|线 按钮，再取消勾选复选框【开始新图形】右侧的，在前视图中捕捉墙体的外轮廓顶点连续绘制线形，如图 14-14 所示。

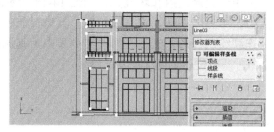

图 14-14　绘制线形

步骤 **03** 在修改器列表中为其添加【挤出】命令，设置挤出数量为 240，位置如图 14-15 所示。

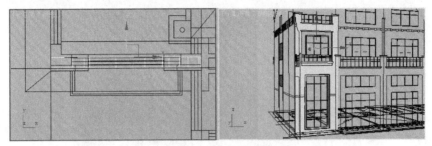

图 14-15　挤出后的形态

步骤 **04** 选择修改命令面板中的【编辑多边形】命令，进入【边】子对象层级，在【编辑几何体】卷展栏中单击 切割 按钮，切割线形，如图 14-16 所示。

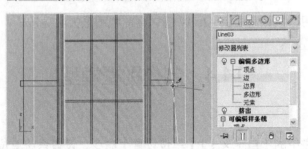

图 14-16　切割线形

步骤 **05** 进入【多边形】子对象层级，选择如图 14-17 所示的多边形，在【多边形：材质 ID】卷展栏中设置【设置 ID】为 1。

图 14-17　设置 ID

步骤 **06** 单击菜单栏中的【编辑】|【反选】命令，设置 ID 为 2。

步骤 **07** 打开材质编辑器，选择一个空白的示例球，将其命名为【多维子对象】材质。在【Blinn 基本参数】卷展栏中设置漫反射和环境光，如图 14-18 所示。

步骤 **08** 选择编辑后的造型，单击 按钮，将其赋给它。具体材质的调整，将在后面详细讲述。

步骤 **09** 继续在前视图中连续绘制线形，然后在修改器列表中为其添加【挤出】命令，并设置挤出【数量】为 240，调整位置如图 14-19 所示。

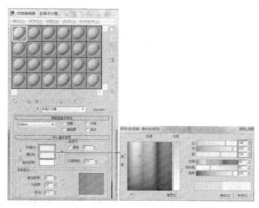

图 14-18　【多维子对象】材质

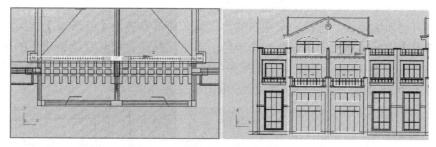

图 14-19　绘制线形及挤出后的形态

步骤 10　打开材质编辑器，选择一个空白的示例球，将其命名为【米色涂料】材质。单击 按钮，将其赋给编辑后的造型。

步骤 11　用同样的方法在前视图中捕捉墙体的外轮廓顶点绘制线形，执行修改命令面板中的【挤出】命令，设置挤出【数量】为 300，调整位置如图 14-20 所示。

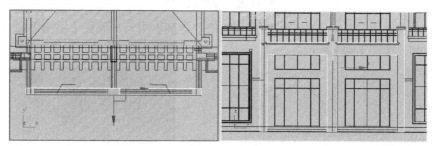

图 14-20　挤出后的形态

步骤 12　在左视图中绘制二维线形，执行修改命令面板中的【挤出】命令，设置挤出【数量】为 300，然后，在前视图中用移动复制的方法将其复制一个，调整位置如图 14-21 所示。

图 14-21 挤出后的形态

步骤 13 打开材质编辑器，选择一个空白的示例球，将其命名为【红砖墙】材质。在【胶性基本参数】中为【漫反射】设置一个单色。单击 按钮，将其赋给编辑后的造型。

步骤 14 单击 长方体 按钮，在顶视图中创建一个【长度】为 2241、【宽度】为 8364、【高度】为 35 的长方体，调整其位置如图 14-22 所示。

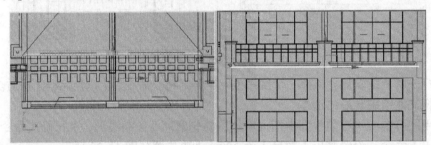

图 14-22 创建长方体

步骤 15 在左视图中创建封闭的二维线形，在修改器列表中为其添加【挤出】命令，挤出数量为 7800，如图 14-23 所示。

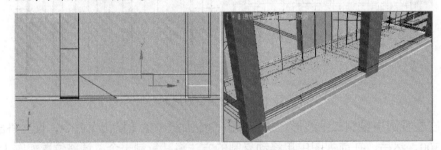

图 14-23 挤出后的形态

步骤 16 打开材质编辑器，选择一个空白的示例球，将其命名为【砖墙】材质。在【胶性基本参数】中为【漫反射】设置一个单色。单击 按钮，将其赋给编辑后的造型。

步骤 17 继续在左视图中参照图纸创建封闭的二维线形，在修改器列表中为其添加【挤出】命令，挤出数量为 240，如图 14-24 所示。

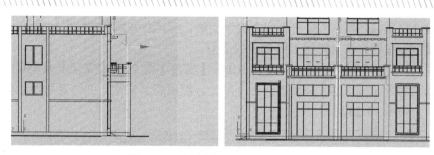

图 14-24　绘制线形及挤出后的形态

步骤 18　打开材质编辑器，选择【米色涂料】材质并赋给它。

步骤 19　单击　矩形　按钮，在前视图中参照图纸绘制矩形，将其转换为可编辑样条线，进入【样条线】子对象层级，按住 Shift 键，将线形复制并调整位置。

步骤 20　执行修改命令面板中的【挤出】命令，设置挤出【数量】为 1200，如图 14-25 所示。

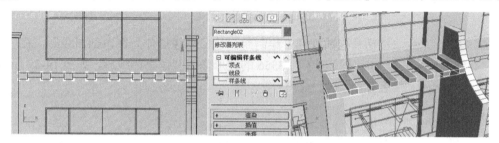

图 14-25　绘制线形及挤出后的形态

步骤 21　单击　长方体　按钮，在前视图中创建一个【长度】为 100、【宽度】为 3547、【高度】为 100 的长方体，调整其位置并复制一个，如图 14-26 所示。

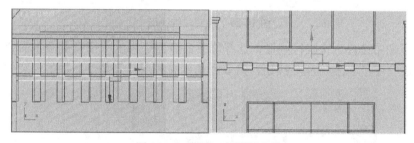

图 14-26　创建、复制长方体

步骤 22　在顶视图中选择上面挤出的造型和创建的长方体造型，用移动复制的方法将其复制并调整位置，如图 14-27 所示。

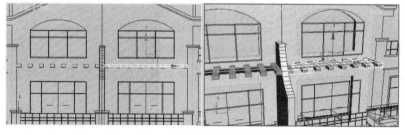

图 14-27　复制后的位置

步骤 23 打开材质编辑器，选择一个空白的示例球，将其命名为【木纹】材质，并为其调整单色，单击██按钮，将其赋给上面创建的造型。

步骤 24 在前视图中创建一个【长度】为9100、【宽度】为240、【高度】为550的长方体，选择修改命令面板中的【编辑多边形】命令，然后将其切割，并为其赋予【多维子对象】材质，如图 14-28 所示。

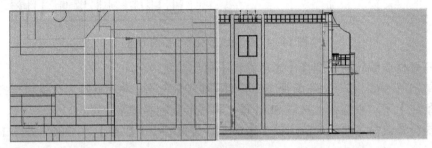

图 14-28　创建长方体

步骤 25 单击　██线██　按钮，在前视图中绘制封闭的二维线形作为倒角剖面线形，在顶视图中绘制【长度】为148、【宽度】为3556的线形作为倒角路径线形，如图 14-29 所示。

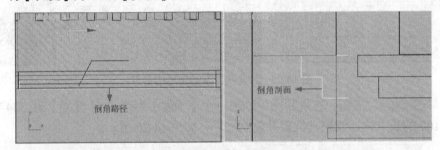

图 14-29　绘制二维线形

步骤 26 在视图中选择倒角路径线形，选择修改命令面板中的【倒角剖面】命令，单击【参数】卷展栏中的　Pick Profile　按钮，拾取倒角剖面线形，倒角剖面后的形态如图 14-30 所示。

图 14-30　倒角剖面后的形态

步骤 27 在堆栈编辑器中进入【Profile Gizmo】子对象层级，在视图中将截面旋转，其形态如图 14-31 所示。

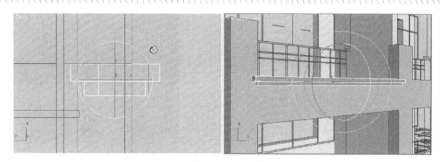

图 14-31　旋转剖面 Gizmo 后的形态

步骤28　用同样的方法制作角线造型，如图 14-32 所示。

步骤29　打开材质编辑器，选择一个空白的示例球，将其命名为【灰色涂料】材质。在【胶性基本参数】中为【漫反射】设置一个单色。单击■按钮，将其赋给上面制作的造型。

步骤30　使用【倒角剖面】命令制作凸窗阳台，如图 14-33 所示。

图 14-32　制作角线造型　　　　　　图 14-33　制作凸窗阳台造型

步骤31　打开材质编辑器，选择一个空白的示例球，将其命名为【白色乳胶漆】材质。在【胶性基本参数】中为【漫反射】设置一个单色。单击■按钮，将其赋给上面倒角剖面后的造型。

步骤32　单击 长方体 按钮，在前视图中创建一个【长度】为 60、【宽度】为 300、【高度】为 730 的长方体，并为其赋予【灰色涂料】材质。如图 14-34 所示。

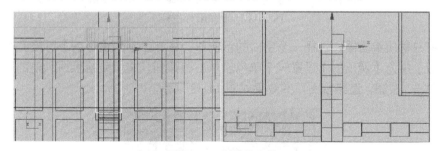

图 14-34　创建长方体

步骤33　单击 线 按钮，在顶视图中参照图纸绘制线形，执行修改命令面板中的【挤出】命令，设置挤出【数量】为 30，然后用移动复制的方法将其复制 2 个，调整位置如图 14-35 所示。

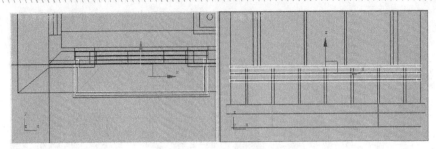

图 14-35　挤出后的形态

步骤 34　单击　矩形　按钮，在前视图中参照图纸连续绘制矩形，执行修改命令面板中的【挤出】命令，设置挤出【数量】为 30，调整位置如图 14-36 所示。

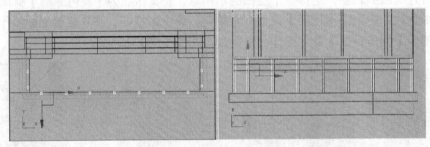

图 14-36　挤出后的形态

步骤 35　用同样的方法制作其他栏杆造型，如图 14-37 所示。

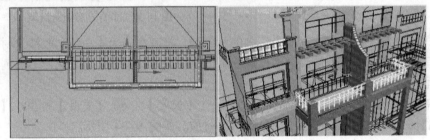

图 14-37　制作阳台栏杆

步骤 36　打开材质编辑器，选择一个空白的示例球，将其命名为【塑钢】材质。在【胶性基本参数】中为【漫反射】设置一个单色。单击 按钮，将其赋给上面创建的所有栏杆造型。

步骤 37　单击 按钮，渲染视图，其效果如图 14-38 所示。

图 14-38　渲染效果

步骤 38 单击 [线] 按钮，在前视图中绘制二维线形作为放样截面，再绘制【长度】为 3980、【宽度】为 1880 的矩形作为放样路径，如图 14-39 所示。

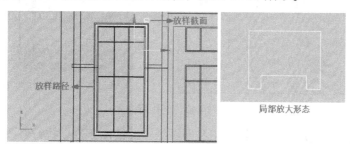

图 14-39　绘制二维线形

步骤 39 在视图中选择放样路径，选择 [标准基本体] 中的【复合物体】选项，单击 [放样] 按钮，拾取场景中的放样截面。

步骤 40 在堆栈编辑器中进入【图形】子对象层级，单击工具栏中的 ⟳ 按钮在顶视图中旋转子对象，如图 14-40 所示。

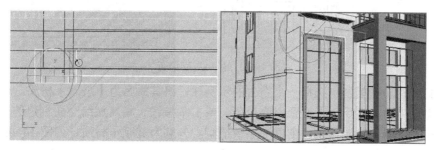

图 14-40　旋转【图形】子对象

步骤 41 打开材质编辑器，选择【灰色涂料】材质并赋给它。

步骤 42 单击 [线] 按钮，将【开始新图形】右侧的勾选取消，在前视图中捕捉窗格的外轮廓连续绘制矩形，然后执行修改命令面板中的【挤出】命令，设置挤出【数量】为 30，为其赋予【塑钢】材质，如图 14-41 所示。

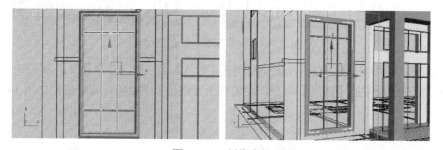

图 14-41　制作窗格

步骤 43 用同样的方法制作二层窗格造型，并分别赋予材质。如图 14-42 所示。

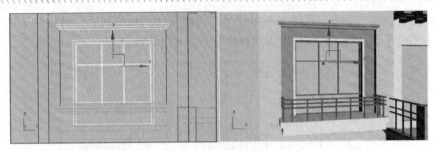

图 14-42　制作窗格

步骤 44 单击 矩形 按钮，在前视图中参照图纸连续绘制矩形，执行修改命令面板中的【挤出】命令，设置挤出【数量】为 10，调整位置如图 14-43 所示。

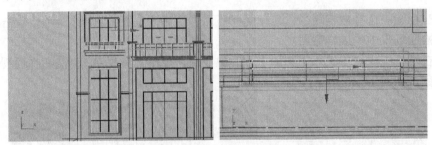

图 14-43　挤出后的形态

步骤 45 打开材质编辑器，选择一个空白的示例球，将其命名为【玻璃】材质。在【胶性基本参数】中为【漫反射】设置一个单色。单击 按钮，将其赋给上面创建的造型。

步骤 46 使用同样方法制作主楼窗框和玻璃造型。分别为其赋予材质，如图 14-44 所示。

图 14-44　制作窗框和玻璃造型

步骤 47 单击 圆环 按钮，在前视图中绘制【半径 1】为 310、【半径 2】为 250 的圆环，执行修改命令面板中的【挤出】命令，设置挤出【数量】为 240，调整位置如图 14-45 所示。

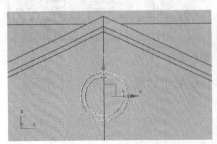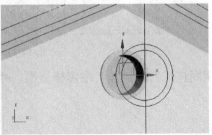

图 14-45　绘制圆环及挤出后的形态

步骤 48　单击 长方体 按钮，在前视图中创建一个【长度】为 50、【宽度】为 800、【高度】为 15 的长方体，单击工具栏中的按钮，将其旋转 45 度，然后用移动复制的方法复制 9 个，调整位置如图 14-46 所示。

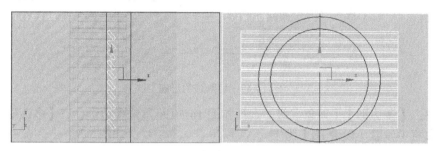

图 14-46　创建、复制长方体

步骤 49　打开材质编辑器，选择一个空白的示例球，将其命名为【白色涂料】材质。在【胶性基本参数】中为【漫反射】设置白色。单击 按钮，将其赋给上面创建的造型。

步骤 50　单击 按钮，渲染视图，其效果如图 14-47 所示。

图 14-47　渲染后的效果

步骤 51　单击 线 按钮，将【开始新图形】右侧的勾选取消，在左视图中捕捉侧面墙体外轮廓连续绘制线形，然后执行修改命令面板中的【挤出】命令，设置挤出【数量】为 240。调整位置如图 14-48 所示。

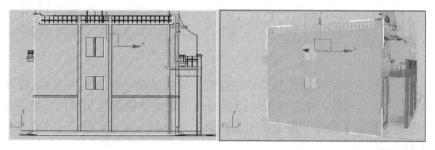

图 14-48　绘制线形及挤出后的形态

步骤 52　选择修改命令面板中的【编辑多边形】命令，进入【边】子对象层级，在【编辑几何体】卷展栏中单击【切割】按钮，然后参照图纸切割线形。然后为其赋予【多维子对象】材质，如图 14-49 所示。

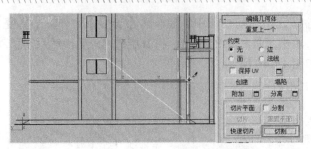

图 14-49　切割边的形态

步骤 53　进入【多边形】子对象层级，选择如图 14-50 所示的多边形，在【多边形：材质 ID】卷展栏中设置【设置 ID】为 1。

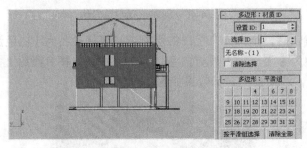

图 14-50　设置 ID

步骤 54　单击菜单栏中的【编辑】|【反选】命令，设置【设置 ID】为 2。

步骤 55　单击 ＿矩形＿ 按钮，在顶视图中绘制【长度】为 240、【宽度】为 480 的矩形，将其转换为可编辑样条线，选择线形并将其复制一个，执行修改命令面板中的【挤出】命令，设置挤出【数量】为 240，并为其赋予【红砖墙】材质，如图 14-51 所示。

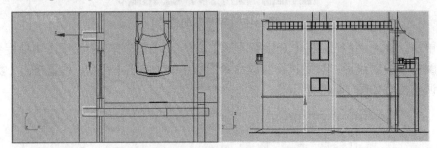

图 14-51　挤出后的形态

步骤 56　使用前面学习的方法制作侧面护栏造型，并为其赋予材质，如图 14-52 所示。

步骤 57　单击 ＿线＿ 按钮，在左视图中捕捉侧面主墙体外轮廓绘制线形，然后执行修改命令面板中的【挤出】命令，设置挤出【数量】为 240，并为其赋予【米色涂料】材质，如图 14-53 所示。

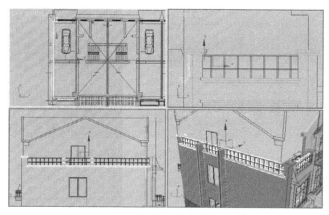

图 14-52　制作侧面栏杆造型

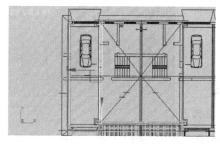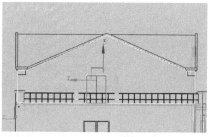

图 14-53　绘制线形及挤出后的形态

步骤 58　制作侧面窗造型，如图 14-54 所示。再分别为它们赋予材质。

步骤 59　单击 按钮，渲染视图，其效果如图 14-55 所示。

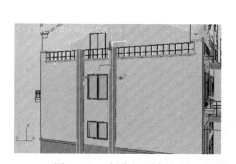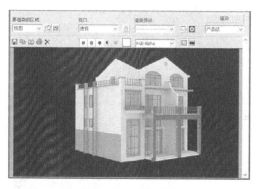

图 14-54　制作侧面窗造型　　　　　　　　　图 14-55　渲染效果

步骤 60　单击 矩形 按钮，在前视图中分别绘制【长度】为 120、【宽度】为 810 和【长度】为 120、【宽度】为 946 的矩形，选择修改命令面板中的【编辑样条线】命令，再单击【几何体】下的 附加 按钮，将两个矩形附加在一起。

步骤 61　执行修改命令面板中的【挤出】命令，设置挤出【数量】为 11420。并为其赋予【白色涂料】材质，如图 14-56 所示。

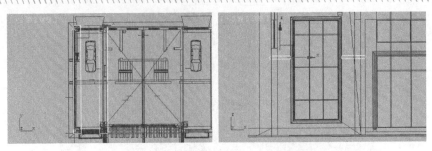

图 14-56　绘制矩形及挤出后的形态

步骤 62　在视图中选择如图 14-57 所示的造型。

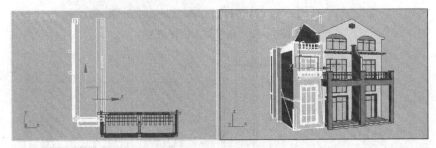

图 14-57　选择造型

步骤 63　单击工具栏中的 按钮，在弹出的【镜像：屏幕 坐标】对话框中选择 X 轴以【实例】的
方式镜像复制一组，其参数设置如图 14-58 所示。

步骤 64　镜像复制后的形态如图 14-59 所示。

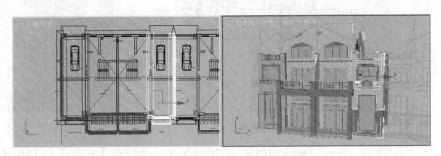

图 14-58　【镜像：屏幕 坐标】对话框　　　　　　　　图 14-59　镜像复制后的形态

步骤 65　单击 线 按钮，在前视图中绘制线形，如图 14-60 所示。

步骤 66　执行修改命令面板中的【挤出】命令，设置挤出【数量】为 10430。

步骤 67　继续在左视图中绘制二维线形，执行修改命令面板中的【挤出】命令，设置挤出【数量】
为 4800。调整位置如图 14-61 所示。

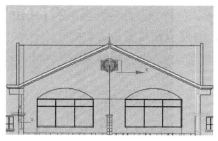
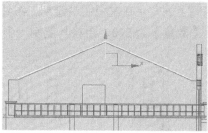

图 14-60　绘制线形

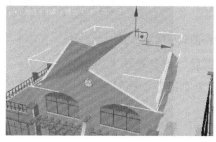
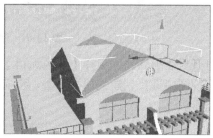

图 14-61　挤出后的形态

步骤 68　打开材质编辑器，选择一个空白的示例球，将其命名为【瓦】材质。在【胶性基本参数】中为【漫反射】设置单色。单击 按钮，将其赋给上面创建的造型。

步骤 69　单击　　线　　按钮，在前视图中参照图纸绘制线形，如图 14-62 所示。

图 14-62　绘制二维线形

步骤 70　执行修改命令面板中的【挤出】命令，设置挤出【数量】为 240。

步骤 71　继续在前视图中参照图纸绘制线形，执行修改命令面板中的【挤出】命令，设置挤出【数量】为 200。调整其位置如图 14-63 所示。

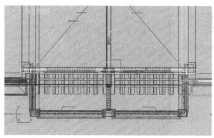
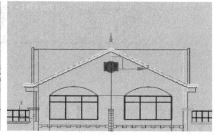

图 14-63　挤出后的形态

步骤 72　用同上的方法在左视图中绘制二维线形，执行修改命令面板中的【挤出】命令，设置挤出【数量】为 240，再将其复制一个，调整位置如图 14-64 所示。

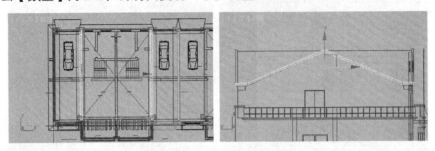

图 14-64　制作侧面房檐

步骤 73　打开材质编辑器，选择【白色涂料】材质并将其赋给上面创建的造型。

步骤 74　在视图中选择创建的所有造型，用移动复制的方法将其复制一个并调整位置，如图 14-65 所示。

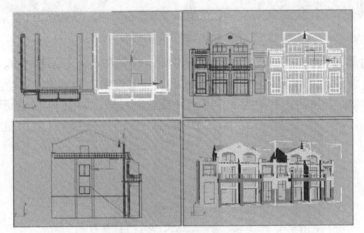

图 14-65　复制后的位置

步骤 75　按键盘中的 Ctrl+G 组合键，隐藏所有几何体，这样方便捕捉线形。单击　线　按钮，在后视图中绘制线形，如图 14-66 所示。

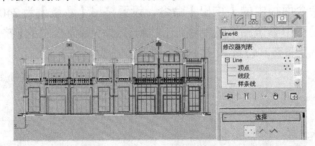

图 14-66　绘制线形

步骤 76　执行修改命令面板中的【挤出】命令，设置挤出【数量】为 200，并为其赋予【白色涂料】材质，如图 14-67 所示。

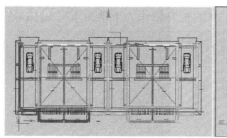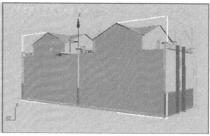

图 14-67 挤出后的形态

步骤 77 按键盘中的 Ctrl+G 组合键，隐藏所有几何体。单击 ▭线▭ 按钮，在顶视图中参照图纸捕捉顶点绘制线形，如图 14-68 所示。

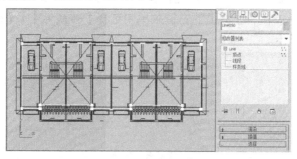

图 14-68 绘制二维线形

步骤 78 执行修改命令面板中的【挤出】命令，设置挤出【数量】为 10，然后用移动复制的方法将其复制一个并调整位置，如图 14-69 所示。

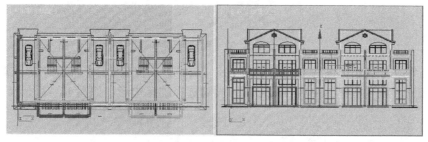

图 14-69 挤出及复制造型

步骤 79 打开材质编辑器，选择一个空白的示例球，将其命名为【楼板】材质。在【胶性基本参数】中为【漫反射】设置单色。单击 ▦ 按钮，将其赋给上面创建的造型。

步骤 80 单击 ▭ 按钮，渲染视图，其效果如图 14-70 所示。

图 14-70 渲染后的形态

步骤 81 在顶视图创建一个 40628×65303×10 的长方体作为【地面】，如图 14-71 所示。

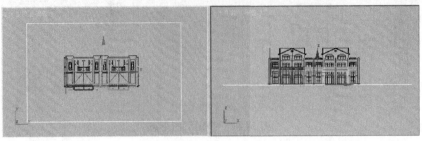

图 14-71　创建长方体

步骤 82 单击 球体 按钮，在顶视图中创建一个【半径】为 54326.73 的球体（命名为【球天】），然后单击鼠标右键，在弹出的右键菜单中选择【转换为】|【转换为可编辑网格】命令，如图 14-72 所示。

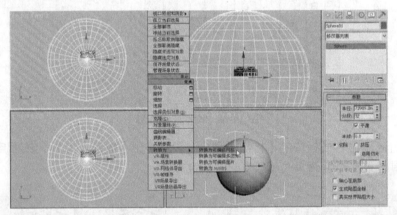

图 14-72　创建球体

步骤 83 在修改器列表中进入【多边形】子物体层级，在前视图中用框选的方法选择球体的下半部分，然后按键盘中的 Delete 键，删除选择的多边形，如图 14-73 所示。

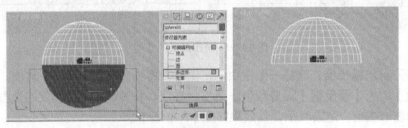

图 14-73　选择及删除的多边形

步骤 84 在修改器堆栈中进入【元素】子对象层级，单击【曲面属性】卷展栏中的 翻转 按钮，对球体进行翻转法线的操作，如图 14-74 所示。

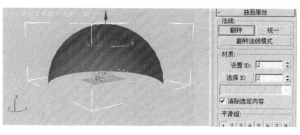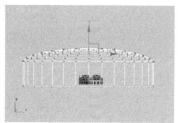

图 14-74　翻转法线

步骤85　在【球天】被选中的状态下，单击鼠标右键，在弹出的菜单中选择【对象属性】命令。弹出【对象属性】对话框，取消勾选【渲染控制】中的【对摄影机可见】、【接收阴影】、【投射阴影】复选框，如图 14-75 所示，单击　确定　按钮确定操作。

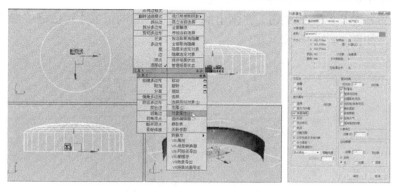

图 14-75　对象属性参数设置

上面的设置主要是为了球天不被渲染到背景场景中。这样有利于效果图后期处理时与 Photoshop 中的理想的背景图像合成。

现在，我们已经将别墅的模型创建完成了，大家在制作的过程中一定要看明白图纸，在理解清楚建筑的结构之后再开始建模，这要才会做到胸有成竹。

14.5　调整材质

前面我们分别为模型赋予了材质单色，接下来就要为不同材质球调整纹理。之所以采用这种方法，是为了便于管理，相同材质的物体在创建的时候顺便进行材质的赋予，更能提高制图效率，而且容易选择和修改。希望读者朋友能够熟练运用这种方法进行操作。

操作过程：

步骤01　单击工具栏中的 按钮（或按键盘中的 F10 键），打开【渲染设置：默认扫描线渲染器】对话框，在【公用】选项卡中打开【指定渲染器】卷展栏，单击【产品级】右侧的 按钮，在【选择渲染器】中选择【V-Ray Adv 2.40.03】渲染器，如图 14-76 所示。

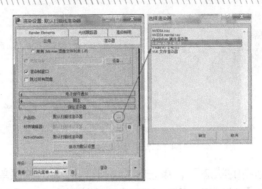

图 14-76 指定渲染器

步骤 02 在视图中选择【球天】。按键盘中的 M 键，打开材质编辑器，选择【天空】材质示例球，单击命名窗口右侧的按钮，在弹出的【材质/贴图浏览器】对话框中选择【VR 灯光材质】类型，如图 14-77 所示。

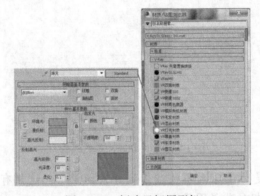

图 14-77 创建目标摄影机

步骤 03 在【参数】卷展栏中单击【颜色】右侧的通道按钮，在弹出的【材质/贴图浏览器】对话框中选择【位图】贴图类型，在弹出的【选择位图图像文件】对话框中选择本书配套光盘【第 14 章】|【素材】目录下的【sky 拷贝.jpg】文件，这是一张全景图片，如图 14-78 所示。

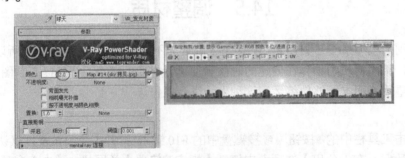

图 14-78 球天材质参数设置

步骤 04 在修改器列表中为球天施加【贴图坐标】命令，在【参数】卷展栏中选择【柱形】，参数设置如图 14-79 所示。

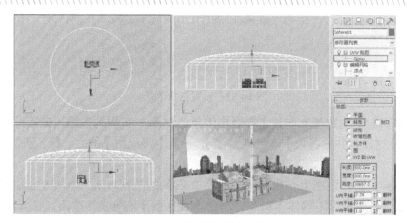

图 14-79　贴图坐标参数设置

步骤 05　选择【玻璃】材质示例球，将其命名为【玻璃】并为其指定 VRay 材质。在【基本参数】卷展栏中将反射颜色调整为灰色，折射颜色调整为白色，使其完全透明，其他参数的设置如图 14-80 所示。

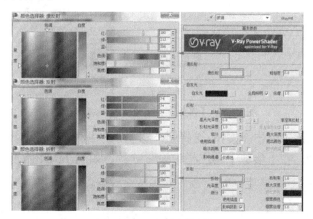

图 14-80　基本参数设置

步骤 06　选择【米色涂料】材质示例球，并为其指定 VRay 材质。在【基本参数】卷展栏中设置【漫反射】的颜色，如图 14-81 所示。

图 14-81　【米色涂料】材质参数设置

步骤 07　选择【多维子对象】材质示例球，单击命名窗口右侧的 Standard 按钮，在弹出的【材质/贴图浏览器】对话框中选择【多维子对象】材质类型，单击 Set Number 按钮，设置材质数量为 2，如图 14-82 所示。

图 14-82　设置材质数量

步骤 08　在【多维/子对象基本参数】卷展栏中单击材质 1 右侧的按钮，进入标准材质。为其指定
VRay 材质，并命名为【米色乳胶漆】，设置【漫反射】的红、绿、蓝值分别为 243、233、
203。

步骤 09　单击按钮，返回上一级，单击材质 2 右侧的按钮，进入标准材质，再为其指定 VRay
材质，并命名为【墙体】材质，单击【漫反射】右侧的按钮，在弹出的【材质/贴图浏
览器】对话框中选择【位图】贴图类型，在弹出的【选择位图图像文件】对话框中选择
本书配套光盘【第 14 章】|【素材】目录下的【sky 拷贝.jpg】文件，如图 14-83 所示。

图 14-83　【多维子对象】材质参数设置

步骤 10　在材质编辑器中单击按钮，选择赋予该材质的所有造型，选择修改命令面板中的【UVW
贴图】命令，在【参数】卷展栏中设置参数，如图 14-84 所示。

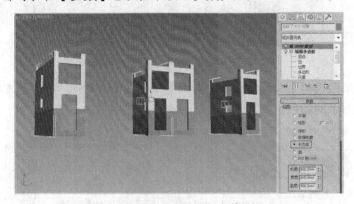

图 14-84　【UVW 贴图】参数设置

步骤 11　选择【灰色涂料】材质示例球，并为其指定 VRay 材质。在【基本参数】卷展栏中设置
【漫反射】的红、绿、蓝值为 170、119、74，如图 14-85 所示。

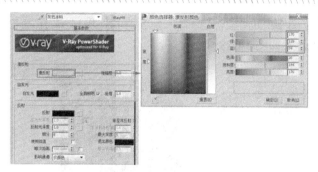

图 14-85　【灰色涂料】材质参数设置

步骤 12　选择【墙体】材质示例球，单击 按钮，通过材质选择赋予该材质的所有造型。再单击
【多维子材质】，在【多维/子对象基本参数】卷展栏中按住 ID2 通道中的材质并拖曳至
红砖墙材质示例球上，覆盖该材质。

步骤 13　再单击 按钮，将该材质赋给选择的造型，选择修改命令面板中的【UVW 贴图】命令，
在【参数】卷展栏中设置参数，如图 14-86 所示。

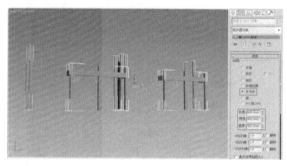

图 14-86　赋予材质

步骤 14　在材质编辑器中选择【砖墙】材质示例球，并为其指定 VRay 材质。在【Blinn 基本参数】
卷展栏中单击【漫反射】右侧的小按钮，以【位图】方式选择本书配套光盘【第 14 章】
|【素材】目录下的【红砖墙.jpg】文件，然后，选择赋予该材质的所有造型，在修改命
令面板中选择【UVW 贴图】命令，在【参数】卷展栏中设置参数，如图 14-87 所示。

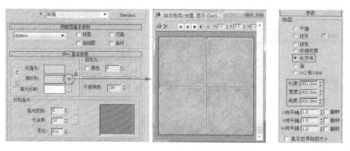

图 14-87　砖墙材质参数设置

步骤 15　选择【楼板】材质。单击命名窗口右侧的 Standard 按钮，在弹出的【材质/贴图浏览器】
对话框中选择【VRay 灯光】材质类型。

步骤 16　在【参数】卷展栏中单击【颜色】右侧的通道按钮，在弹出的【材质/贴图浏览器】对话框中选择【位图】贴图类型,选择本书配套光盘【第 14 章】【素材】目录下的【LIGHT-2.jpg】文件,参数设置如图 14-88 所示。

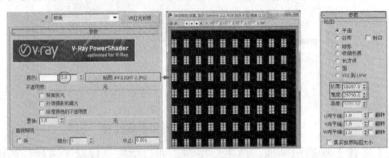

图 14-88　楼板材质参数设置

步骤 17　在材质编辑器中选择【木材】材质示例球,并为其指定 VRay 材质。单击【漫反射】右侧的■按钮,在弹出的【材质/贴图浏览器】对话框中选择【位图】贴图类型,选择本书配套光盘【第 14 章】|【素材】目录下的【a-d-001.jpg】文件,如图 14-89 所示。

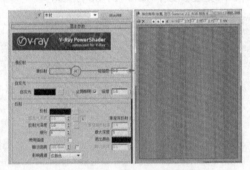

图 14-89　木材材质参数设置

步骤 18　在材质编辑器中选择【瓦】材质示例球,并为其指定 VRay 材质。单击【漫反射】右侧的■按钮,在弹出的【材质/贴图浏览器】对话框中选择【位图】贴图类型,选择本书配套光盘【第 14 章】|【素材】目录下的【瓦.jpg】文件。选择修改命令面板中的【贴图缩放器】命令,设置【比例】值为 4800,如图 14-90 所示。

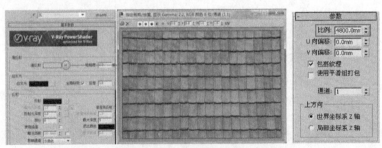

图 14-90　【瓦】材质参数设置

14.6　摄影机及灯光的创建

操作过程:

步骤 01　单击 [图标] 目标 按钮，在顶视图中创建一架摄影机，单击 [图标] 按钮，设置【镜头】为 50、【视野】为 39.598，调整其位置如图 14-91 所示。

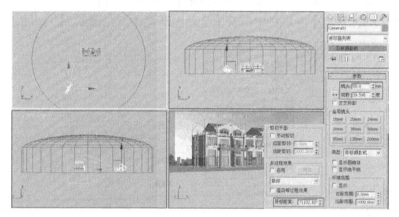

图 14-91　创建摄影机

步骤 02　单击 [图标] 目标聚光灯 按钮，在顶视图中创建一盏目标聚光灯，单击 [图标] 按钮，设置聚光灯参数，如图 14-92 所示。

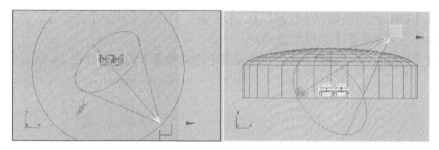

图 14-92　创建目标聚光灯

步骤 03　单击 [图标]（修改）按钮，在【常规参数】卷展栏中勾选阴影中的【启用】复选框，选择【VRayShadow】投影方式，设置灯光倍增强度为 0.53，其他参数的设置如图 14-93 所示。

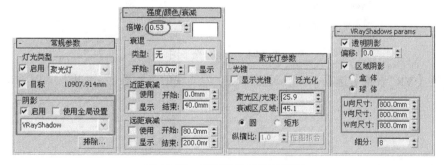

图 14-93　目标聚光灯参数设置

14.7 VRay 渲染

操作过程:

步骤 01 进入【V-Ray】选项卡,在【V-Ray::全局开关】卷展栏中,将【灯光】选项组中的【缺省灯光】选项关掉,关闭场景中的缺少光。在【V-Ray::图像采样(反锯齿)】卷展栏中选择【自适应DMC】和【Catmull-Rom】抗锯齿组合。

步骤 02 在【V-Ray::环境】卷展栏中打开【全局光环境(天光覆盖)】,如图14-94所示。

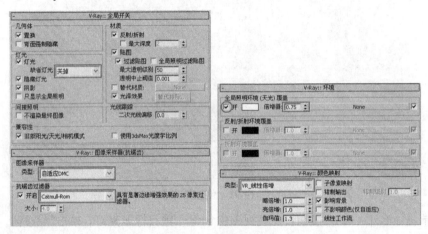

图 14-94 渲染参数设置

步骤 03 在【V-Ray::间接照明(全局照明)】卷展栏中勾选【开启】复选框,打开全局照明,设置【全局光引擎】为灯光缓存。

步骤 04 在【V-Ray::发光贴图】卷展栏中设置【当前预置】为高,如图14-95所示。

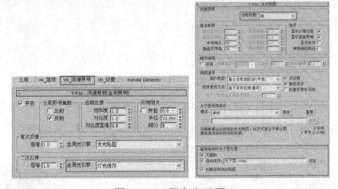

图 14-95 保存光子图

步骤 05 在【VR_设置】选项卡中,设置VRay渲染块的各种参数,如图14-96所示。

图 14-96　【VR_设置】选项卡

步骤 06　设置完成后，返回到【公用】选项卡，在【公用参数】卷展栏中设置输入输出大小为 320 ×240 的尺寸，然后单击 按钮，进行渲染，观察效果。

步骤 07　在效果达到比较满意的情况下，我们用渲出来的光子图来渲染大图。在【VRay::发光贴 图】卷展栏中单击【光子图使用模式】选项组中的【浏览】按钮，在弹出的对话框中选 择前面保存的光子图，如图 14-97 所示。

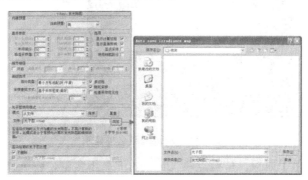

图 14-97　调用光子图

再返回到【公用】选项卡，在【公用参数】卷展栏中设置输出大小为 3600×2700 的尺寸，然后单 击 按钮，进行渲染，渲染文件保存在本书光盘【第 14 章】|【模型】目录下。

14.8　后期处理

在 Photoshop 中的工作就是如何配制远景、中景和近景；如何消除建筑物僵硬的线条，使之更加 柔和一点；如何使建筑物与周围的大环境融合为一体，使建筑成为自然的一部分，这就是下面要做的 内容。在制作过程中，一定要注意从大关系入手，先处理大的配景，再调整细节。

操作过程：

步骤 01　启动 Photoshop CS，打开本书配套光盘【第 14 章】|【后期处理】目录下的【日景别墅.tga】 文件。

步骤 02　在图层面板中双击背景层，弹出【新建图层】对话框，将新建的图层命名为【图层 0】，如图 14-98 所示。

图 14-98 将背景层转换为普通层

 构图是解决作品形式的基础，其基本要求：（1）要有表现力；（2）避免表现不明确不在意的构图；（3）使用构图尽量简洁精炼；（4）要明确有序、防止松散平列。

步骤 03 将【图层 0】处于当前层，打开通道面板，按住键盘中的 Ctrl 键的同时单击 Apha1 通道，通过通道选择建筑，如图 14-99 所示。

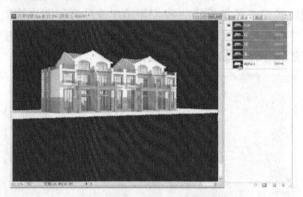

图 14-99 通过通道选择建筑

步骤 04 返回到【图层】面板，按键盘中 Ctrl+Shift+J 组合键，将选择的建筑通过剪切建立新的图层，如图 14-100 所示。

图 14-100 通过剪切将建筑建立新的图层

步骤 05 在标题栏上单击鼠标右键，在弹出的右键菜单中选择【画布大小】命令，在弹出的【画布大小】对话框中设置【高度】为 75，如图 14-101 所示。

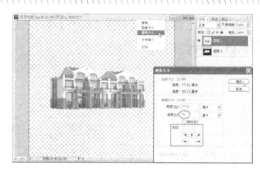

图 14-101　调整画布大小

步骤 06　单击工具箱中的 按钮，在图像中选择地面区域，然后按键盘中的 Delete 键，删除选区，
如图 14-102 所示。

选择区域

删除选择的区域

图 14-102　选择及删除的选区

步骤 07　单击菜单栏中的【图像】|【调整】|【亮度/对比度】命令，在弹出的【亮度/对比度】对
话框中设置参数，如图 14-103 所示。

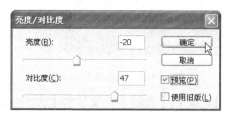

图 14-103　【亮度/对比度】对话框

步骤 08　单击菜单栏中的【图像】|【调整】|【照片滤镜】命令，在弹出的【照片滤镜】对话框中
选择【加温滤镜】滤镜方式，设置【浓度】为 25%，其效果如图 14-104 所示。

图 14-104　调整图像整体色调

步骤 09 单击菜单栏中的【图像】|【调整】|【阴影/高光】命令，在弹出的【阴影/高光】对话框中设置参数，如图 14-105 所示。

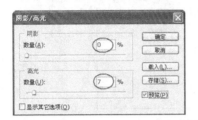

图 14-105　调整阴影、高光效果

步骤 10 双击图像窗口，打开本书光盘【第 14 章】|【素材】目录下的【天空.psd】、【草地.jpg】文件，按键盘中的 V 键，激活移动工具，分别将图片拖至图像中，调整图层位置，如图 14-106 所示。

图 14-106　添加天空、草地

步骤 11 打开本书光盘【第 14 章】|【素材】目录下的【大山.psd】文件，按键盘中的 V 键，激活移动工具，将其拖至图像中，调整图层位置，然后调整【不透明度】为 50%，如图 14-107 所示。

图 14-107　添加远景大山

步骤 12 单击图层面板中的█按钮，添加蒙版。再单击工具箱中的█按钮，在工具选项栏中单击渐变编辑器，选择【前景到背景】渐变，然后按照光线方向拉出渐变，如图 14-108 所示。

图 14-108   添加蒙版效果

步骤 13 打开本书光盘【第 14 章】|【素材】目录下的【树.psd】文件，按键盘中的 V 键，激活移动工具，将其拖至图像中，调整图层位置，如图 14-109 所示。

图 14-109   添加远景树木

步骤 14 用同样的方法，打开本书光盘【第 14 章】|【素材】目录下的【树 01.psd】文件，按键盘中的 V 键，激活移动工具，将其拖至图像中，调整图层位置，如图 14-110 所示。

图 14-110   添加树木

步骤 15 打开本书光盘【第 14 章】|【素材】目录下的【树 02.psd】文件，按键盘中的 V 键，激活移动工具，将其拖至图像中，调整图层位置，如图 14-111 所示。

图 14-111　添加【树 02】

步骤 16　打开本书光盘【第 14 章】|【素材】目录下的【水.psd】文件，按键盘中的 V 键，激活移动工具，将其拖至图像中，调整图层位置，如图 14-112 所示。

图 14-112　添加水景

步骤 17　在图层面板中选择建筑所在图层，按住该层拖曳至图层面板中的【新建】按钮，将该层新建一层。单击菜单栏中的【编辑】|【变换】|【垂直翻转】命令，将建筑垂直翻转。

步骤 18　单击图层面板中的 按钮，按键盘中的 G 键，激活渐变工具，在渐变拾色器中选择【前景到透明】，然后在建筑上从下至上拉出渐变，其效果如图 14-113 所示。

图 14-113　设置渐变

步骤 19　在【图层】面板中调整【不透明度】为 80%，制作建筑阴影的效果如图 14-114 所示。

图 14-114　制作建筑阴影

步骤 20　在图层面板中选择【图层 9】(即树 02)所在的图层,将其复制一层。按键盘中的 Ctrl+T
　　　　组合键,然后在图像中单击鼠标右键,在弹出的右键菜单栏中选择【水平翻转】命令,
　　　　再调整图像大小、位置如图 14-115 所示。

图 14-115　翻转图像

步骤 21　双击图像窗口,打开本书光盘【第 14 章】|【素材】目录下的【栏杆.psd】按键盘中的 V
　　　　键,激活移动工具,将其拖至图像中,调整图层位置。

步骤 22　单击图层面板中的 ⊘ 按钮,弹出【图层样式】对话框,选择【阴影】样式,其他参数设
　　　　置如图 14-116 所示。

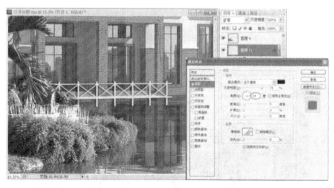

图 14-116　制作栏杆阴影

步骤 23　将制作的栏杆复制一层,单击图层面板中的 ▣ 按钮,添加蒙版。再按键盘中的 G 键,激
　　　　活渐变工具,在渐变拾色器中选择【前景到透明】,然后从下至上拉出渐变,其效果如

图 14-117 所示。

图 14-117　制作栏杆阴影

步骤 24 按住键盘中的 Ctrl 键的同时选择栏杆及栏杆阴影图层，按键盘中的 Ctrl+E 组合键，合并图层。按住键盘中的 Alt 键的同时，用移动工具拖动合层的栏杆，将其复制并调整位置如图 14-118 所示。

图 14-118　复制栏杆

步骤 25 打开本书光盘【第 14 章】|【素材】目录下的【树头.psd】、【前景树.psd】文件，按键盘中的 V 键，激活移动工具，将其拖至图像中，调整图层位置，如图 14-119 所示。

图 14-119　添加前景树

步骤 26 在图层面板中单击 按钮，在弹出的菜单中选择【曲线】命令，在弹出的【曲线】对话框中调节曲线，如图 14-120 所示。

图 14-120　调节曲线

步骤 27 按键盘中的 Ctrl+Alt+Shift+E 组合键，拼合新建可见图层。单击菜单栏中的【滤镜】|【其他】|【高反差保留】命令，设置【半径】为 3，如图 14-121 所示。

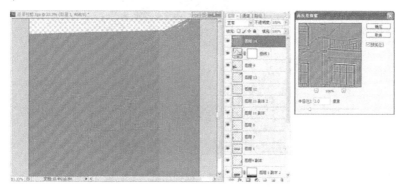

图 14-121　拼合新建可见图层

步骤 28 确定操作后在图层面板中设置图层的混合模式为【叠加】方式，其效果如图 14-122 所示。

图 14-122　设置图层混合模式

步骤 29 单击图层面板中的 按钮，在弹出的菜单中选择【色阶】命令，在弹出的【色阶】对话框中调整色阶值，如图 14-123 所示。

图 14-123　调整色阶值

步骤 30　单击工具箱中的 ⌐ 按钮，手动裁切图像，如图 14-124 所示。

图 14-124　裁切图像

步骤 31　确定图像构图比例后，按回车键确定操作，处理后的最终效果如图 14-125 所示。

图 14-125　处理后的最终效果

步骤 32　制作完成后将文件另存为【日景别墅.psd】文件。

14.9　本章小结

在这一章里，我们学习制作了一个别墅日景效果图，综合练习了 3ds Max 的各种命令和制作建筑效果图的各种技法。制作建筑效果图的过程，需要综合基本建模、调配材质、设置灯光和相机等一系列知识，将它们相互穿插结合，灵活地运用。在制作类似的环境效果图时需注意以下几点：（1）首先建模时，确定相机的表现角度，把握群体建筑的前后层次关系，从而体现要表达的环境效果；（2）材质应尽量做到简单、统一、细致；（3）后期处理的配景需季节统一，色彩搭配合理，尽量做到与建筑模型融为一体；体现远虚近实的景深效果，明确远、中、近景的前后关系。

14.10　上机操作题

综合运用所学知识，制作如图 14-126 所示的景观效果图。本作品参见本书光盘【第 14 章】|【操作题】目录下的【景观效果图.max】文件。

图 14-126　景观效果图的表现

第15章 简欧客厅效果图的表现

客厅是居室中展现一个空间设计风格的重点，因为它是公共的区域，是家庭活动的中心，也是家庭中实用功能最多、面积最大、活动时间最长、使用最频繁的场所。所以在每个家庭里都伴演着最引人注目的角色。本章我们带领大家来制作一幅照片级的简欧式客厅效果图，作为本书的第一个室内实例讲解，我们将使用专业的作图思路，从分析图纸开始，经过整理图纸、导入图纸，再到完成建模，赋予材质、设置灯光、使用 VRay 渲染，最终使用 Photoshop 进行后期处理。每一步都做了详细的过程讲述，使大家在学习的过程中有一个由浅入深、逐步掌握的过渡。

本案简欧客厅效果图如图 15-1 所示。

图 15-1　简欧客厅效果图

本章主要内容如下：

- 客厅装修设计
- 制作客厅模型
- 客厅测试渲染设置
- 设置场景材质
- 场景灯光及渲染设置
- Photoshop 后期处理
- 本章小结

15.1　客厅装修设计

客厅既是家居生活的核心区域，又是接待客人的社交场所，是家庭的【脸面】，因此，客厅装修是家庭装修的重中之重。

15.1.1　客厅规划设计

规划客厅的时候，绝不能将客厅视为一个独立的空间，必须与周边的空间一起思考，包括玄关，阳台、餐厅以及厨房，甚至可以将一个房间的隔墙打掉划分给客厅空间。

1. 客厅和玄关

玄关是一个缓冲过渡的地段，进门第一眼看到的就是玄关，这是客人从繁杂的外界进入一个家庭的最初感觉。玄关设计是家居设计开端的缩影，也起到介绍主人的格调与品味的作用。

究竟玄关该以何种形式展现，就要根据需求进行整体的空间规划。比较常见的是【玄关·低柜隔断式】，就是说以低形矮台来限定空间，以低柜式成型家具的形式做隔断体，既可储放物品又可划分空间的功能，如图 15-2 所示。

【玄关·玻璃通透式】也是很受人们欢迎的一种空间划分效果。大屏玻璃作装饰遮隔或在夹板贴面嵌饰喷砂玻璃等通透材料，既可分隔大空间又能保持完整性，如图 15-3 所示。

图 15-2　玄关·低柜隔断式　　　　图 15-3　玄关·玻璃通透式

2. 客厅、餐厅和厨房

家的感觉就是如此单纯、舒服。打破原有的格局，重新规划适合屋主的格局，加上使用统一的拼花石材，让置身其中的家人倍感宽敞，如图 15-4 所示。

图 15-4　客厅、餐厅和厨房

3．客厅和阳台

阳台不仅是居住者接受光照、吸收新鲜空气、进行户外锻炼、观赏、纳凉、晾晒衣物的场所。如果布置得好，还可以变成宜人的小花园，使人足不出户也能欣赏到大自然中最可爱的色彩，呼吸到清新且带着花香的空气。如图 15-5 所示。

阳台是居住者接受光照，吸收新鲜空气，进行户外锻炼、观赏、纳凉、晾晒衣物的场所。在阳台布置舒服、自然的座椅、放几块抱枕、倚窗而坐，眺望窗外的美景，感受户外的阳光、空气与风景，如图 15-6 所示。

图 15-5　客厅阳台表现一　　　　　　　　　　图 15-6　客厅阳台表现二

15.1.2　客厅设计原则

客厅装修的原则是：既要实用，又要美观。具体的原则主要有以下几方面：

1．先确定客厅装修风格

现代住宅中，一般客厅的占用面积最大，是公认的最重要的位置，是一家人活动的重要场所，也是接待朋友的重要空间。因为客厅是绝对开放式的，所以它的装修不仅要满足实用功能，美观也很重要。客厅的风格能够影响整个家居装修的风格，所以选择一定要慎重。装修风格的选择可以根据自己的喜好，一般有传统风格现代风格、混搭、风格、中式风格或西式风格等，西式风格又分为欧式风格、美式风格、意大利风格、地中海风格等。客厅的风格可以通过多种手法来实现，包括吊顶设计、灯光设计以及后期的配饰，其中色彩的不同运用更适合表现客厅的不同风格，突出空间感。

2．客厅设计不能忽视个性

如果说厨卫的装修是主人生活质量的反映，那么客厅的装修则是主人的审美品位和生活情趣的反映，讲究的是个性。厨卫装修可以通过【整体厨房】、【整体浴室】来提高生活质量和装修档次，但客厅必须有自己独到的东西。不同的客厅装修中，每一个细小的差别往往都能折射出主人不同的人生观、修养及品位，因此设计客厅时要用心，要有匠心。个性可以通过装修材料、装修手段的选择及家具的摆放来表现，但更多地是通过配饰等【软装饰】来表现，如工艺品、字画、座垫、布艺、小饰品等，这些更能展示出主人的修养。

3．客厅设计要突出重点

客厅有顶面、地面及四面墙壁，因为视角的关系，墙面理所当然地成为重点。但四面墙也不能平均用力，应确立一面主题墙。主题墙是指客厅中最引人注目的一面墙，一般是放置电视、音响的那面墙。在主题墙上，可以运用各种装饰材料做一些造型，以突出整个客厅的装饰风格。目前使用较多的如各种毛坯石板、木材等。主题墙是客厅装修的【点睛之笔】，有了这个重点，其他三面墙就可以简单一些，如果都做成主题墙，就会给人杂乱无章的感觉。顶面与地面是两个水平面。顶面在人的上方，顶面处理对整修空间起决定性作用，对空间的影响要比地面显著。地面通常是最先引人注意的部分，其色彩、质地和图案能直接影响室内观感。

4．客厅设计要有合理的分区

客厅要实用，就必须根据自己的需要，进行合理的功能分区。如果家人看电视的时间非常多，那么就可以视听柜为客厅中心，来确定沙发的位置和走向；如果不常看电视，客人又多，则完全可以会客区作为客厅的中心。客厅区域划分可以采用【硬性区分】和【软性划分】两种办法。软性划分是用【暗示法】塑造空间，利用不同装修材料、装饰手法、特色家具、灯光造型等来划分。如通过吊顶从上部空间将会客区与就餐区划分开来，地面上也可以通过局部铺地毯等手段把不同的区域划分开来。家具的陈设方式可以分为规则（对称）式和自由式两类。小空间的家具布置宜以集中为主，大空间则以分散为主。硬性划分是把空间分成相对封闭的几个区域来实现不同的功能。主要是通过隔断、家具的设置，从大空间中独立出一些小空间来。

15.1.3　客厅效果图制作思路

本案通过吊顶的设计划分出客厅、餐厅、门厅、走廊等不同的空间，将客厅墙面的壁纸延伸至餐厅，强化餐厅与客厅空间的联系和统一，恰如其分地融为了一体。客厅平面图纸如图 15-7 所示。

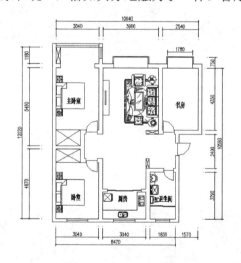

图 15-7　客厅平面图纸

制作思路如下：

- 首先整理图纸，然后使用【导入】命令将整理的图纸导入 max 场景中。
- 辅助精确捕捉工具，使用编辑多边形命令编辑墙体、地面。
- 使用【挤出】、【放样】命令制作吊顶、顶角线等模型。
- 使用【合并】命令合并家具，然后为场景赋予材质。

- 最后设置灯光并进行渲染输出。

15.2　制作客厅模型

根据客厅设计风格分析需要重点表现的对象，然后再根据图纸去放矢创建模型。

15.2.1　整理图纸

接到图纸前首先与设计师深入沟通，彻底理解设计方案。然后进行整理图纸，将不必要的线形删除或隐藏，再将文件另存，以便改动、修改。打开 Max 软件，将另存的图纸文件导入，参照图纸进行创建、编辑，这也是做效果图前的必要工作。整理图纸具体操作步骤如下：

操作过程：

步骤 01　首先启动 AutoCAD 2008 软件。打开本书配套光盘【第 15 章】|【模型】目录下的【客厅平面图.dwg】文件，如图 15-8 所示。

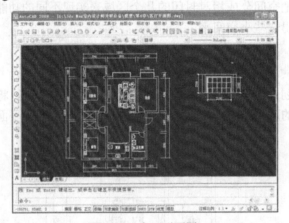

图 15-8　客厅平面图

步骤 02　在窗口中选择不必要的线形，按键盘中的 E 键，再按空格键，删除选择的线形，处理后的图纸如图 15-9 所示。

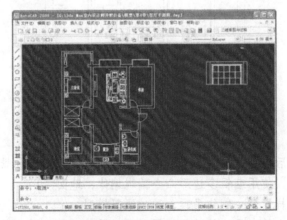

图 15-9　处理后的图纸

步骤 03　单击工具栏中的 ◈（图层特性管理器）按钮，打开图层特性管理器，再单击 [新建(N)] 按钮，新建 2 个图层，如图 15-10 所示。

图 15-10　新建图层

步骤 04　选择平面图层，再单击图层列表中的【平面图】，这样，选择后的图形自动生成在【平面图】图层中，如图 15-11 所示。

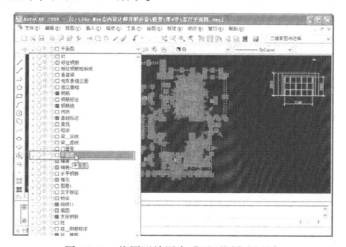

图 15-11　将图形放置在【平面图】图层中

步骤 05　用上面同样的方法将立面图放置在【电视形象墙立面】图层中。

步骤 06　单击菜单栏中的【文件】|【另存为】命令，将文件另存为【客厅图纸-整理.dwg】文件。

在建立模型前先要认真、仔细地对图纸进行分析、整理，了解前后关系及使用功能，这一步是至关重要的。如果对图纸理解透澈了，用 3ds Max 制作模型就比较简单了，只是花费时间来配合设计师的要求确定要建立的模型的整体关系，然后一步一步制作出模型。

15.2.2　制作墙体、地面及门窗

主要使用编辑多边形进行编辑墙体、地面及门窗造型。其具体操作步骤如下：
操作步骤

步骤 01　双击桌面中的 █ 按钮，启动 3ds Max 2014 软件。

步骤 02　单击菜单栏中的【自定义】|【单位设置】命令，在弹出的【单位设置】对话框中单击 [系统单位设置] 按钮，弹出【系统单位设置】对话框，设置系统单位为【毫米】。

如图 15-12 所示。

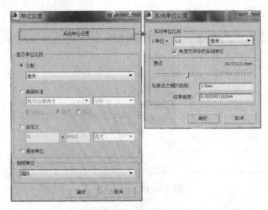

图 15-12 单位设置

步骤 03 单击 （应用程序）按钮，在弹出的下拉菜单中选择【导入】命令，打开本书光盘【第
15 章】|【模型】目录下的【客厅图纸-整理.dwg】文件，如图 15-13 所示。

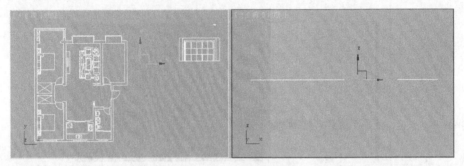

图 15-13 导入的图纸

步骤 04 在顶视图中选择【电视形象墙立面图】，单击工具栏中的 按钮，激活该按钮并在其上单
击鼠标右键，在弹出的对话框中设置【偏移：屏幕】下的 x 为 90，如图 15-14 所示。

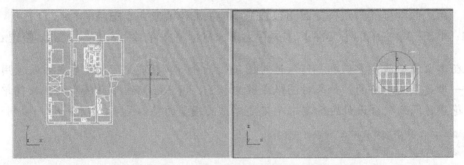

图 15-14 旋转【电视形象墙立面图】

步骤 05 激活前视图，设置【偏移：屏幕】下的 y 为 90，如图 15-15 所示。

步骤 06 单击工具栏中的 按钮，在视图中用移动工具调整位置，如图 15-16 所示。

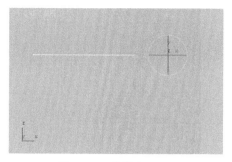

图 15-15　旋转立面图

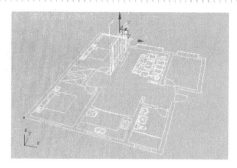

图 15-16　调整图纸后的形态

步骤 07　单击　　线　　按钮，在顶视图中参照图纸绘制封闭二维线形，如图 15-17 所示。

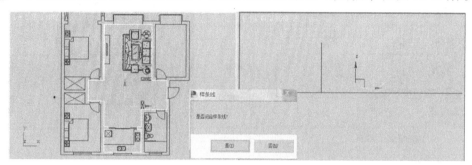

图 15-17　绘制二维线形

步骤 08　单击　　按钮，执行修改命令面板中的【挤出】命令，设置挤出【数量】为 2680，如图
　　　　　15-18 所示。

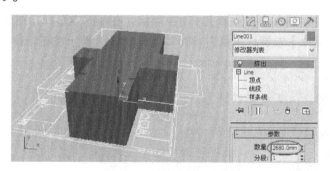

图 15-18　挤出后的形态

步骤 09　执行修改命令面板中的【编辑多边形】命令，按键盘中的数字 5 键，激活【元素】子对
　　　　　象，选择挤出后的造型，单击【元素】下的　　翻转　　按钮，翻转法线，其形态如图 15-19
　　　　　所示。

步骤 10　在物体上单击鼠标右键，在弹出的右键菜单中选择【对象属性】命令，在弹出的对话框
　　　　　中勾选【背面消隐】复选框，如图 15-20 所示。背面消隐后的效果如图 15-21 所示。

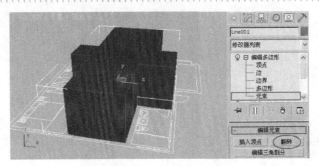

图 15-19　翻转法线

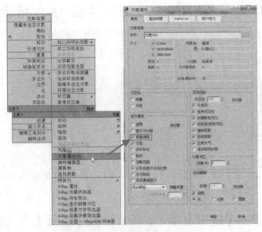

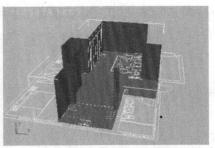

图 15-20　【对象属性】对话框　　　　　　图 15-21　背面消隐后的效果

步骤 11　按数字 4 键，进入【多边形】子对象层级，在视图中选择如图 15-22 所示的多边形。在
【编辑几何体】卷展栏中单击 分离 右侧的 □（设置）按钮，将其分离。

图 15-22　分离【地面】

步骤 12　用同样的方法将顶面分离，如图 15-23 所示。

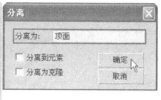

图 15-23　分离【顶面】

步骤 13　按键盘中的 2 键，进入【边】子对象层级，在【编辑几何体】卷展栏中勾选【分割】选项，再单击 切片平面 按钮，在视图中显示裁剪框，单击 ✛ 按钮，并在其上单击鼠标右键，在弹出的对话框中设置【偏移：屏幕】中的 Y 值为 80，如图 15-24 所示。

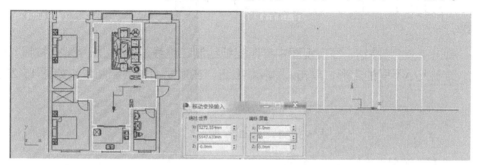

图 15-24　调整切割线

步骤 14　按键盘中的数字 4 键，进入【多边形】子对象层级，选择如图 15-所示的多边形，在【编辑多边形】卷展栏中单击 挤出 右侧的▫按钮，设置挤出数量为 10，如图 15-25 所示。

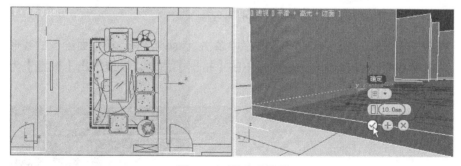

图 15-25　挤出多边形

步骤 15　用相同的方法挤出角线多边形。

步骤 16　单击 长方体 按钮，顶视图中分别创建【长度】为 1720、【宽度】为 410、【高度】为 400 和【长度】为 240、【宽度】为 2400、【高度】为 440 的长方体，调整位置如图 15-26 所示。

图 15-26 创建长方体

15.2.3 制作吊顶

家居装修设计中，客厅吊顶不仅对整个居室起到装饰作用，还对家居布局有一定的影响。所以，吊顶的需要与否受于区分功能区域、隐藏光源设置等需求影响。

操作过程：

步骤 01 单击 ▢线▢ 按钮，在顶视图中参照图纸绘制二维线形；单击 ▢矩形▢ 按钮，在顶视图中绘制大小不同的矩形；单击 ▢圆▢ 按钮，在顶视图中绘制圆形，如图 15-27 所示。

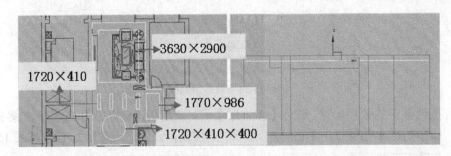

图 15-27 绘制线形

步骤 02 选择二维线形，在【几何体】卷展栏中单击 ▢附加▢ 按钮，将上面绘制的线形附加在一起，单击 ▢ 按钮，选择修改命令面板中的【挤出】命令，设置挤出【数量】为 80，调整位置如图 15-28 所示。

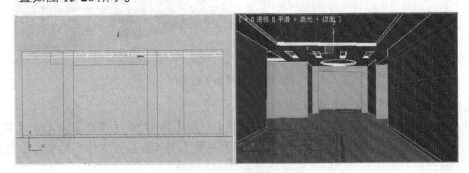

图 15-28 挤出后的形态

步骤 03 单击 ▢矩形▢ 按钮，在顶视图中绘制【长度】为 3630、【宽度】为 2900 的矩形，选择修改命令面板中的【编辑样条线】命令，进入【样条线】子对象层级，在【几何体】卷展栏中设置轮廓值为 30，然后执行修改命令面板中的【挤出】命令，设置挤出数量为 80，如图 15-29 所示。

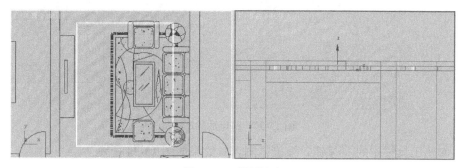

图 15-29　设置挤出

步骤 04　在选择上面挤出的造型，按键盘中的 Ctrl+V 组合键，将其在原位置以【复制】的方式复制一个，在堆栈编辑器中进入【样条线】子对象层级，删除外侧的样条线，在【几何体】卷展栏中设置线形【轮廓】值为 30，如图 15-30 所示。

步骤 05　返回到修改命令面板中的【挤出】层级，修改挤出【数量】为 100，如图 15-31 所示。

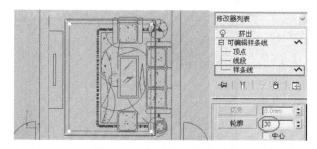

图 15-30　修改轮廓值的形态

图 15-31　挤出后的形态

步骤 06　选择修改命令面板中的【编辑多边形】命令，进入【顶点】子对象层级，选择内侧的顶点，用移动工具在前视图中调整顶点，如图 15-32 所示。

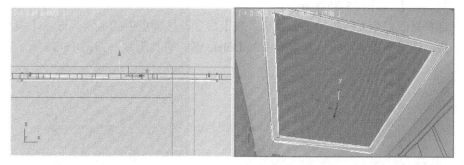

图 15-32　调整顶点的形态

步骤 07　单击　　圆　　按钮，在顶视图中绘制【半径】为 850 的圆形，选择修改命令面板中的【编辑样条线】命令，进入【样条线】子对象层级，在【几何体】卷展栏中设置轮廓值为 80，然后执行修改命令面板中的【挤出】命令，设置挤出数量为 82，如图 15-33 所示。

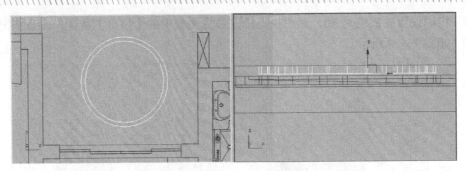

图 15-33　挤出后的形态

步骤 08　单击工具栏中的 ⟳ 按钮，渲染视图，其效果如图 15-34 所示。

图 15-34　渲染后的效果

15.2.4　制作电视背景墙

参照图纸，使用描线的方法描线，再结合【挤出】命令制作背景墙、阳台造型，其具体操作步骤如下：

步骤 01　单击 ▇▇矩形▇▇ 按钮，在左视图中绘制【长度】为 2185、【宽度】为 3190 的矩形，作为【倒角路径】，如图 15-35 所示。

步骤 02　选择修改命令面板中的【编辑样条线】命令，按键盘中的 3 键，进入【线段】子对象层级，选择下面的线段，按键盘中的 Delete 键，将其删除，如图 15-36 所示。

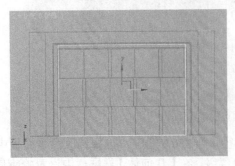

图 15-35　绘制矩形

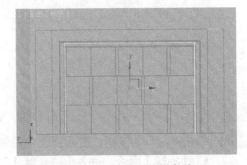

图 15-36　编辑后的样条线

步骤 03　单击 ▇▇线▇▇ 按钮，在左视图中参照图纸绘制封闭二维线形作为【倒角截面】，如图 15-37 所示。

步骤 04　在视图中选择【倒角路径】，单击 按钮，选择修改命令面板中的【倒角剖面】命令，然后在【参数】卷展栏中单击 拾取剖面 按钮，拾取场景中的【倒角截面】线形，倒角剖面后的形态如图 15-38 所示。

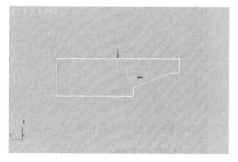

图 15-37　绘制倒角截面

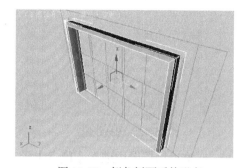

图 15-38　倒角剖面后的形态

步骤 05　在堆栈编辑器中进入【剖面 Gizmo】子对象层级，单击 按钮，在视图中旋转剖面，如图 15-39 所示。

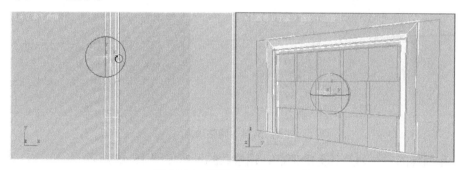

图 15-39　旋转【剖面 Gizmo】

步骤 06　选择修改命令面板中的【编辑多边形】命令，进入【顶点】子对象层级，在左视图中参照图纸调整顶点，如图 15-40 所示。

步骤 07　单击 平面 按钮，在左视图中创建【长度】为 2080、【宽度】为 3190、【长度分段】为 3、【宽度分段】为 5 的平面，如图 15-41 所示。

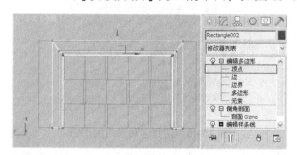

图 15-40　调整顶点

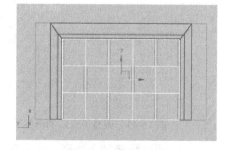

图 15-41　创建平面

步骤 08　单击 按钮，选择修改命令面板中的【编辑多边形】命令，进入【线段】子对象层级，选择如图 15-42 所示的线段。

步骤 09　在【编辑边】卷展栏中 切角 右侧的 按钮，设置轮廓值为 40，然后单击 按钮，确定操作，如图 15-43 所示。

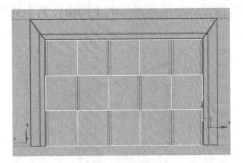

图 15-42　选择线段

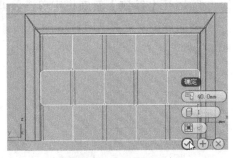

图 15-43　设置轮廓值

步骤 10　在堆栈编辑器中进入【顶点】子对象层级，使用【移动】命令调整顶点，如图 15-44 所示。

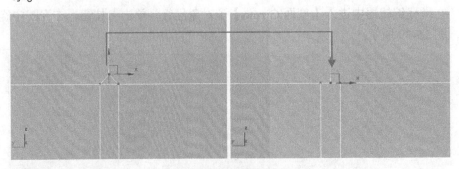

图 15-44　调整顶点

步骤 11　用同样的方法调整其他的顶点，调整后的形态如图 15-45 所示。

步骤 12　按键盘中的数字 4 键，进入【多边形】子对象层级，选择如图 15-45 所示的多边形，单击 切角 右侧的 按钮，设置【高度】值为 10、【轮廓】值为-10，然后单击 按钮，确定操作，如图 15-46 所示。

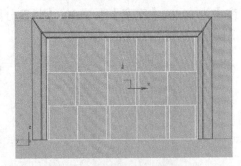

图 15-45　调整顶点后的形态

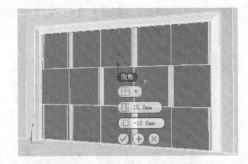

图 15-46　切角多边形后的形态

步骤 13　再选择缝隙多边形，在【多边形：材质 ID】卷展栏中【设置 ID】为 2，单击菜单栏中的【编辑】|【反选】命令，设置【设置 ID】为 1。

步骤 14　单击工具栏中的 按钮，渲染视图，其效果如图 15-47 所示。

图 15-47　渲染电视背景墙的效果

步骤15　单击 ▢▢▢圆▢▢ 按钮，在顶视图中创建【半径】为 50、【步数】为 2 的圆形，作为【筒灯】，如图 15-48 所示。单击鼠标右键，在弹出的右键菜单中选择【转换为】|【转换为可编辑多边形】命令。

步骤16　按键盘中的数字 4 键，进入【多边形】子对象层级，在【编辑多边形】卷展栏中单击 倒角 右侧的 ▫ 按钮，设置【轮廓】值为-15，单击 ✔ 按钮，确定操作，如图 15-49 所示。

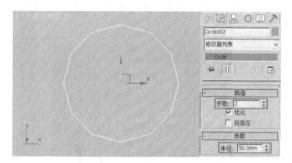

图 15-48　绘制圆形

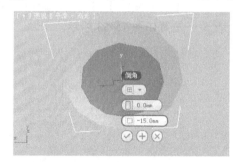

图 15-49　轮廓后的形态

步骤17　单击菜单栏中的【编辑】|【反选】命令，将选择的面反选，单击 倒角 右侧的 ▫ 按钮，设置【高度】值为 2，单击 ➕ 按钮，应用并继续，如图 15-50 所示。

步骤18　再设置【高度】值为 3，【轮廓】值为-3，设置完成后单击 ✔ 按钮，确定操作，其形态如图 15-51 所示。

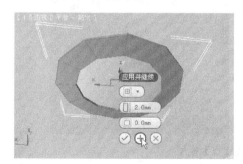

图 15-50　挤出高度的形态

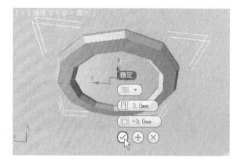

图 15-51　轮廓后的形态

步骤19　在顶视图中选择制作的筒灯造型，用移动复制的方法将其复制并调整位置，如图 15-52 所示。

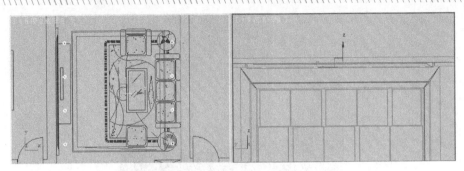

图 15-52　移动复制后的筒灯

15.2.5　合并家具

要迅速完成效果图，模型库的收集就显得非常重要，模型库要不断丰富，一些常用的模型最好能进行分门别类地放置，这样才有利于随时调用。具体操作步骤如下：

步骤 01 单击 ■ （应用程序）按钮，在弹出的下拉菜单中选择【导入】|【合并】命令，在弹出的【合并文件】对话框中选择本书光盘【第 15 章】目录下的【轨道门.max】文件，调整位置如图 15-53 所示。

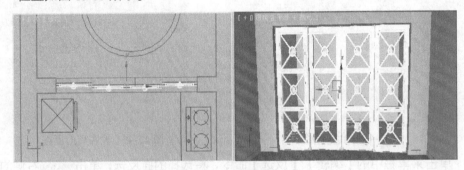

图 15-53　合并【轨道门】

步骤 02 继续使用【合并】命令将【隔断】和【餐桌】造型合并进来，如图 15-54 所示。

图 15-54　合并【隔断】、【餐桌】模型

步骤 03 单击 ■ （应用程序）按钮，在弹出的下拉菜单中选择【导入】命令，在弹出的【合并文件】对话框中选择本书光盘【第 15 章】目录下的【沙发组合.max】文件，调整位置如图 15-55 所示。

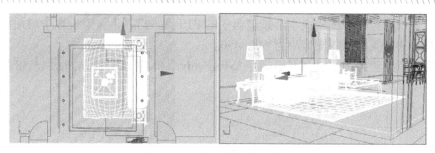

图 15-55 导入【沙发】模型

步骤 04 继续使用【合并】命令将【电视柜】、【客厅吊灯】、【餐厅吊灯】及【花盆】合并进来，如图 15-56 所示。

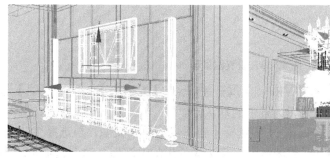

图 15-56 导入【电视柜】、【吊灯】模型

步骤 05 单击创建命令面板中的 🎥（摄影机）按钮，在【标准】选项下单击 目标 按钮，在顶视图中创建摄影机，在【参数】卷展栏中调整摄影机的视野范围，如图 15-57 所示。

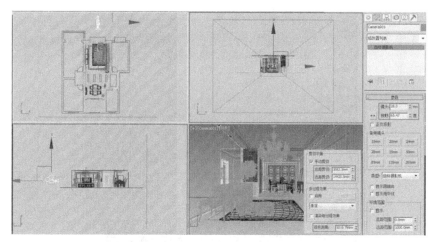

图 15-57 创建摄影机

15.3 客厅测试渲染设置

在进行测试渲染草图时，尽量将设置降低，以加快渲染速度，这也是 VRay 渲染图的基本要领。其具体操作步骤如下：

步骤 01 首先设置渲染视图的大小。按键盘中的 F10 键，打开【渲染设置】对话框，在【公用参数】中设置渲染视图大小为 600×450。

步骤 02 在【指定渲染器】卷展栏中指定 V-Ray Adv 2.40.03 渲染器，如图 15-58 所示。

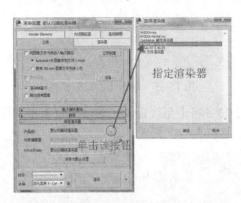

图 15-58　设置渲染器

步骤 03 进入【V-Ray】选项卡，在【VRay::全局开关[无名]】卷展栏中，将【照明】选项组中的【默认灯光】选择为关，关闭场景中的默认光。

步骤 04 在【V-Ray::图像采样（反锯齿）】中选择【自适应细分】类型，再选择【Catmull-Rom】抗锯齿类型，这是一种可以显著增强渲染边缘效果的过滤器，对最终渲染的图像起着锐化的作用。

步骤 05 打开【V-Ray::颜色贴图】卷展栏，设置曝光方式为【指数】曝光方式，其他参数设置如图 15-59 所示。

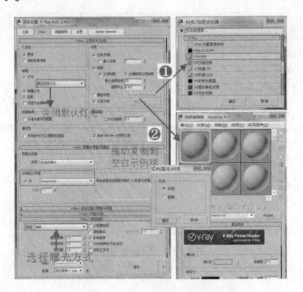

图 15-59　【V-Ray】选项卡参数设置

步骤 06 打开材质编辑器，选择一个空白的示例球，将其调整为白色，然后赋给场景中的所有造型。

步骤 07 在【VRay::间接照明（GI）】卷展栏中勾选【开】复选框，打开全局照明。设置首次反弹中的全局照明引擎为【发光图】，设置二次反弹中的全局照明引擎为【灯光缓存】。然后设置【发光图】和【灯光缓存】卷展栏中的参数，如图 15-60 所示。

步骤 08　制作模型后的渲染效果如图 15-61 所示。

图 15-60　初试渲染参数设置

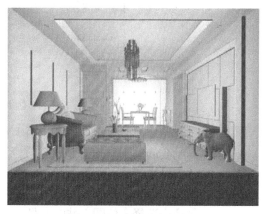

图 15-61　渲染后的形态

15.4　设置场景材质

材质是制作效果图的重要部分，其中地面材质、电视墙材质、家具材质等，是表现本案例的重点，其具体操作步骤如下：

15.4.1　设置主体材质

操作过程：

步骤 01　在设置场景材质前，首先要取消前面对场景物体的材质覆盖状态。单击工具栏中的 按钮，打开【渲染设置】对话框，在【V-Ray::全局开关[无名]】卷展栏中取消勾选【覆盖材质】复选框，如图 15-62 所示。

图 15-62　取消覆盖材质

步骤 02　【白色乳胶漆】材质。选择一个空白的示例球，将其命名为【白色乳胶漆】并为其指定 VRay 材质。设置【漫反射】为白色，细分为 12，如图 15-63 所示。

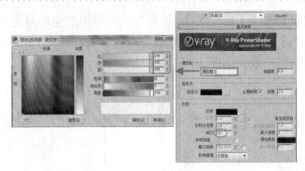

图 15-63　【白色乳胶漆】材质参数设置

步骤 03　在视图中选择【顶面】、【墙体】、【墙体 B】、【吊顶】、【顶级】及【阳台吊顶】型，单击 按钮，将材质赋给它们。

步骤 04　【壁纸】材质。重新选择一个空白的示例球，将其命名为【壁纸】材质并为其指定 VRay 材质。在【基本参数】卷展栏中单击【漫反射】右侧的按钮，在弹出的【材质/贴图浏览器】中选择【位图】贴图类型，选择本书光盘【第 15 章】|【素材】目录下的【a056.jpg】文件，设置细分为 24，如图 15-64 所示。

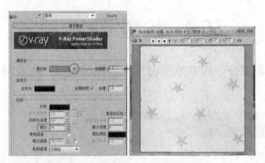

图 15-64　【壁纸】材质参数设置

步骤 05　在视图中选择【墙体】选择，单击 按钮，选择修改命令面板中的【UVW 贴图】命令，在【参数】卷展栏中选择【长方体】，设置【长度】为 800、【宽度】为 800、【高度】为 800，如图 15-65 所示。

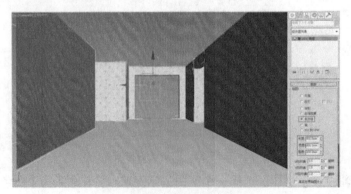

图 15-65　调整贴图坐标

步骤 06　【地砖】材质。重新选择一个空白的示例球，将其命名为【地砖】材质并为其指定 VRay 材质。

步骤 07 在【基本参数】卷展栏中调整反射颜色，使其产生反射效果。单击【漫反射】右侧的按
钮，在弹出的【材质/贴图浏览器】中选择【位图】贴图类型，选择本书光盘【第 15 章】
|【素材】目录下的【dd.jpg】文件，如图 15-66 所示。

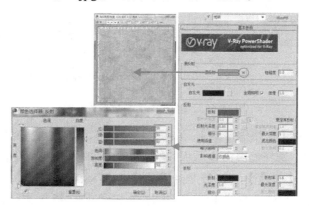

图 15-66　基本参数

步骤 08 单击 按钮，返回上一级，打开【贴图】卷展栏，将【漫反射】通道中的贴图文件复制
到【凹凸】通道中，如图 15-67 所示。

步骤 09 在视图中选择【地面】造型，单击 按钮，将材质赋给选择的造型。

步骤 10 单击 按钮，选择修改命令面板中的【UVW 贴图】命令，在【参数】卷展栏中选择【平
面】，设置【长度】为 800、【宽度】为 800，再进入【Gizmo】子对象层级，单击工具栏
中的 按钮，将纹理旋转 45 度，调整形态如图 15-68 所示。

图 15-67　【贴图】卷展栏

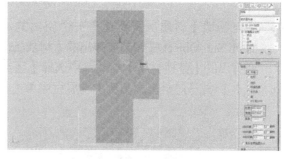

图 15-68　调整贴图纹理的形态

步骤 11 【色理石】材质。重新选择一个空白的示例球，将其命名为【色理石】材质并为其指定
VRay 材质。

步骤 12 在【基本参数】卷展栏中调整反射颜色，使其产生反射效果。单击【漫反射】右侧的按
钮，在弹出的【材质/贴图浏览器】中选择【位图】贴图类型，选择本书光盘【第 15 章】
|【素材】目录下的【717327dalishiwen2_137.jpg】文件，如图 15-69 所示。

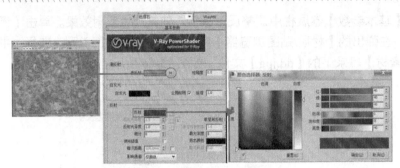

图 15-69　【色理石】材质参数设置

步骤 13　在视图中选择【背景墙造型】，单击 按钮，将材质赋给选择的造型。

步骤 14　单击 按钮，选择修改命令面板中的【UVW 贴图】命令，在【参数】卷展栏中选择【长方体】，设置【长度】为 2505.8、【宽度】为 3788.1、【高度】为 582.6，再进入【Gizmo】子对象层级，单击工具栏中的 按钮，将纹理旋转 45 度，调整形态如图 15-70 所示。

图 15-70　调整贴图坐标

步骤 15　【电视墙】材质。重新选择一个空白的示例球，将其命名为【电视墙】材质。单击 Multi/Sub-Object 按钮，在弹出的【材质/贴图浏览器】中选择【多维/子对象】贴图类型。在弹出的【替换材质】对话框中选择【丢弃旧材质】，如图 15-71 所示。

步骤 16　在【多维/子对象基本参数】卷展栏中单击 设置数量 按钮，设置材质数量为 2，如图 15-72 所示。

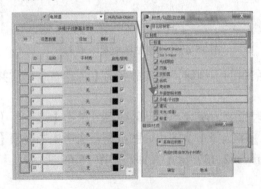

图 15-71　多维/子对象

图 15-72　【设置材质数量】对话框

步骤 17　单击 ID1 右侧的通道按钮，进入标准材质。将其命名为【皮质】材质并为其指定 VR 材质。

步骤 18　在【基本参数】卷展栏中调整漫反射颜色为灰色，使其产生反射效果。单击【漫反射】

右侧的按钮，在弹出的【材质/贴图浏览器】中选择【位图】贴图类型，选择本书光盘【第
15 章】|【素材】目录下的【dalishiwen2_140.jpg】文件，其他参数设置如图 15-73 所示。

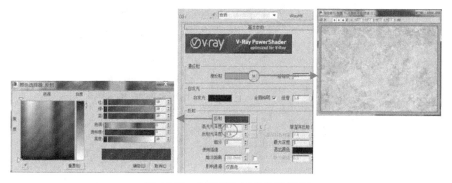

图 15-73　【皮质】材质参数设置

步骤19　单击 按钮，返回上一级，在【贴图】卷展栏中将【漫反射】通道中的贴图文件拖动复
制到【凹凸】通道中，如图 15-74 所示。

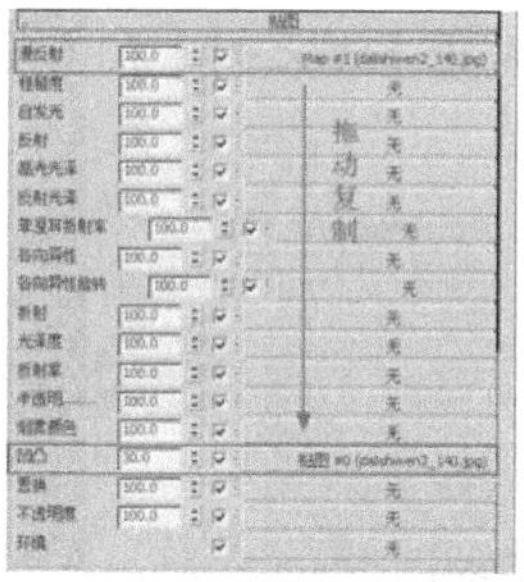

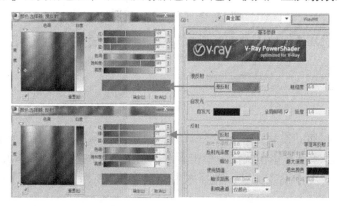

图 15-74　【贴图】卷展栏

步骤20　单击 按钮，返回顶级，单击 ID2 右侧的通道按钮，进入标准材质，单击命名窗口右侧
的按钮，在弹出的【材质/贴图浏览器】中选择【VR 材质】类型。

步骤21　在【基本参数】卷展栏中单击【漫反射】右侧的色钮，设置表面颜色为深棕红色，再单
击【反射】右侧的色钮，设置反射颜色为灰色，使其产生反射效果，如图 15-75 所示。

图 15-75　【黄金属】材质参数设置

步骤22　在视图中选择【背景墙】造型，单击 按钮，将材质赋给选择的造型。

步骤 23 单击 按钮，选择修改命令面板中的【UVW 贴图】命令，在【参数】卷展栏中选择【平面】，设置【长度】为 1082.7、【宽度】为 1692.4，如图 15-76 所示。

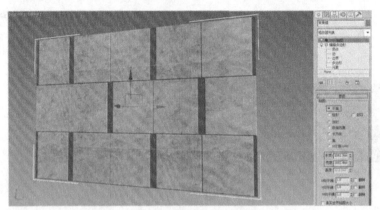

图 15-76　调整贴图纹理

步骤 24 【瓷砖】材质。选择一个空白的示例球，将其命名为【踢脚】并为其指定 VRay 材质。在【基本参数】卷展栏中调整【漫反射】和【反射】颜色，使其产生反射效果，参数设置如图 15-77 所示。

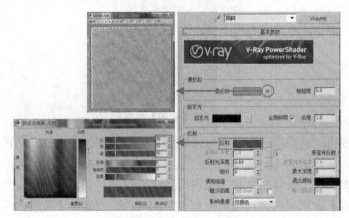

图 15-77　【踢脚】材质设置

步骤 25 在视图中选择【踢脚】造型，单击 按钮，将材质赋给选择的造型。

15.4.2　设置场景家具材质

操作过程：

步骤 01 【皮革】材质。重新选择一个空白的示例球，将其命名为【皮质】并为其指定 VRay 材质。在【基本参数】卷展栏中单击【漫反射】右侧的按钮，在弹出的【材质/贴图浏览器】中双击【位图】贴图类型，选择本书光盘【第 15 章】|【素材】目录下的【094.jpg】文件。

步骤 02 单击 按钮，返回顶级，调整漫反射和反射颜色并降低反射高光光泽度和反射光泽度，如图 15-78 所示。

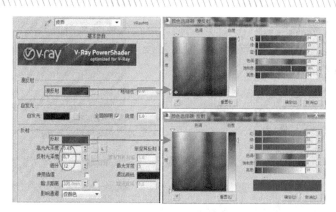

图 15-78 【基本参数】卷展栏

步骤 03　打开【贴图】卷展栏，单击【漫反射】右侧的按钮，在弹出的【材质/贴图浏览器】中双击【位图】贴图类型，选择本书光盘【第 15 章】|【素材】目录下的【leather_bump.jpg】文件，如图 15-79 所示。

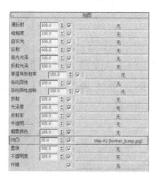

图 15-79 【贴图】卷展栏

步骤 04　在视图中选择【沙发布】造型，单击 按钮，将材质赋给它们。

步骤 05　【黄金属】材质。选择一个空白的示例球，将其命名为【黄金属】并为其指定 VRay 材质。在【基本参数】卷展栏中调整漫反射颜色为黄色，反射颜色为灰色，降低反射高光光泽度和反射光泽度，其他参数设置如图 15-80 所示。

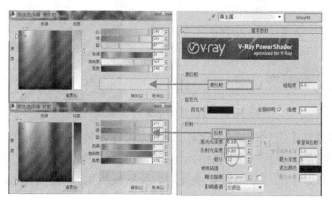

图 15-80 【黄金属】材质参数设置

步骤 06　在视图中选择【沙发金属架】造型，单击 按钮，将材质赋给它们。

步骤 07 【不锈钢】材质。选择一个空白的示例球，将其命名为【不锈钢】材质并为其指定 VRay 材质。在【基本参数】卷展栏中设置漫反射颜色为黑色，调整反射颜色为浅黄色，其他参数设置如图 15-81 所示。

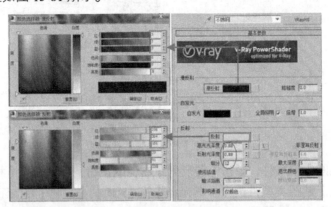

图 15-81 【不锈钢】材质参数设置

步骤 08 在视图中选择【台灯架】造型，单击 按钮，将材质赋给它们。

步骤 09 【厨房玻璃】材质。选择一个空白的示例球，将其命名为【厨房玻璃】并为其指定 VRay 材质。在【基本参数】卷展栏中设置漫反射颜色为浅绿色。调整反射颜色和折射颜色，让材质对象具有反射和折射的基本属性。其他参数设置如图 15-82 所示。

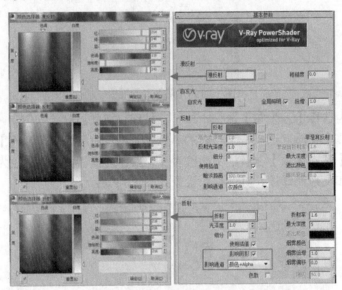

图 15-82 【厨房玻璃】材质参数设置

步骤 10 在视图中选择【厨房玻璃】造型，单击 按钮，将材质赋给选择的造型。

步骤 11 【灯缀】材质。选择一个空白的示例球，将其命名为【灯缀】并为其指定 VRay 材质。在【基本参数】卷展栏中设置漫反射，反射反折射颜色，参数设置如图 15-83 所示。

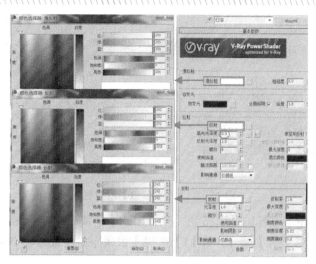

图 15-83　【灯罩】材质参数设置

步骤 12　【红色水晶帘子】材质。选择一个空白的示例球，将其命名为【红色水晶帘子】并为其指定 VRay 材质。在【基本参数】卷展栏中调整反射颜色，让材质对象产生反射效果，调整折射颜色，使材质产生透明效果，其他参数的设置如图 15-84 所示。

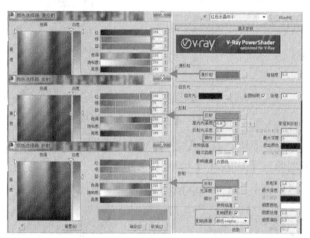

图 15-84　【水晶帘子】材质设置

15.4.3　其他材质设置

操作过程：

步骤 01　【叶子】材质。选择一个空白的示例球，将其命名为【叶子】并为其指定 VRay 材质。

步骤 02　在【基本参数】卷展栏中调整【反射】颜色为灰色，使其产生反射效果，单击【漫反射】右侧的按钮，在弹出的【材质/贴图浏览器】中选择【混合】贴图类型，如图 15-85 所示。

步骤 03　在【混合参数】卷展栏中，单击【颜色#1】右侧的通道按钮，在弹出的【材质/贴图浏览器】中双击【位图】贴图类型，选择本书光盘【第 15 章】|【素材】目录下的【arch41_064_leaf.jpg】文件，单击 按钮，返回上一级，将【颜色#1】通道中的贴图文件拖动复制到【颜色#2】通道中。

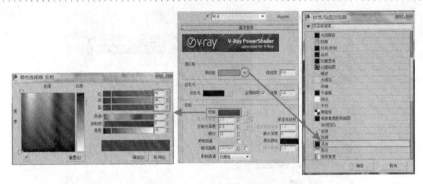

图 15-85 【基本参数】卷展栏

步骤 04 单击【混合量】右侧的通道按钮，在弹出的【材质/贴图浏览器】中双击【位图】贴图类型，选择本书光盘【第 15 章】|【素材】目录下的【arch41_064_leaf_mask.jpg】文件，如图 15-86 所示。

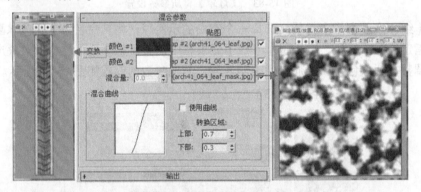

图 15-86 【混合参数】卷展栏

步骤 05 单击 按钮，返回顶级，在【贴图】卷展栏中单击【凹凸】通道右侧的按钮，在弹出的【材质/贴图浏览器】中双击【位图】贴图类型，选择本书光盘【第 15 章】|【素材】目录下的【arch41_064_leaf_bump.jpg】文件，如图 15-87 所示。

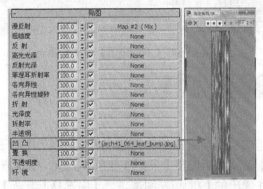

图 15-87 【贴图】卷展栏

步骤 06 在视图中选择【盆景植物】造型，单击 按钮，将调配好的材质赋给它们。

15.5　场景灯光及渲染设置

摄影构图中，光影是重要的构图因素之一，可以起到渲染气氛、烘托主题、均衡画面、表现画面空间感的作用。本案客厅的照明布置应围绕两个功能：实用性与装饰性。

操作过程：

步骤 01　继续在顶视图中灯带的位置创建 VRay 灯光，在前视图中单击 按钮，在弹出的【镜像：屏幕 坐标】对话框中选择【Y】轴，使其向上照射，调整灯光位置如图 15-88 所示。

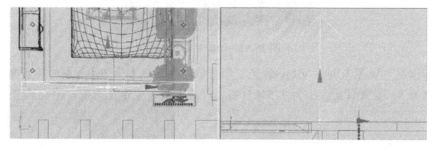

图 15-88　创建 VRay 灯光

步骤 02　单击 按钮，在顶视图中将其旋转复制 3 盏，调整位置如图 15-89 所示。

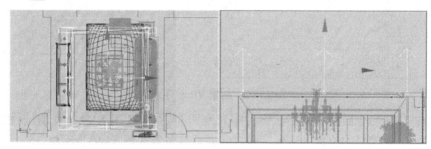

图 15-89　复制灯光的形态

步骤 03　单击 按钮，在【参数】卷展栏中设置灯光【倍增值】为 10，调整灯光颜色为暖色，其他参数设置如图 15-90 所示。

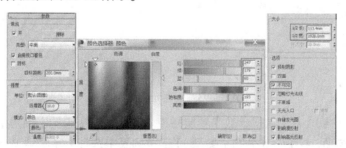

图 15-90　灯光参数设置

步骤 04　单击 按钮，渲染摄影机视图，效果如图 15-91 所示。

图 15-91　渲染后的形态

步骤 05　继续在左视图中创建 VRay 灯光，单击 ☑ 按钮，在【参数】卷展栏中设置灯光【倍增器】值为 5，设置灯光大小为 775×1137，勾选【不可见】复选框，调整其位置如图 15-92 所示。

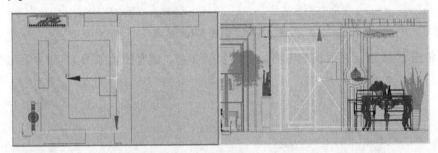

图 15-92　创建 VRay 灯光

步骤 06　单击创建命令面板中的 ☑ 按钮，在【光度学】选项下打开【对象类型】卷展栏。单击 自由灯光 按钮，在筒灯的位置创建光度学灯光。调整位置如图 15-93 所示。

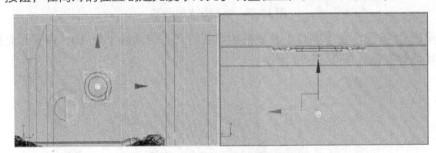

图 15-93　创建光度学灯光

步骤 07　单击 ☑ 按钮，在【常规参数】卷展栏中勾选【阴影】中的【启用】复选框，选择【VRay 阴影】选项，在【灯光分布（类型）】下拉列表中选择【光度学 Web】，然后在【分布（光度学 Web）】卷展栏中单击【19】按钮，打开【打开光域网 Web 文件】对话框，选择本书光盘【第 15 章】目录下的【双圈筒灯 2.IES】文件，再设置灯光强度为 16800，其他参数设置如图 15-94 所示。

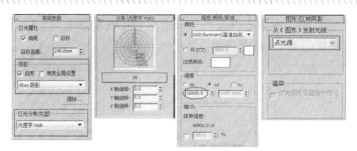

图 15-94　设置光度学灯光参数

步骤 08　在顶视图中选择光度学灯光，用移动复制的方法将其复制并调整位置，如图 15-95 所示。

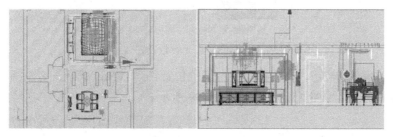

图 15-95　复制灯光

步骤 09　单击 按钮，渲染摄影机视图，如图 15-96 所示。

图 15-96　渲染后的形态

步骤 10　单击 VR灯光 按钮，在顶视图中创建 VRay 阳光，调整灯光位置如图 15-97 所示。

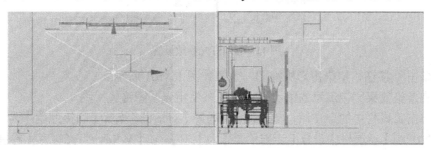

图 15-97　创建 VRay 灯光

步骤 11　单击 ✎ 按钮，在【参数】卷展栏中设置灯光【倍增器】为 11，调整灯光颜色为暖色，其他参数设置如图 15-98 所示。

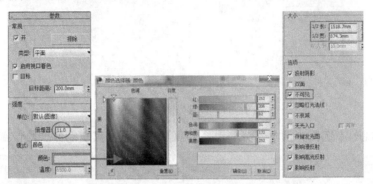

图 15-98　灯光参数设置

步骤 12　单击 ＶＲ灯光 按钮，在顶视图中台灯的位置创建 VRay 阳光，然后用移动复制的方法将其复制一盏，调整灯光位置如图 15-99 所示。

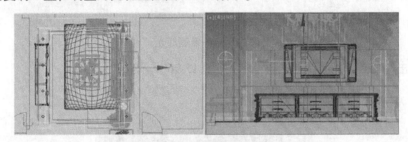

图 15-99　创建及复制灯光

步骤 13　单击 ✎ 按钮，在【参数】卷展栏中设置灯光【倍增值】为 20，调整灯光颜色为暖色，其他参数设置如图 15-100 所示。

图 15-100　灯光参数设置

步骤 14　单击 🖱 按钮，渲染摄影机视图，效果如图 15-101 所示。

步骤 15　在渲染效果比较满意的情况下，接下来使用光子图渲染大图。

步骤 16　单击工具栏中的 🖱 按钮，打开【渲染场景】对话框，选择【间接照明】选项。在【V-Ray::发光图】卷展栏中设置【当前预置】为【中】，在【V-Ray::灯光缓存】卷展栏中调整【细分】值为 800，如图 15-102 所示。

图 15-101　渲染效果

图 15-102　渲染参数设置

步骤 17　在【V-Ray::发光图[无名]】卷展栏中选择【在渲染结束后】选项组，勾选【自动保存】、
　　　　【切换到保存的贴图】选项，再单击　浏览　按钮，将光子图保存到相应的路径下。

步骤 18　单击 　按钮，渲染摄影机视图。渲染完成后，在【VRay::发光图[无名]】卷展栏中单击
　　　　【模式】选项组中的　浏览　按钮，在弹出的对话框中选择前面保存的光子图，返回到【公
　　　　用】选项卡，在【公用参数】卷展栏中设置输出大小为 1600×1200 的尺寸，然后单击
　　　　（渲染产品）按钮，进行渲染，如图 15-103 所示。

图 15-103　渲染设置

步骤 19　渲染文件保存在本书光盘【第 15 章】目录下。

15.6　Photoshop 后期处理

在后期处理中，主要调整图像的亮度、对比度以及如何添加背景等，使效果达到更加完美。其具体操作步骤如下：

操作过程：

步骤 01　启动 Photoshop 软件，单击菜单栏中的【文件】|【打开】命令，打开本书光盘【第 15 章】|【后期处理】目录下的【客厅效果图.tif】文件。

步骤 02　在图层面板中按住【背景】图层并拖曳至 按钮上，将背景层复制一层，如图 15-104 所示。

图 15-104　复制图层

步骤 03　单击图层面板中的 按钮，在弹出的菜单中选择【亮度/对比度】命令，加强暗部和亮部之间的对比度，如图 15-105 所示。

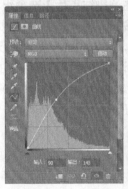

图 15-105　调整图像亮度

步骤 04　单击图层面板中的 按钮，在弹出的菜单中选择【曝光度】命令，加强暗部和亮部之间的对比度，如图 15-106 所示。

图 1-106　调整图像曝光度

步骤 05　单击图层面板中的 按钮，在弹出的菜单中选择【色相/饱和度】命令，调整图像的饱和度，参数及效果如图 15-107 所示。

图 1-107　调整图像的饱和度

步骤 06　将图层的顶层处于当前层，按键盘中的 Ctrl+Alt+Shift+E 组合键，拼合新建新的图层。

步骤 07　单击菜单栏中的【滤镜】|【其他】|【高反差保留】命令，在弹出的【高反差保留】对话框中设置【半径】为 1，如图 15-108 所示。

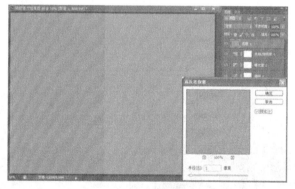

图 15-108　细部调整

步骤 08　在图层面板中【设置图层的混合模式】为【叠加】方式，其效果如图 15-109 所示。

图 15-109　处理后的效果

步骤 09　单击工具栏中的 ⊄ 按钮，通过裁切图像确定构图，如图 15-110 所示。调整完成后，按回车键，确定操作。

图 15-110　裁切图像

步骤 10　处理后的最终效果如图 15-111 所示。

图 15-111　处理后的最终效果

步骤 11　单击菜单栏中的【文件】|【存储为】命令，将文件另存为【客厅效果图.jpg】文件。

15.7　本章小结

这一章主要讲解了客厅效果图的制作过程，包括分析本案例场景中的光照关系，这是在做表现前至关重要的一步。一幅好的作品，光照关系是最主要的，其次就是材质之间的对比，这也是我们常说的暗调。希望通过本章的学习，相信大家能掌握一幅完整效果图的制作流程。

15.8　上机操作题

综合运用所学知识，制作如图 15-112 所示的玄关效果图。本作品参见本书光盘【第 15 章】|【操作题】目录下的【入户玄关.max】文件。

图 15-112　入户玄关效果图的表现

附录 A 思考题参考答案

第 1 章

思考题一

如果在【自定义】/【单位设置】/【系统单位设置】对话框中勾选了【考虑文件中的系统单位】时，在打开文件时，如果加载的文件具有不同的场景单位比例，将显示【文件加载：单位不匹配】对话框。如果选择【按系统单位比例重缩放文件对象】，打开文件的单位会自动转换为当前的系统单位。如果选择【文件单位比例】选项，转换当前的系统单位为打开文件的单位。

思考题二

按键盘上的【X】键即可显示。也可再次按键盘上的【X】键，对操纵轴进行隐藏使其显示关闭。

另外，按键盘上的【-】和【+】键，可以调节操纵轴的显示大小。在进行变换操作时，可以锁定轴向从而使整个操作只在锁定的轴向上起作用。单击信息提示区中的🔓按钮，使其变为🔒激活状态时，可以锁定选择的轴向。

第 2 章

思考题一

主要是因为没有设置分段数，如果想达到理想的弯曲效果，可以将分段设多点，或是先细化即可。

思考题二

如果当前处在修改堆栈的中间或底层，视图中只会显示出当前所在层之前的修改结果，使用 Ⅱ 命令可以观察到最后的修改结果，并且随时看到前面的修改对最终结果的影响。

第 3 章

思考题一

【软管】命令通过不同的参数设置可以制作不同的立柱效果，包括【起始位置】、【结束位置】、【周期数】和【软管形状】。

思考题二

一步创建完成的模型有【异面体】。二步创建完成的模型有【环形结】、【胶囊】、【环形波】、【软管】。

三步创建完成的模型有【切角长方体】、【切角圆柱体】、【棱柱】、【球棱柱】、【油罐】、【纺锤】、【L-Ext】、【C-Ext】。

第 4 章

思考题一

焊接顶点的方法有两种：（1）选择断开的两个顶点，在【几何体】卷展栏下设置合适的【阈值距离】参数，单击 焊接 按钮，将两个顶点焊接。（2）勾选【几何体】卷展栏下的【自动焊接】选项，然后，设置合适的【阀值距离】参数，再将一个顶点移动到另外一个顶点重合的位置，两个顶点也可以焊接到一起。需要注意的是，【阀值距离】参数对焊接起决定作用，也是个门槛数值，如果两个顶点之间的距离小于【阀值距离】值就被焊接在一起，否则不被焊接。

思考题二

在线段上插入顶点的方法：（1）首先进入【线段】子对象层级，然后选择一段线段，在【几何体】卷展栏下设置拆分值，再单击 拆分 按钮，即可将线段中插入顶点。（2）移动光标到线形的任意位置确定点，再单击 插入 按钮，这样将改变样条曲线的形态。不断单击鼠标左键可以不断加入新的顶点，单击鼠标右键停止插入顶点。

断开顶点的方法是：首先选择顶点，然后在【几何体】卷展栏单击 断开 按钮，该顶点被打断。

第 5 章

思考题

【倒角】与【倒角剖面】间的区别是：简单地说，【倒角】修改器包含了三个级别的拉伸，也就是说给一个二维线形赋予一个【倒角】修改器，可以将这个二维线形进行三次拉伸。同时，执行每次拉伸的时候我们可以控制截面缩放的比例，在一个拉伸级别上产生锥化的效果。

【倒角剖面】修改器使一个截面沿着一个路径产生这个截面的斜切效果。所以要使用这个命令必须有两个二维线形做前提：一个二维线形用来做截面；另一个二维线形用来做路径。它的特点是一但删除了作为轮廓的二维曲线，修改编辑的效果就消失。所以，不可以混用。

第 6 章

思考题一

创建门的方法有 3 种，分别是【枢轴式】、【滑动式】、【折叠式】。

思考题二

栏杆对象的组件包括：宽度、深度、高度、方形上栏杆的剖面和圆形上栏杆的剖面。

第7章

思考题一

减少三维布尔运算出错的方法：执行布尔运算以后的对象最好用塌陷命令对布尔运算物体进行塌陷，尤其在进行多次布尔计算时显得尤为重要，每做一次布尔运算就应塌陷一次，这样可以减少物体的面片数。

布尔运算的物体具备的条件是：一是要求参与运算的物体必须具有绝对完整的表面。二是要求物体必须有相交的部分，否则布尔运算不起作用。三是物体的表面或内部没有因使用次物体级中的编辑、修改命令而留下多余面或线段。

另外，本例是多级布尔运算的方法，用户还可以使用一次性布尔的方法：首先将创建的三个切角长方体（即操作对象 A、B、C）调整位置，然后将被操作对象 B、C，使用【编辑网格】中的【附加】命令附加在一起，再选择操作对象 A 剪去操作对象 B。

思考题二

第一种方法：选中该放样物体，然后进入修改面板，在堆栈编辑器中进入【图形】子对象级别，然后在视图中选中【图形】子对象并旋转【图形】子对象即可，一般是 z 轴旋转 180 度。

由于 Shape 子对象位于 path 子对象的第一点位置处，并且在 shape 子对象级别下，显示为白色线框，很难找到，可以利用大面积的框选方式能帮助顺利的选择，当然如果你注意到作为【path】（路径）的子对象的【第一点】的位置的话，那么【Shape】（图形）子对象就在【第一点】的位置。

第二种方法：转换【路径】的【方向】线对象都有自己的【第一点】，并且都有所谓的方向，可以进入它的【图形】子对象，然后在【选择】卷展栏中选择【显示】选项组中的【显示顶点编号】选项，使其为启用。这时就可以在视图中看到每个点旁边都有黑色的小数字，这个数字的号码说明每个顶点的先后顺序，这个顺序的重要作用是决定了这个样条线的【方向】，如图 A-1 所示。

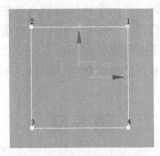

图 A-1　每个顶点的先后顺序

【正】方向：如果这些号码的顺序是逆时针的方向，那么就叫正方向。

【负】方向：如果这些号码的顺序是顺时针的方向，那么就叫负方向。

放样物体的【路径】的方向很重要，当正方向放样出来的物体不是你想要的，那么可以改变【路径】的方向，进入【样条线】子对象，在【几何体】卷展栏里选择【反转】可以将【路径】的方向变为【反】方向。

第 8 章

思考题一

在材质编辑器中共有 24 个示例球。系统默认的示例球显示方式为 6×4，即一排六个共四排。我们也可改变示例球的显示数量。单击工具列中的 （选项）按钮，在弹出的对话框中选择【示例窗数目】中的 3×2、5×3、6×4。当我们选中 3×2 时，拖动示例球下边或右边的滑动块可以看到其他的示例球，如图 A-2 所示。

或者在激活的示例窗上按下鼠标右键，可以弹出一个快捷菜单，然后在弹出的右键菜单中选择示例球的显示数量，如图 A-3 所示。

图 A-2　【材质编辑器选项】对话框　　　　图 A-3　【材质编辑器】对话框

思考题二

当示例球不够用的时候，尤其在制作的场景时会用到比示例球数量多的材质。但是，我们说一个示例球显示一种材质，而不是存储一种材质，当一种材质被赋到场景时，并且这种材质不是同步材质，我们可以重新设置这个已经用过的示例球。单击 按钮，弹出【重置材质/贴图参数】对话框，选中【仅影响编辑器示例窗中的材质/贴图?】单选按钮，单击 确定 按钮，如图 A-4 所示。这样，我们就可以再次编辑材质了。

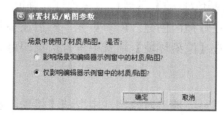

图 A-4　【重置材质/贴图参数】对话框

第9章

思考题一

制作效果图时，当把线架文件或线架中使用的贴图文件改变路径后，我们所编辑的各种材质使用的贴图就会丢失，这时再打开文件时就会弹出【缺少外部文件】。

该对话框中记录了材质所使用贴图的原始路径，通过这个对话框可以了解线架文件中都使用了什么贴图。当贴图路径发生了改变后，可以设置一下用户路径便可轻松解决此问题。

思考题二

为什么使用平面镜贴图时，没有反射效果产生？这是因为使用平面镜贴图不当造成的。平面镜必须指定给单一法线方向的模型，也就是说模型的法线必须朝向同一个方向。但是对于立体模型来讲是不可能的，一般我们可以使用【多维/子对象】材质，为某一个子材质设置平面镜贴图效果，配合物体的材质 ID，将这个子材质分配到需要产生镜面反射的平面上来实现。

第10章

思考题一

标准摄影机用于观察目标点附近的场景内容，与自由摄影机相比，它更易于定位，只需直接将目标点移动到需要的位置上就可以了。

自由摄像机用于观察所指方向内的场景内容，多应用于轨迹动画制作，例如建筑物中的巡游，车辆移动中的跟踪拍摄效果等等。自由摄像机的方向能够随着路径的变化自由变化。如果要设置垂直向上或向下的摄像机动画时，也应当选择自由摄像机。这是因为系统会自动约束目标摄像机自身坐标系的 Y 轴正方向尽可能地靠近世界坐标系 Z 轴正方向，在设置摄像机动画靠近垂直位置时，无论向上还是向下，系统都会自动将摄像机视点跳到约束位置，造成视角突然跳跃。

思考题二

光域网的概念来自于 Photometirc 系列灯光，它源于 Lightscape 的优秀灯光系统。在 VRay 中使用光域网的方法是：在视图中选择创建的光度学灯光，在【灯光分布（类型）】卷展栏中选择【光度学 Web】选项，然后，在下面就会弹出【分布（光度学（Web））】卷展栏，单击 ＜选择光度学文件＞ 按钮，选择相应的光域网文件，并在【强度/颜色/衰减】卷展栏中设置灯光强度。

使用 VRay 灯做灯带：首先在灯槽内创建 VRay 灯光，然后在参数卷展栏中调整倍增值、灯光尺寸，勾选【不可见】选项。最后在【渲染环境】场景中进行渲染即可。

思考题三

首先为玻璃赋予玻璃材质，然后在玻璃对象属性中取消【接受阴影】和【投影阴影】选项即可。

第 11 章

思考题一

漏光是由于细分不够的原因产生的，即【V-Ray::发光贴图】卷展栏中【最小采样比】、【最大采样比】两参数的设置问题。要解决这个问题，可采用两种方法：一种是在【V-Ray::发光贴图】卷展栏中选择【高】预设模式，如图 A-5 所示；另一种方法是在【V-Ray::发光贴图】卷展栏中勾选【随机采样】复选框，如图 A-6 所示。它对一些接受两个或以上照明的表面进行检查，但会稍微减慢渲染速度。

图 A-5 【V-Ray::发光贴图】卷展栏

图 A-6 勾选【随机采样】复选框

思考题二

VRay 灯光的数量及其阴影设置参数、图的尺寸、所使用材质的光泽效果参数、所选抗锯齿采样器和过滤器类型、渲染等级等参数都会影响渲染速度。

此外，场景中是否使用 VRayFur 或 VRy 等 VRay 修改器，及其参数的高低都会影响渲染速度。

许多读者以为曝光参数的选择会对渲染速度有影响，但实际上，由于曝光模式与参数仅决定了 VRay 如何处理图像的亮部与暗部，因此对最终渲染速度没有影响。

思考题三

方法一：用 VRay 的包裹材质，可以很好的控制房间内部产生的溢色现象。
方法二：把产生全局光照 GI 适度的减小，就可以控制色溢的问题。
方法三：按 F10 键，在间接照明中降低饱和度，可改善颜色溢色。

附录 B　3ds Max 2014 常用快捷键

名称	快捷键	名称	快捷键
【角度捕捉切换】	A	【顶点子对象模式】	1
【切换到底部视窗】	B	【边子对象模式】	2
【切换到摄影机视窗】	C	【边界子对象模式】	3
【打开、关闭禁用视口】	D	【多边形子对象模式】	4
【选择并旋转】	E	【元素子对象模式】	5
【切换到前视窗】	F	【粒子视图】窗口	6
【隐藏、显示子栅格】	G	【显示选择物体的面片数】	7
【从场景选择】对话框	H	打开【环境和效果】对话框	8
【交互式平移】	I	打开【高级照明】	9
【选择框显示切换】	J	打开【渲染到纹理】对话框	0
【设置关键点】	K	【缩小坐标轴】	-
【切换到左视窗】	L	【放大坐标轴】	=
【打开材质编辑器】	M	【播放动画】	/
【打开、关闭自动关键点】	N	【前进一帧】	>
【自适应降级切换】	O	【后退一帧】	<
【切换到透视视窗】	P	【到开始帧】	Home
【选择对象】	Q	【到最后帧】	End
【选择并等比缩放】	R	【隐藏、显示摄影机】	Shift+C
【捕捉开关】	S	【隐藏、显示几何体】	Shift+G
【切换到顶视窗】	T	【隐藏、显示帮助物体】	Shift+H
【切换到正交视窗】	U	【隐藏、显示灯光】	Shift+L
【选择并移动】	W	【隐藏、显示粒子系统】	Shift+P
【隐藏/显示 Gizmo 坐标轴】	X	【隐藏、显示空间扭曲装置】	Shift+W
【所有视图最大化显示】	Z	【隐藏、显示安全框】	Shift+F
【在线帮助】	F1	【新建场景】	Ctrl+N
【在面编辑层中、实体显示选择的面】	F2	【恢复视窗操作】	Shift+Z
【线框、光滑高光显示模式相互切换】	F3	【快速渲染】	Shift+Q
【隐藏、显示面的边缘】	F4	【百分比捕捉切换】	Shift+Ctrl+P
【锁定 X 轴】	F5	【选择锁定标记】	Space（空格键）

（续表）

名　称	快捷键	名　称	快捷键
【锁定 Y 轴】	F6	【间隔工具】	Shift+I
【锁定 Z 轴】	F7	【切换到灯光视窗】	Shift+4
【循环 XY、YZ、ZX 轴】	F 8	【所有视窗全部物体满屏显示】	Shift+ Ctrl+Z
【渲染上次的场景】	F 9	【打开文件】	Ctrl+O
【渲染设置】	F 10	【保存文件】	Ctrl+S
【打开 MAX 脚本列表窗口】	F 11	【选择全部】	Ctrl+A
【打开键盘输入移动变换窗口】	F 12	【恢复场景操作】	Ctrl+Z
【打开视图背景视窗】	Alt+B	【设置高光】	Ctrl+H
【旋转窗口】	Alt+鼠标中键	【自建与默认的灯光切换】	Ctrl+L
【放大镜】	Alt+ Z 或 Ctrl+ Alt+ 鼠标中键	【匹配摄影机到当前视窗】	Ctrl+C
【激活视窗全部物体满屏显示】	Alt+ Ctrl+Z	【反选】	Ctrl+I
【对齐】	Alt+A	【循环选择区域的形状】	Ctrl+F
【法线对齐】	Alt+N	【移动窗口】	Ctrl+P 或鼠标中键
【选择当前物体的父物体】	PageUP	【区域或视野放大】	Ctrl+W